大数据与人工智能技术丛书

Python机器学习

原理、算法及案例实战 微课视频版

◎ 刘艳 韩龙哲 李沫沫 编著

清华大学出版社
北京

内 容 简 介

本书系统介绍了经典的机器学习算法，并通过实践案例对算法进行解析。

本书内容包含三部分：第一部分(第1章和第2章)为入门篇，着重介绍Python开发基础及数据分析与处理；第二部分(第3章和第4章)为基础篇，着重介绍机器学习的理论框架和常用机器学习模型；第三部分(第5～11章)为实战篇，介绍经典机器学习算法及应用，包括KNN分类算法、K-Means聚类算法、推荐算法、回归算法、支持向量机算法、神经网络算法以及深度学习理论及项目实例。

本书力求叙述简练，概念清晰，通俗易懂。书中的案例选取了接近实际应用的典型问题，以应用能力、创新能力的培养为核心目标。

本书可作为高等院校计算机、软件工程、大数据、通信、电子等相关专业的教材，也可作为成人教育及自学考试用书，还可作为机器学习相关领域开发人员、工程技术人员和研究人员的参考用书。

图书在版编目(CIP)数据

Python机器学习：原理、算法及案例实战：微课视频版/刘艳，韩龙哲，李沫沫编著. —北京：清华大学出版社，2021.9
(大数据与人工智能技术丛书)
ISBN 978-7-302-59002-6

Ⅰ. ①P… Ⅱ. ①刘… ②韩… ③李… Ⅲ. ①软件工具－程序设计 ②机器学习 Ⅳ. ①TP311.561 ②TP181

中国版本图书馆CIP数据核字(2021)第176419号

策划编辑：魏江江
责任编辑：王冰飞 薛 阳
封面设计：刘 键
责任校对：时翠兰
责任印制：朱雨萌

出版发行：清华大学出版社
网　　址：http://www.tup.com.cn，http://www.wqbook.com
地　　址：北京清华大学学研大厦A座　　**邮　　编**：100084
社 总 机：010-62770175　　**邮　　购**：010-83470235
投稿与读者服务：010-62776969，c-service@tup.tsinghua.edu.cn
质量反馈：010-62772015，zhiliang@tup.tsinghua.edu.cn
课件下载：http://www.tup.com.cn，010-83470236
印 装 者：三河市科茂嘉荣印务有限公司
经　　销：全国新华书店
开　　本：185mm×260mm　　**印　　张**：18.75　　**字　　数**：432千字
版　　次：2021年11月第1版　　**印　　次**：2021年11月第1次印刷
印　　数：1～1500
定　　价：59.80元

产品编号：083067-01

前　言

机器学习是计算机研究领域的一个重要分支，已经成为人工智能的核心基础。一方面，机器学习是人工智能理论和应用研究的桥梁；另一方面，模式识别与数据挖掘的核心算法大都与机器学习有关。机器学习在计算机发展过程中日益完善，目前是人工智能领域最具活力的研究方向之一。

机器学习作为人工智能理论研究的一部分，以数学理论知识为基础，以解决实际问题为实践场景，与社会生产息息相关。在众多领域，机器学习正展现其巨大的潜力，扮演着日益重要的角色。

本书系统介绍了经典的机器学习算法。在编写过程中，尽量减少数学理论知识，将数学公式转换成原理示意图、步骤解析图、流程图、数据图表和源程序等表达方式，帮助读者理解算法原理。本书注重理论联系实际，将算法应用于实际案例场景，培养理论研究能力和分析、解决问题能力。

本书选取典型的问题作为实践案例，借助案例对算法进行系统解析。在解决实际任务的过程中，读者能够掌握机器学习算法并灵活运用。本书带领读者循序渐进，从Python数据分析与挖掘入门，在实践中掌握机器学习基本知识，最终将机器学习算法运用于预测、判断、识别、分类、策略制定等人工智能领域。

本书内容包含三部分：第一部分（第1章和第2章）为入门篇，着重介绍Python开发基础及数据分析与处理；第二部分（第3章和第4章）为基础篇，着重介绍机器学习的理论框架和常用机器学习模型；第三部分（第5～11章）为实战篇，介绍经典机器学习算法及应用，包括KNN分类算法、K-Means聚类算法、推荐算法、回归算法、支持向量机算法、神经网络算法以及深度学习理论及项目实例。

本书提供丰富的配套资源，包括教学大纲、教学课件、习题答案、程序源码、教学进度表、混合式教学设计和微课视频。

资源下载提示

课件等资源：扫描封底的“课件下载”二维码，在公众号“书圈”下载。

素材（源码）等资源：扫描目录上方的二维码下载。

视频等资源：扫描封底刮刮卡中的二维码，再扫描书中相应章节中的二维码，可以在线学习。

本书以培养人工智能与机器学习初学者的实践能力为目标，适用范围广，可作为高等院校计算机、软件工程、大数据、通信、电子等相关专业的教材，也可作为成人教育及自学考试用书，还可作为机器学习相关领域开发人员、工程技术人员和研究人员的参考用书。

本书第1章由刘艳、韩龙哲编写，第2章由李哲编写，第3章由刘艳、李沫沫编写，第4～11章由刘艳编写。全书由刘艳担任主编，完成全书的修改及统稿。

感谢阿里天池AI平台提供的云计算开发环境，极大地提升了模型训练效率。感谢华东师范大学精品教材建设专项基金对本书编写过程的支持。感谢英特尔公司的支持，本书作为英特尔公司Intel AI for Future Workforce教育项目的参考用书。感谢郑骏、王伟、陈志云、黄波、刘小平、常丽、陈宇皓、李小露等多位老师和同学对本书提出的宝贵意见。

由于编者水平有限，内容难免有不足之处，欢迎广大读者批评指正。

编　者

2021年6月

目录

第一部分 入 门 篇

第二部分 基 础 篇

第三部分 实 战 篇

第一部分　入　门　篇

第 1 章

机器学习概述

本章概要

人工智能已经成为新一轮科技革命和产业变革的核心驱动力，正在对世界经济、社会进步和人类生活产生极其深刻的影响。

机器学习是人工智能的重要分支，也是人工智能的核心基础。机器学习研究的目标是使机器智能化，使机器系统能模仿、扩展人类的学习过程。

人工智能的诞生和发展是20世纪最伟大的科学成就之一。它是一门新思想、新理论和新技术不断涌现的前沿交叉学科，相关成果已经广泛应用到国防建设、工业生产、国民生活等各个领域。人工智能技术正引起越来越广泛的重视，将推动科学技术的进步和产业的发展。

人工智能是一门交叉学科，涉及计算机、生物学、心理学、物理、数学等多个领域。作为一门前沿学科，它的研究范围非常广泛，涉及专家系统、机器学习、自然语言理解、计算机视觉、模式识别等多个领域。

本章主要介绍人工智能的基本概念、发展历史，并对机器学习的主要研究工作进行介绍。

学习目标

当完成本章的学习后，要求：

(1) 了解人工智能的定义和人工智能的发展历程。

(2) 了解人工智能的研究领域。

(3) 了解人工智能的未来发展方向。

(4) 了解机器学习的主要工作。

(5) 掌握使用 Anaconda 平台开发 Python 程序的方法。

1.1 人工智能简介

1.1.1 什么是人工智能

1. 智能的定义

智能(Intelligence)是人类智力和能力的总称。一般认为,智能是指个体对客观事物进行合理分析、判断,并进行有效处理的综合能力。总的来看,智能是信息获取、处理的复杂过程。智能的核心是思维,人的智能都来自大脑的思维活动,因此人们通常通过研究思维规律和思维方法来了解智能的本质。

2. 人工智能的定义

人工智能(Artificial Intelligence,AI)是研究用于模拟、延伸和扩展人的智能的理论、方法、技术及应用系统的一门新的技术科学。到目前为止,人工智能已经经过了几十年的发展历程。对于人工智能,学术界有各种各样的定义,但就其本质而言,人工智能是人类制造的智能机器和智能系统的总称,其目标是模仿人类智能活动,扩展人类智能。

实现人工智能是一项艰巨的任务。一方面,生物学家和心理学家从分析大脑的结构入手,研究大脑的神经元模型,认识大脑处理信息的机制。然而,人脑有上百亿的神经元,根据现阶段的知识,对人脑进行物理模拟实验还很困难。另一方面,在计算机领域中,人们借助计算机算法,模拟人脑功能来实现人工智能,使智能系统从效果上具有接近人类智能的功能。

1.1.2 人工智能史上的三次浪潮

人是如何进行思维的?这个问题自始至终地贯穿于人工智能的发展过程。

1956年,人工智能作为一门科学正式诞生于美国达特茅斯大学(Dartmouth University)召开的一次学术会议。诸多专家在研讨会上正式确立了人工智能的研究领域。

至今,人工智能已经走过了六十多年岁月。在这六十多年的光阴里,它的发展并不是一帆风顺的,而是经历了数次的“寒冬”与“热潮”的轮回交替,才发展到现阶段的水平。

1. 第一次人工智能浪潮——自动推理(1956年—20世纪70年代中期)

人工智能的诞生震动了全世界,人们第一次意识到使用机器产生智慧的可能。当时甚至有专家过于乐观地认为,只需要20年智能机器就能完成人类所有的行为。

这一次人工智能浪潮在20世纪60年代大放异彩。当时,一个个貌似很需要智慧的问题都被人工智能攻克了,例如走迷宫、下象棋等。

这一时期人工智能的主要研究工作如下。

1956年,Samuel研究出了具有自学习能力的西洋跳棋程序。这个程序能从棋谱中学习,也能从下棋实践中提高棋艺。这是机器模拟人类学习过程卓有成就的探索。1959

年这个程序曾战胜设计者本人，1962 年还击败了美国康涅狄格州的跳棋冠军。

1957 年，A. Newell. Shaw 和 H. Simon 等组成的心理学小组编制出逻辑理论机，可以证明数学定理，揭示了人在解题时的思维过程，从而编制出通用问题求解程序。

1960 年，J. McCarthy 在 MIT 研制出了人工智能语言 LISP。

麻省理工学院的 Joseph Weizenbaum 教授在 1964—1966 年建立了世界上第一个自然语言对话程序 ELIZA。ELIZA 通过简单的模式匹配和对话规则与人聊天。虽然从今天的眼光来看这个对话程序显得有点儿简陋，但是当它第一次展现在世人面前的时候，确实令世人惊叹。

日本早稻田大学也在 1967—1972 年发明了世界上第一个人形机器人，它不仅能对话，还能在视觉系统的引导下在室内走动和抓取物体。

1976 年，美国数学家 Kenneth Appel 等在三台大型电子计算机上完成了四色定理证明。

1977 年，我国数学家吴文俊在《中国科学》上发表论文《初等几何判定问题与机械化证明》，提出了一种几何定理机械化证明方法，被称为"吴氏方法"。随后在 H9835A 机上用该方法成功证明了勾股定理、西姆逊线定理、帕斯卡定理、费尔巴哈定理等几何定理。

这些早期的成果充分表明了人工智能作为一门新兴学科正在蓬勃发展，也使当时的研究者们对人工智能的未来非常乐观。

但是，在 20 世纪 60 年代末至 20 世纪 70 年代末，人工智能研究遭遇了一些重大挫折。例如，Samuel 的下棋程序在与世界冠军对弈时，五局中败了四局。

机器翻译研究中也遇到了很多问题。例如，"果蝇喜欢香蕉"的英语句子"Fruit flies like a banana."会被翻译成"水果像香蕉一样飞行"；"心有余而力不足"的英语句子"The spirit is willing, but the flesh is weak."被翻译成俄语，然后再由俄语翻译回英语后，竟变成了"The vodka is strong but meat is rotten."，即"伏特加酒虽然很浓，但肉是腐烂的"。

【例 1.1】 中英互译系统体验。

输入"Fruit flies like a banana."，查看其中文翻译。可以使用在线翻译系统——百度翻译（网址为 https://fanyi.baidu.com/）、金山词霸翻译（网址为 http://fy.iciba.com/）、有道翻译（网址为 http://fanyi.youdao.com/）、谷歌翻译等——进行翻译。

翻译得到的结果并不相同，如图 1.1 所示。

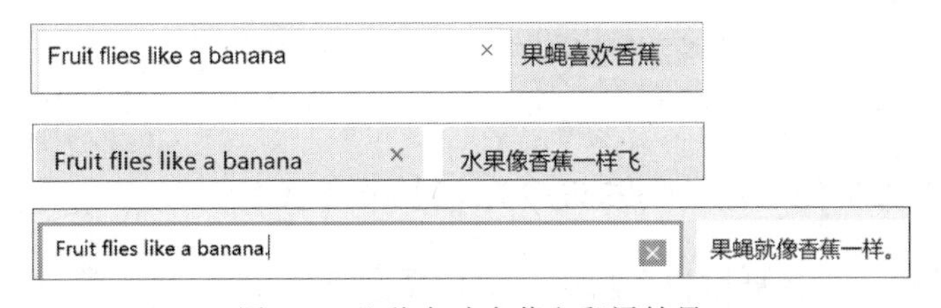

图 1.1 几种自动中英文翻译结果

可以看出，即便是在现在，语言的歧义还是很难完全避免的。在实际翻译过程中，可能需要进行上下文语境分析、俗语处理、语言习惯处理等。

【例 1.2】 难解决的异或问题。

异或（XOR）问题是数学逻辑运算的问题。假设有 A 和 B 两个逻辑值，1 表示真，0 表示假。如果A、B两个值不同，则异或结果为1。如果两个值相同，则异或结果为0。其运算法则如表1.1所示。

表1.1 异或运算表

A	B	A XOR B
0	0	0
0	1	1
1	0	1
1	1	0

异或操作也可以见图1.2，其中，"▲"表示假的类别，"●"表示真的类别。

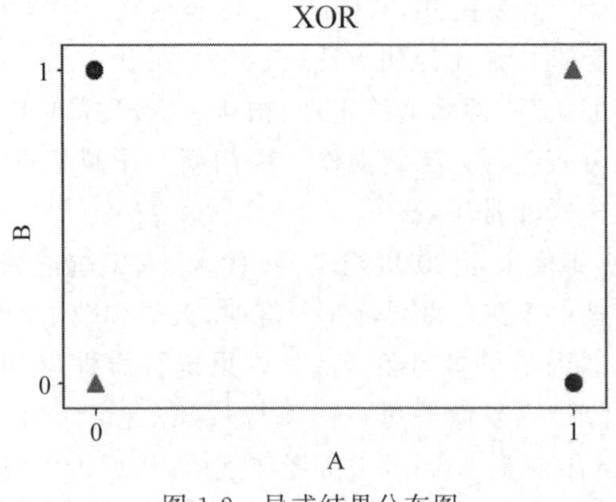

图1.2 异或结果分布图

请思考，能否画出一条直线，将图中的四个点划分为"▲"和"●"两类？异或问题的解决方案将在第9章介绍。

在问题求解方面，当时的人工智能程序无法解决复杂结构问题。由例1.2可以看出，线性感知机算法无法解决异或(XOR)等非线性问题，然而复杂的信息处理问题主要是非线性问题。

当人工智能这种局限性暴露出来后，大众的热情也开始消退。政府和机构纷纷取消对人工智能研究的投入，人工智能在20世纪70年代中期迎来了第一次"寒冬"。

2. 第二次人工智能浪潮——知识(20世纪80年代)

人工智能的第一个发展阶段实现了自动推理等方法，第二个阶段则开始借用各领域专家的知识来提高机器的智能水平。

进入20世纪80年代，随着"知识工程"概念的提出，人们开始以知识为中心开展人工智能研究。知识工程的兴起使人工智能的研究从理论转向实用。

此阶段最为出名的是"专家系统(Expert System)"。专家系统在各种领域中获得了成功应用，其巨大的商业价值激发了工业界的投入和热情。人们专注于通过智能系统来解决具体领域的实际问题。与此同时，人工神经网络（Artificial Neural Network，ANN）等技术也取得了新进展，推动了人工智能的再次前进。

此阶段的研究成果如下。

(1) 1980年，卡耐基梅隆大学开发的XCON专家系统，可以根据客户需求自动选择计算机部件的组合。人类专家做这项工作一般需要3小时，而该系统只需要半分钟。

(2) 1982年，John Hopfield提出了Hopfield Net，在其中引入了相联存储（Associative Memory）的机制。1985年，Hopfield Net比较成功地求解了货郎担问题，即旅行商问题（Traveling Salesman Problem，TSP）。

(3) 1986年，David Rumelhart、Geoffrey Hinton和Ronald Williams联合发表了有里程碑意义的经典论文《通过误差反向传播学习表示》（*Learning Representations by Back Propagating Errors*）。在这篇论文中，他们通过实验展示，阐释了反向传播算法可以在神经网络的隐藏层中学习到对输入数据的有效表达。从此，反向传播算法被广泛用于人工神经网络的训练。

然而，到了20世纪80年代后期，产业界对专家系统的巨大投入却并没有实现期望中的效果。人们发现专家系统开发与维护的成本高昂；而且，随着知识量的不断增加，知识之间经常出现前后不一致甚至相互矛盾的现象。

对于人工神经网络的研究也进入了困境。首先，神经网络过低的效率、学习的复杂性一直是研究的难题。其次，由于先验知识少，神经网络的结构难以预先确定，只能通过反复学习寻找一个较优结构。再者，人工神经网络还缺乏强有力的理论支持。产业界对人工智能的投入大幅削减，人工智能的发展再度步入冬天。

3. 第三次人工智能浪潮——学习（20世纪90年代至今）

人工智能的第三次爆发基于以下四方面的协调发展。

1) 算法的演进

人工智能算法发展至今不断创新，学习层级不断增加。例如人工神经网络，早期被大量质疑和否定，经过发展逐渐被认可，并显示出强大的生命力。同时，随着模式识别等领域的理论积累，机器学习与深度学习得到了稳步发展。

2) 更为坚实的理论基础

人工智能研究者在研究过程中不断引入各类数学知识，为人工智能打造了坚实的数学理论基础，使算法经过更为严谨的检验。很多数学模型和算法逐步发展壮大，例如统计学习理论、支持向量机、概率图模型等。

3) 数据的支撑

进入21世纪，互联网的发展带来了数据信息的爆炸性增长——“大数据”时代来临了。数据是人工智能发展的基石。海量数据为训练人工智能提供了原材料，而深度学习算法的输出结果随着数据处理量的增大而更加准确。

4) 硬件算力的提升

与此同时，计算机芯片的计算能力持续高速增长，为硬件环境提供了保证。

伴随着海量的数据、不断提升的算法能力和计算机运算能力的增长，人工智能得以迅猛发展,取得了重大突破。

这个阶段的主要成果如下。

(1) 2006 年,Hinton 提出深度学习的技术,在图像、语音识别以及其他领域内取得一些成功。

(2) 在 2012 年图像识别算法竞赛 ILSVRC (也称为 ImageNet 挑战赛)中,多伦多大学开发的一个多层神经网络 AlexNet 取得了冠军,其准确率大幅度超越了传统机器学习算法。

(3) 2016 年,谷歌(Google)通过深度学习训练的阿尔法狗(AlphaGo)程序在举世瞩目的比赛中以 4∶1 战胜了曾经的围棋世界冠军李世石。随后,又在 2017 年战胜了世界冠军棋手柯洁。

人工智能领域的新成就让人类震惊,再次激起了全世界对人工智能的热情。各国、各大公司都把人工智能列入发展战略。由此,人工智能的发展迎来了第三次热潮。这一次,不仅在技术上频频取得突破,在商业市场上同样炙手可热,创业公司层出不穷。

1.1.3 人工智能的研究领域

1. 机器学习

自从计算机问世以来,人们就一直努力让程序算法实现自我学习。人们发现,算法在解决问题时,其获取的关于该任务的经验越多表现得就越好,可以说这个程序对经验进行了"学习"。

机器学习(Machine Learning, ML)是一类算法的总称,其目标是从历史数据中挖掘出隐含的规律,并用于未来的任务处理。机器学习的一般过程如图 1.3 所示,其学习的"经验"通常以数据形式存在。机器学习的研究方式通常是基于数据产生"模型",在解决新问题时,使用模型帮助人们进行判断、预测。

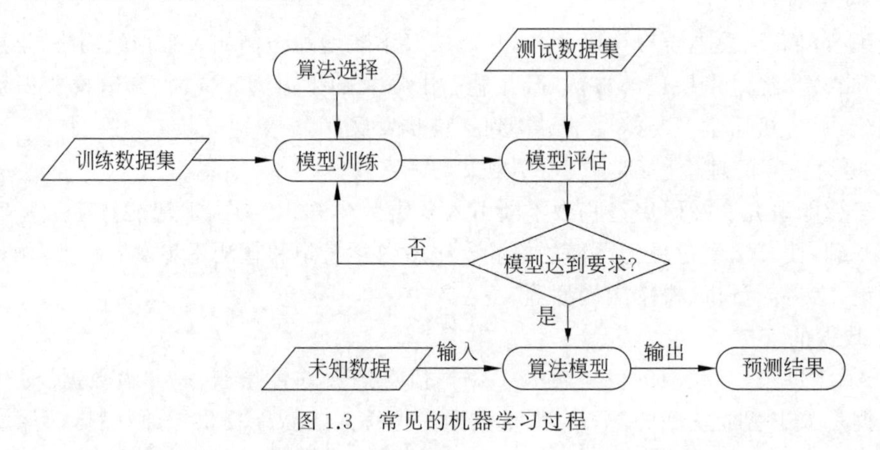

图 1.3 常见的机器学习过程

机器学习是一门多领域交叉学科,涉及概率论、统计学、逼近论、凸分析、算法复杂度理论等多门学科。机器学习的算法有很多,例如 KNN、贝叶斯、支持向量机、决策树、逻辑回归、人工神经网络等,一般分为三类:监督学习、非监督学习和强化学习。

2. 专家系统

专家系统(Expert System)是人工智能领域中的一个重要分支。专家系统是一类具有专门知识的计算机智能系统。该系统根据某领域一个或多个专家提供的知识和经验,对人类专家求解问题的过程进行建模,然后运用推理技术来模拟通常由人类专家才能解决的问题,达到与专家类似的解决问题水平。

专家系统必须包含领域专家的大量知识,拥有类似人类专家思维的推理能力,并能用这些知识来解决实际问题。因此,专家系统是一种基于知识的系统,系统设计方法以知识库和推理机为中心而展开。专家系统通常由知识库、推理机、综合数据库、解释器、人机交互界面和知识获取等部分构成,基本结构如图 1.4 所示。

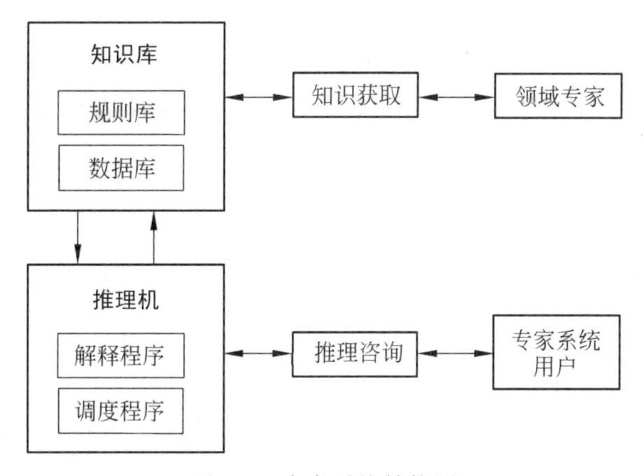

图 1.4 专家系统结构图

最早且最著名的专家系统出现于 1965 年,是由美国斯坦福大学研制的专家系统 DENDRAL,可以帮助化学家判断某待定物质的分子结构。1975 年又发布了 MYCIN 系统,可以帮助医生对住院的血液感染患者进行诊断和选用抗生素类药物进行治疗。

目前,专家系统在各个领域中已经得到了广泛应用,如医疗诊断专家系统、故障诊断专家系统、资源勘探专家系统、贷款损失评估专家系统、农业专家系统和教学专家系统等。

3. 自然语言处理

自然语言处理(Natural Language Processing,NLP)研究人与计算机之间用人类自然语言进行通信的理论和方法,涵盖计算机科学、人工智能和语言学等多个领域。自然语言处理并非单纯地研究人类自然语言,而在于研制能进行自然语言通信的智能系统,特别是其中的软件系统。

自然语言处理的研究通常包括三方面:①计算机理解人类的语言输入,并能正确答复或响应。②计算机对输入的语言信息进行处理,生成摘要或复述。③计算机将输入的某种自然语言翻译成另一类语言,如中译英,实现口语的实时翻译。自然语言处理的具体研究问题有语音合成、语音识别、自动分词、句法分析、自然语言生成、信息检索等。自然语言处理属于人工智能中较困难的研究领域,有待于人们持续研究和探索。

从应用上看,自然语言处理能实现机器翻译、舆情检测、自动摘要、观点提取、字幕生成、文本分类、问题回答等,还能为计算机提供很吸引人的人机交互手段,例如,直接用口语操作计算机等,给人们带来了极大的便利。

4. 智能决策系统

决策支持系统(Decision Support System, DSS)的概念是20世纪70年代提出的,属于管理信息系统的一种。20世纪90年代初,决策支持系统与专家系统相结合,形成智能决策支持系统(Intelligent Decision Support System, IDSS),也称为智能决策系统。它将传统的决策支持系统与人工智能相结合,借助专家系统实现智能化推理,从而解决复杂的决策问题。

一般的决策支持系统包含三部分:会话部件、数据库和模型库。智能决策系统在此基础上又增加了深度知识库。智能决策系统既发挥了专家系统以知识推理形式定性分析问题的特点,又发挥了决策支持系统以模型计算为核心的定量分析问题的特点,解决问题的能力和范围得到了很大提升。

5. 自动定理证明

使用计算机进行自动定理证明(Automated Theorem Proving, ATP)是人工智能研究的一个重要方向,对人工智能算法的发展也具有重要的作用。ATP可以自动推理和证明数学定理,对很多非数学领域的任务,如运筹规划、信息检索和问题求解,也可以转换成一个定理证明问题,所以该课题的研究具有普遍意义。

6. 人工神经网络

人类的思维活动主要由大脑的神经元完成,受其启发,研究人员在很早期就将目光瞄准了人工神经网络(Artificial Neural Network, ANN)。在计算机领域,人工神经网络也称为神经网络。神经网络系统由大量的节点(或称神经元)相互连接构成。每个节点具有输入和输出,每两个节点间的连接相当于神经系统的记忆。简单的三层神经网络结构如图1.5所示。网络的输出根据连接方式、权重、激励函数而不同。

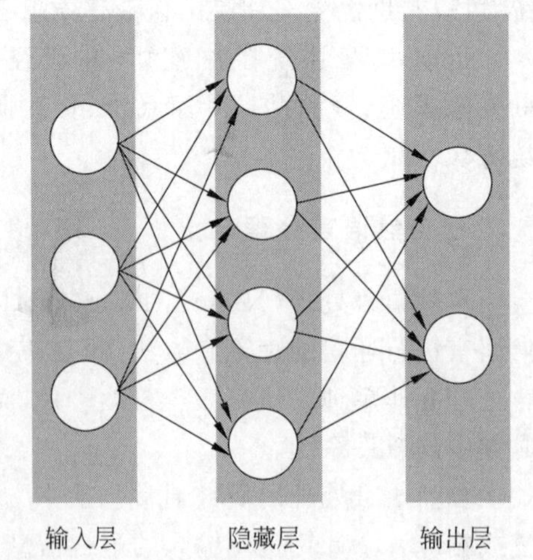

图1.5 简单的三层神经网络结构

神经网络自诞生以来,经历了起起伏伏。由于理论基础与海量数据的支持,在最近十几年间取得了巨大的进展。其在模式识别、智能机器人、自动驾驶、预测推断、自然语言处理等领域成功解决了许多难以解决的实际问题,表现出了良好的应用性能。

7. 推荐系统

推荐系统是一种信息过滤系统，用于预测用户对物品的评分或偏好。推荐系统通过分析已经存在的数据，去预测未来可能产生的事物连接。由推荐系统带来的推荐服务已经渗透到当今生活的方方面面。电商平台会根据客户已经购买过的物品、浏览过的商品等信息，猜测用户未来可能会买什么。新闻网站中，用户对新闻主题的每次单击、每次阅读也产生了信息，网站会根据历史发生的单击、浏览行为来预测用户感兴趣的内容。推荐系统的具体内容详见第7章。

8. 智能识别

智能识别的本质是模式识别(Pattern Recognition)，是通过计算机技术来研究模式的自动处理和判读，主要是对光学信息(通过视觉器官来获得)和声学信息(通过听觉器官来获得)进行自动识别。

智能识别的研究内容包含计算机视觉、文字识别、图像识别、语音识别、视频识别等。智能识别在实际生活中具有非常广泛的应用，根据人们的需要，经常应用于语音波形、地震波、心电图、脑电图、照片、手写文字、指纹、虹膜、视频监控对象等的具体辨识和分类。

1) 文字识别

文字识别指对数字图像中的文字进行识别，又称为光学字符识别(Optical Character Recognition, OCR)，是图像识别的分支之一，属于模式识别和人工智能的范畴。

通过文字识别，可以将手写或印刷图像中的文字转换成计算机可编辑的文本。有了文字识别技术，人们可以采用手写方式录入信息，还能将感兴趣的报刊等纸质资料转换为数字文本。对于视力障碍的群体，智能系统可以先通过文字识别技术获取文字，再使用语音合成技术进行播放，使用户能够“阅读”资料。

文字识别技术根据所识别文字的来源可以分为机打文字识别和手写文字识别。其中，手写文字识别的复杂度较高，如图1.6所示，其文字图像来源广，风格差异大。在识别前，手写文字的图片通常需要进行降噪、数据校正等预处理。

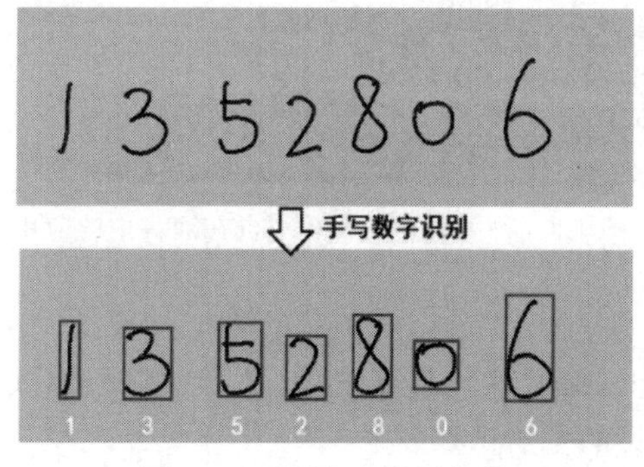

图1.6 手写文字识别技术

目前，随着深度学习理论的不断发展，研究者将深度学习理论与文字识别进行了有效结合，显著提高了文字识别的准确率。

2）语音识别

语音识别(Automatic Speech Recognition,ASR)技术是让计算机通过识别和理解，将语音信号转换为对应的文本或命令的技术。

第一个语音识别系统是1952年贝尔实验室的Davis等研制的，能够识别10个英文数字的发音。目前，语音识别技术已经取得了巨大成就，语音识别系统的识别率可达97%。

语音识别涉及的领域包括信号处理、模式识别、概率论和信息论、发声原理等。目前，主流的语音特征是梅尔倒谱系数和感知线性预测系数，能够从人耳听觉特性的角度准确刻画语音信号。在对声学建模时经常采用动态时间规整法、隐马尔可夫模型和人工神经网络等方法。常见的语音识别系统基本流程如图1.7所示。

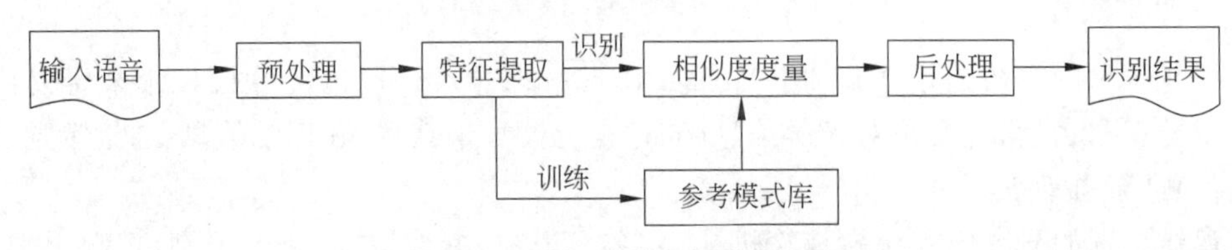

图1.7 语音识别基本原理框图

语音识别技术有着非常广阔的应用领域，能够使人们不用键盘，通过语音实现请求、命令、询问和响应。语音输入较键盘输入快，响应时间短，使人机交互更为便捷，能完成日常生活中的自动信息查询、自动问诊、自动银行柜员服务等。语音识别技术还可以应用于自动口语翻译，实现跨语言的无障碍实时交流。如图1.8所示，语音识别技术在演讲、会议、讲座中也被广泛使用。

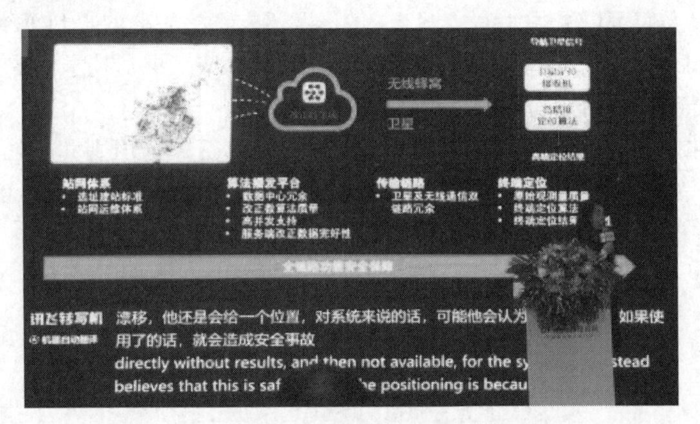

图1.8 科大讯飞语音转写机在演讲中的应用

3）其他生物信息识别

在人物的识别问题上，除了声音之外，指纹、人脸、虹膜、掌纹、静脉、基因、步态、笔迹、颅骨识别等也是目前常见的生物识别技术。

(1) 指纹识别技术。

指纹识别技术的依据是每个人拥有不同的指纹图案。通过对比指纹图像的全局特征和局部细节特征，可以确定用户身份。指纹识别技术通常作为一种身份认证手段，是目前研究最深入、应用最广泛、发展最成熟、性价比最高的一种生物识别技术。

(2) 人脸识别技术。

人脸识别技术是基于人的脸部特征信息,进行用户身份辨别的一种生物识别技术。人脸识别技术具有非强制性、非接触性、并发性等特点,是生物识别技术领域的热点之一。

(3) 虹膜识别技术。

虹膜识别技术基于红外成像技术,采集人眼的虹膜纹理特征输入计算机。虹膜特征几乎无法伪造,因此虹膜识别技术作为一种特殊的身份识别证据,被认为是很有前景的身份认证方法。其特点是精确度高、稳定、非侵犯性和高真实性。

(4) 掌纹、静脉以及其他识别技术。

掌纹识别技术是一种新兴的生物识别技术,它采样简单、图像信息丰富,而且用户接受程度高。静脉识别技术的研究基础是人体静脉血管吸收近红外线,可以形成特定的静脉血管图形特征。此外,常见的还有 DNA 信息、体态、步态、笔迹等生物识别技术。

生物识别技术已经形成了比较成熟的技术体系,例如,指纹识别和人脸识别已经得到了广泛应用,如图 1.9 所示。人脸识别在特定场景下,识别准确率可以高达 99%,而支付宝人脸登录在真实场景下的识别准确率也超过了 90%。在很多重要场合,使用生物技术和传统密码相结合,可以很好地提高验证准确率,实现网络安全保障和身份安全认证。

(a) 指纹识别

(b) 人脸识别

图 1.9 多种生物识别技术

4) 物体检测

除了对人进行检测外,还有针对物体的检测和识别。其任务是标出图像中物体的位置,并给出物体的类别,如可以检测出图像中的建筑物、交通工具、生活家具等各种常见物体。物体检测可以应用于以图搜物、垃圾分类、自动分拣、自动避障等方面。由于物品的多样性,物品识别系统的准确率与模型的训练数据库高度相关。

【例 1.3】 Windows 10 系统下的人工智能助手——"Cortana 小娜"使用体验。

"Cortana 小娜"是微软推出的一个云平台的个人智能助理,有登录和不登录两种状态。登录状态能够在用户的设备和其他 Microsoft 服务上工作。用户可以问它很多事情,还可以和它聊天。在没有登录的情况下,仍旧可以在任务栏的搜索框中搜索计算机设备上的文件,也可以聊天。

如图 1.10 所示,在用户开始输入或说出内容后,"Cortana 小娜" 可以立即提供搜索建议,打开任务栏中的搜索框。

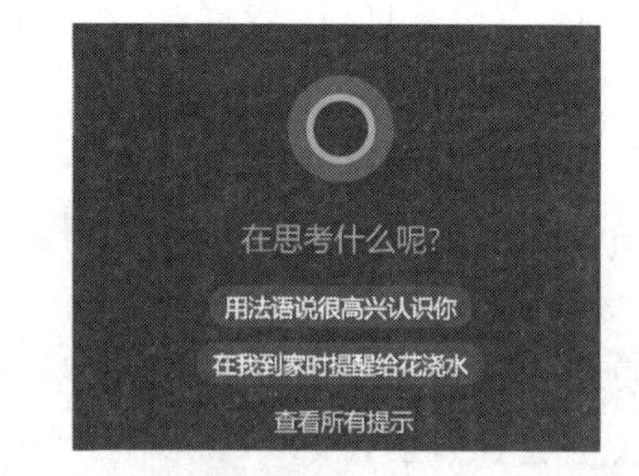

(a) Windows 10会自动弹出"Cortana 小娜"应用　　(b) 提供交互界面

图 1.10　Windows 10 系统的 Cortana 人工智能助手

【例 1.4】　科大讯飞语音识别体验。

如图 1.11 所示，打开讯飞体验网址 https://www.xfyun.cn/services/voicedictation，选择一种方言，进行体验。

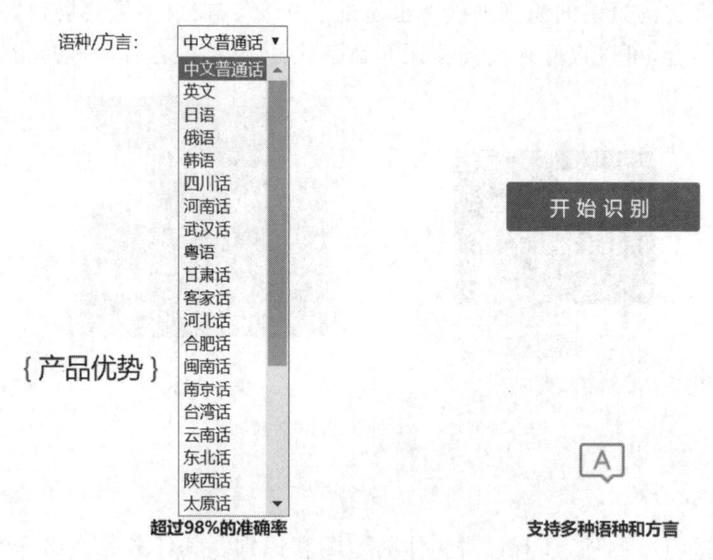

图 1.11　科大讯飞的语音识别产品

【例 1.5】　微信小程序——谷歌"猜画小歌"。

在微信小程序中搜索"猜画小歌"，打开如图 1.12 所示应用。

"猜画小歌"是一款"你画我猜"形式的小程序，不同的是，玩家来画，搭档的是 Google 的 AI。玩家根据提示在屏幕上作画，在限定时间内，AI 猜对了就可以进入下一关。随着级别的提升，关键词的难度也随之加大。

猜画小歌

图 1.12　微信小程序"猜画小歌"

【例 1.6】　腾讯 AI 体验中心。

腾讯 AI 体验中心是腾讯公司开发的一款展示人工智能的小程序，有三个大的板块：计算机视觉、自然语言处理、智能语言，可以进行自然语言处理、人脸分析、人脸对比等功能体验。

如图 1.13 所示，可以在小程序中上传两张照片，对比二者的相似度。

图 1.13 微信小程序中的腾讯 AI 体验中心

9. 机器人学

机器人学(Robotics)是与机器人设计、制造和应用相关的科学，又称为机器人技术或机器人工程学，主要研究机器人的控制及其与被处理物体之间的相互关系。

过去，机器人学属于自动化和机械专业的研究领域，或作为计算机辅助仿真的工具。很多科研公司也制造出了特殊的人形机器人，如 NAO 机器人、Alpha 机器人等，可以惟妙惟肖地模仿人类姿态和动作，如图 1.14 所示。近年来，随着机器人操作系统和软件开发环境的发展，人们能够对机器人进行二次开发，对其功能进行拓展。机器人的自主化程度得到了提升。

10. 人工生命

人工生命(Artificial Life，AL)是通过对生命的研究人工模拟生成的生命系统。人工生命首先由计算机科学家 Christopher G. Langton 在 1987 年的“生成及模拟生命系统”国际会议上提出，并将其定义为“研究具有自然生命系统行为特征的人造系统”。

人工生命是一门新兴的交叉科学，其研究领域涵盖了计算机科学、生物学、自动控制、系统科学、机器人科学、物理、化学、经济学、哲学等多种学科，目的是研制具有自然生命特征和生命现象的人造系统，重点是人造系统的模型生成方法、关键算法和实现技术。其主要研究领域包括以下方面。

1）细胞自动机

细胞自动机是一个细胞阵列，每个细胞按照预先规定的规则离散排列，细胞状态可以随时间变化。细胞具有当前状态和近邻状态，能够自动更新，理论上能够自我复制。

(a) 法国NAO机器人

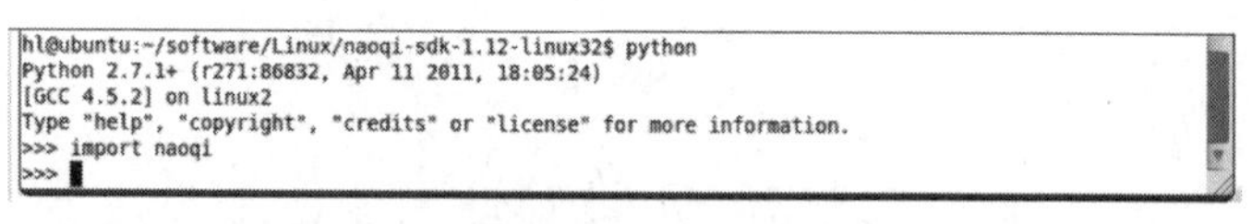

(b) NAO机器人开发环境

(c) 国产Alpha机器人

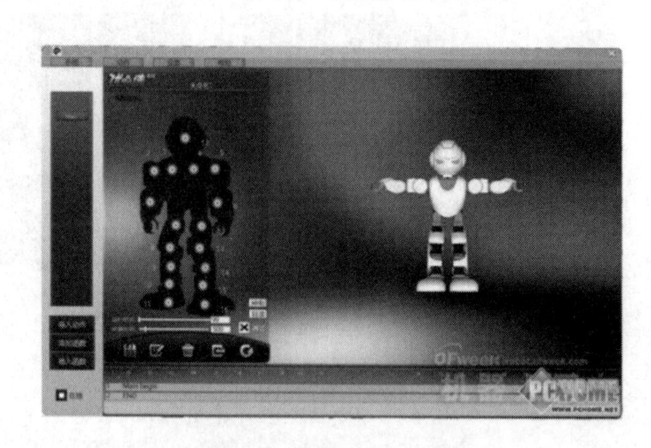

(d) Alpha机器人动作编辑器

图1.14　人形机器人

2）数字生命

将计算机进程视为生命个体，以计算机资源作为这些生命个体的生存环境。个体在时间和空间中进行虚拟繁殖，借此研究生命过程中的各种现象、规律和深刻特征，为考察生物的进化现象提供实验仿真。

3）数字社会

数字社会是人工社会的计算机模型，包含具有自治能力的群体、独立的环境和管理规则。

4）人工脑

日本研究者开发了一种名为"人工脑"的信息处理系统，该系统具有自治能力和创造性。人工生命具有"进化与突现"机制，能够实现功能和结构上的自发变化，不仅能够自动形成新功能，还能够自主修改自身结构。

5）进化机器人

进化机器人类似于生命系统，是把生物系统中的脑神经系统、遗传系统、免疫系统的功能和分布式控制的思想运用于机器人。进化机器人比传统机器人更快速、更灵活，具有更强的鲁棒性。

6）虚拟生物

虚拟生物是对生命现象的仿生系统，多指模拟生物变化过程的软件模型。例如，模仿超级鱼进化的人工生命模型。算法不仅模仿单个动物的特征和行为，还模仿整个生物系统内的复杂群体行为。

7）进化算法

进化算法中最为经典的是遗传算法。算法的特征是具有进化特征。进化算法应用非常广泛，能解决很多传统方法难以解决的高度复杂的非线性问题。许多人工生命模型也都采用遗传算法来建立进化系统。

对人工生命的研究和应用将促进多个学科的交流和进展，将对社会、生产、医疗等行业产生深远的影响。

1.2　机器学习的主要工作

机器学习是人工智能的一个分支，是实现人工智能的一个途径。人们以机器学习为手段解决人工智能中的问题。机器学习主要是设计和分析一些让计算机可以自动“学习”的算法，对数据进行自动分析获得规律，并对未知数据进行预测。

1. 从数据中学习

机器学习方法通常是从已知数据中去学习数据中蕴含的规律或者判断规则，借此获取新知识、新技能。已知数据的用途是学习素材，而学习的主要目的是推广，即把学到的规则应用到未来的新数据上，并做出新的判断或者预测。

机器学习有多种不同的方式。最常见的一种机器学习方式是监督学习（Supervised Learning）。下面看一个例子。这里，我们希望能得到一个公式来预测一种水果的类别。假设水果的类别主要由它的尺寸、颜色确定。如果使用监督学习的方法，为了得到这个水果的类别，需要先收集一批水果类别的数据，如表 1.2 所示。

表 1.2　水果类别数据

编号	水果类别	颜色	重量/g	尺寸/cm
1	猕猴桃	绿	100	7
2	西瓜	绿	3000	18
3	樱桃	红	8	1
4	西瓜	绿	2600	16

现在可以根据表 1.2 来学习一个可用于预测水果类别的函数。表中每行称为一个样本。机器学习的算法依据每个样本数据对预测函数进行调整。在这种学习方式中，预测结果通过反馈对学习过程起到了监督作用，这样的学习方式称为监督学习。在实际应用中，监督学习是一种非常高效的学习方式，后面的章节中会介绍监督学习的具体方法。

图 1.15 是谷歌的无人驾驶汽车，这辆车可以自行行驶，所有操作都是汽车自己完成的。无人驾驶是一个典型的监督学习问题。监督的含义是有很多不同情况的数据，并且知道这些情况下的正确操作。无人驾驶汽车中有大量的驾驶数据，以及相应的正确驾驶行为，使用这些数据就可以训练汽车。它甚至会仔细观察人类是如何驾驶的，并模拟人类

的行为。就像我们刚学开车一样,开始的时候是通过观察示范来学习开车的技巧,计算机进行机器学习时也是如此。

在自动驾驶中,计算机使用有监督的机器学习,通过分析一个复杂的地形分类问题,在适当的时刻进行加速或减速,从而实现无人驾驶。

图 1.15　谷歌无人驾驶汽车

2. 分析无经验的新问题

监督学习要求为每个样本提供预测量的真实值,这在有些应用场合是有困难的。学者们也研究了不同的方法,希望可以在不提供监督信息(预测量的真实值)的条件下进行学习。这样的方法称为无监督学习(Unsupervised Learning)。无监督学习往往比监督学习困难得多,但是由于它能帮助我们克服在很多实际应用中获取监督数据的困难,因此一直是人工智能发展的一个重要研究方向。

3. 边行动边学习

在机器学习的实际应用中,还会遇到另一种类型的问题:利用学习得到的模型来指导行动。例如,在下棋、股票交易或商业决策等场景中,我们关注的不是某个判断是否准确,而是行动过程能否带来最大的收益。为了解决这类问题,人们提出了一种不同的机器学习方式,称为强化学习(Reinforcement Learning)。

强化学习的目标是要获得一个策略去指导行动。例如,在围棋博弈中,这个策略可以根据盘面形势指导每步应该在哪里落子;在股票交易中,这个策略会告诉我们在什么时候买入、什么时候卖出。与监督学习不同,强化学习不需要一系列包含输入与预测的样本,它是在行动中学习。

【小测验】

从以下问题中,找出适合监督分类的问题。

(1) 已知数字0～9的样式,从信封上识别出邮政编码。

(2) 将教室里的学生随机搭配,分出多个3人小组。

(3) 根据某只股票的历史走势,预测这只股票将来的价格。

【解答】 1是正确的,已知0～9各个数字的样式,为机器学习提供了学习标签,所以识别信封上的数字是监督学习问题。而对于随机学生分组来说,不需要给学生增加标签。预测股票的价格不是分类问题,股票及价格都不需要标记。

1.3 机器学习开发环境

视频讲解

机器学习开发工具有很多，下面介绍一些常用的开发语言和开发环境。

1. Python 语言

机器学习领域最热门的开发语言当属 Python。Python 是一种兼容性非常好的脚本语言，可运行在多种计算机平台和操作系统中，如 UNIX、Windows、Mac OS 等。

Python 语言简单易学，而且运转良好。它能够进行自动内存回收，支持面向对象编程，拥有强大的动态数据类型和库的支持，最重要的是语法简单而强大。Python 是开源项目，与大部分传统编程语言不同，Python 体现了极其自由的编程风格。

即使没有 Python 语言基础，只要具备基本的编程思想，学习 Python 也不困难。在科学和金融领域，Python 应用非常广泛。

Python 语言的最大不足是性能问题，程序的运行效率不如 Java 或者 C 程序高。不过在必要的时候，可以使用 Python 调用 C 编译的程序。

常见的 Python 集成开发环境有 PyCharm、Eclipse＋PyDev 等。而从方便学习的角度，Anaconda 集成开发环境具有很多优点，广为采用。

Anaconda 是一个开源的 Python 发行版本，可以看作是增值版的 Python，其中包含大规模数据处理、预测分析和科学计算等的包及其支持模块，是进行数据分析的有力工具。Anaconda 官网下载地址为 https://www.anaconda.com/download/。Anaconda 是跨平台的，有 Windows、Mac OS、Linux 版本，如图 1.16 所示。本书选择的版本是 Windows 系统下基于 Python 3.7 版本的 64 位安装程序。

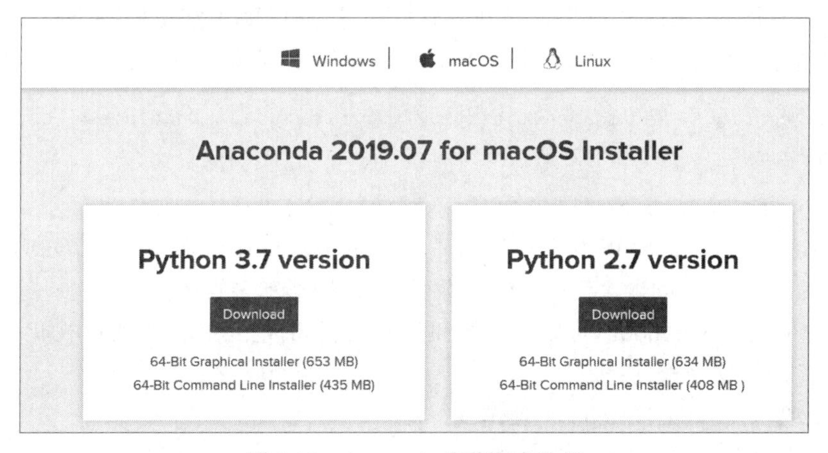

图 1.16 Anaconda 安装程序选择

Anaconda 部件组成简单介绍如下。

(1) Anaconda Prompt。

Anaconda Prompt 是命令行终端，常用命令如下。

- conda list：查看已经安装的 Python 包。
- conda config：添加镜像服务器，提高运行速度。
- conda install：使用 Conda 安装 Python 包。
- pip install：安装和管理 Python 包的工具，用来下载和安装 Python 包。
- pip uninstall：安装和管理 Python 包的工具，用来卸载 Python 包。

注意：Anaconda 包含大部分的常用算法包。如果还需要安装其他的包，可以使用 pip install 命令安装。pip install 可以自动搜索并下载所需要的包进行安装。如果需要特定配置的包，也可以下载这个包的.whl 文件，然后进行离线安装，安装时同样使用 pip install 命令。

【例 1.7】 Python 机器学习环境安装。安装 Anaconda，并在 Anaconda Prompt 下对环境进行配置。安装所需要的文件在“教程素材\1.1\”文件夹下，先将素材文件复制到 D 盘根目录下(不要修改文件名)。

首先查看 Anaconda 默认的安装包。

```
>>conda list
```

接下来安装需要的模块。以安装谷歌深度学习包 TensorFlow 2.2 版本为例，命令如下。

```
>> pip install tensorflow-cpu==2.2.0
```

类似地，安装计算机视觉库 OpenCV 时，可以输入如下命令。

```
>>pip install D:\opencv_python-3.4.3-cp36-cp36m-win_amd64.whl
```

【例 1.8】 为了提高国内的访问速度，在 Anaconda 的授权下，国内部分教育科研机构具有镜像权限，常用的有清华大学开源软件镜像站 TUNA 和中国科学技术大学开源软件镜像站等。要为 Anaconda 添加清华大学的镜像，输入如下命令。

```
conda config --add channels https://mirrors.tuna.tsinghua.edu.cn/anaconda/
pkgs/free/
```

(2) Jupyter Notebook。

Jupyter Notebook 是 Web 交互计算环境，Jupyter Notebook 文档(.ipynb)实际上是一个 JSON 文档[①]，可以包含代码、文本、数学公式、图形和多媒体。

使用 Jupyter Notebook，可以让文档和代码相辅相成，具有优秀的可视化能力，使用户能够专注于数据分析过程。

【例 1.9】 Jupyter Notebook 操作。

步骤 1：打开 Jupyter Notebook。

启动之后，浏览器将会进入 Notebook 的主页面，如图 1.17 所示。

---

① JSON 即 JavaScript Object Notation，中文称为 JS 对象简谱，是一种轻量级的数据交换格式，采用完全独立于编程语言的文本格式来存储和表示数据，易阅读和编写，同时也易于机器解析和生成。

图 1.17　Jupyter Notebook 开始界面

步骤 2：Jupyter Notebook 的简单使用。

从右上角的 New 选项中选择 Python 3 选项，会看到如图 1.18 所示的编程窗口。

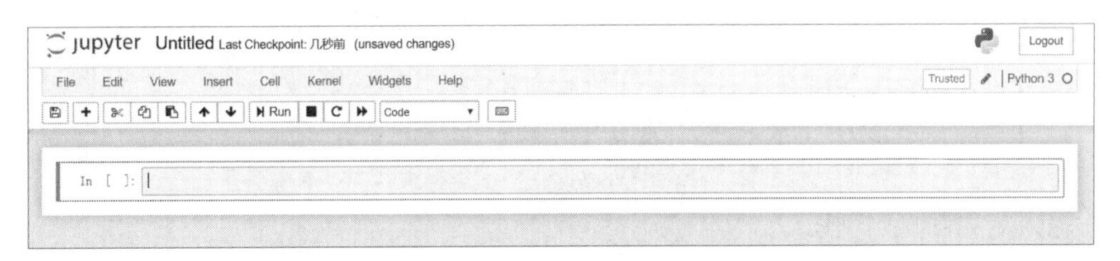

图 1.18　Jupyter Notebook 编程窗口

代码上方的菜单栏提供了对网页中单元格的操作选项。

File：文件操作，如新建文件(New)，打开文件(Open)和重命名文件(Rename)等。

Edit：编辑，包括常见的剪切(Cut Cells)、复制(Copy Cells)和删除单元格(Delete Cells)操作，以及上下移动单元格(Move Cell Up/Move Cell Down)等操作。

Insert：添加单元格。

Cell：包括运行单元格中的代码(Run Cells)和全部运行(Run All)。

Kernel：包括对内核的操作，如中断运行(Interrupt)，以及重新启动内核(Restart)。

在工具栏的下拉菜单中有四个选项，如图 1.19 所示。各按钮的功能依次如下。

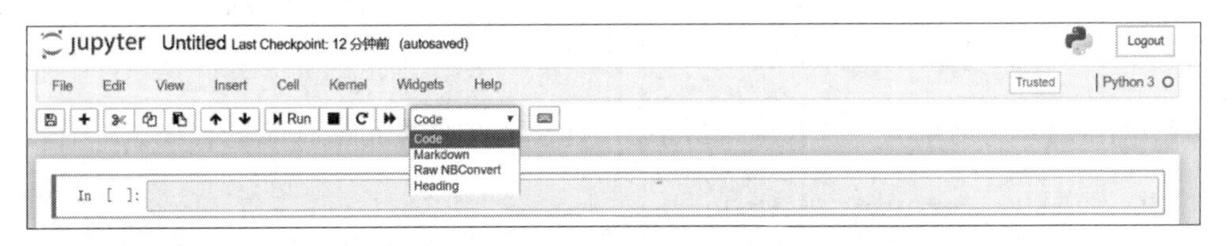

图 1.19　Jupyter Notebook 的功能菜单

Code：当前单元格的内容是可运行的程序代码。

Markdown：当前单元格的内容是文本，例如代码以外的结论、注释等文字。

Raw NBConvert：当前单元格的内容为操作页面(Notebook)的命令。

Heading：当前单元格的内容为标题，用于使 Notebook 页面整洁。在最新版本中，Heading 已经被集成到 Markdown 选项，选择 Markdown 选项，然后在文字前添加“#”符号，该行文字内容就被视为标题。

【例 1.10】 如图 1.20 所示,选择 Code 选项,在单元格中输入如下 Python 代码。

```
print("Run the Code in this cell")
```

输入完成后,单击 Run 按钮。

图 1.20 运行 Python 示例程序

【例 1.11】 为新单元格选择 Markdown,然后输入如下代码。

```
#This is the FIRST Title
##This is the SECOND Title
###This is the THIRD Title
```

输入后如图 1.21 所示。

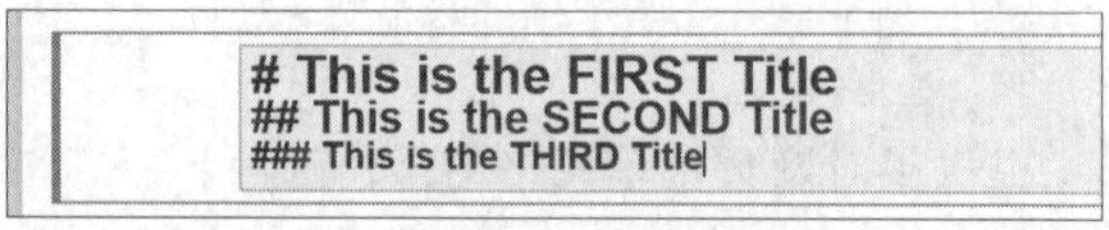

图 1.21 Markdown 格式化文字

单击 Run 按钮,运行后效果如图 1.22 所示。

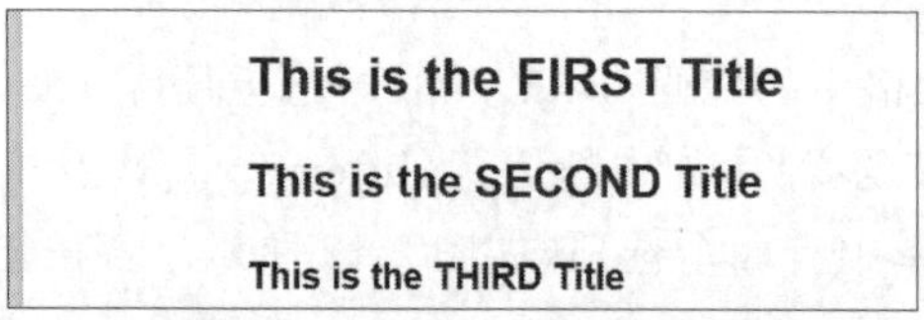

图 1.22 格式化文本显示效果

【例 1.12】 为新单元格选择 Markdown,然后输入如图 1.23 所示的代码。

```
![img001](Holder.png)
```

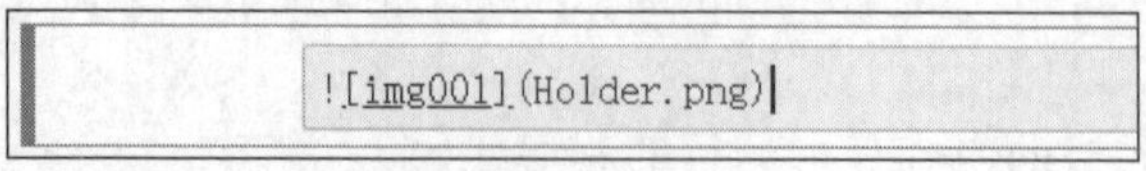

图 1.23 代码输入后的界面

运行后,图片显示效果如图 1.24 所示。

(3) Anaconda Navigator。

Anaconda Navigator 是可视化的 Anaconda 环境管理界面,可以用来管理环境。如果创建了多个版本的开发环境，还可以使用 Navigator 在各个环境之间切换，同时还允许安装不同版本的 Python，并自由切换。

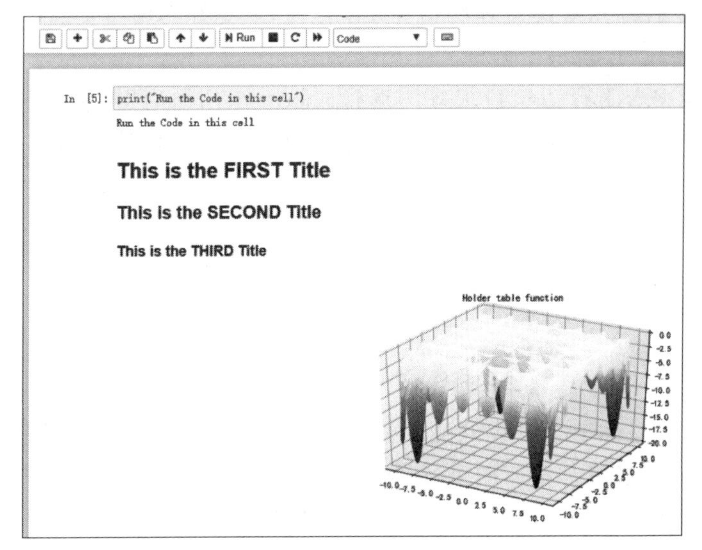

图 1.24　图片显示效果

（4）Spyder。

Spyder 是一个常用的可视化集成开发环境，是使用 Python 语言进行科学运算开发的平台，其使用界面如图 1.25 所示。

和其他的 Python 开发环境相比，Spyder 最大的优点就是有更好的控制台。它提供了很多窗格和“工作空间”功能，可以很方便地观察和修改数组的值，方便显示变量。

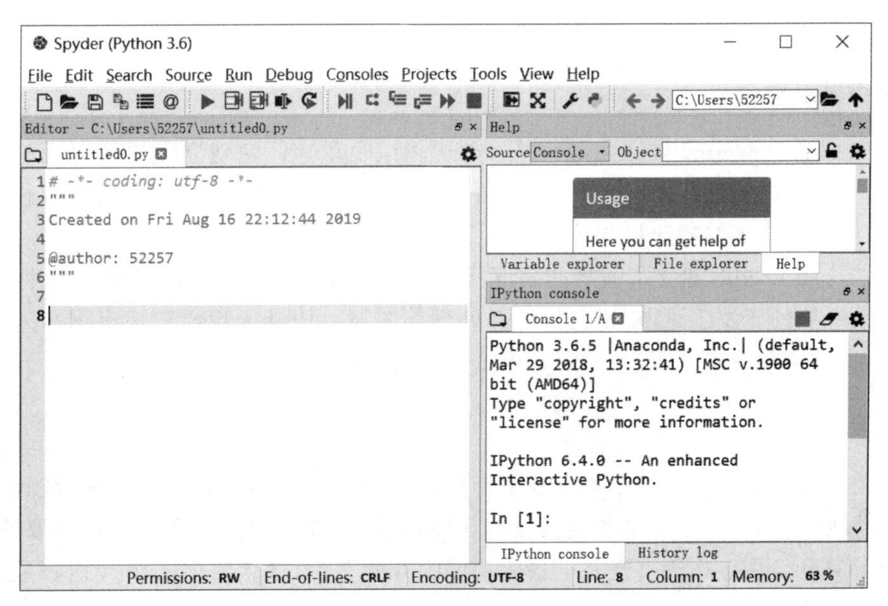

图 1.25　Spyder 可视化集成开发环境

2. Java 语言

如图 1.26 所示的 Java 编程环境具有许多优点，如更好的用户交互，简化大规模项目的工作，促进可视化，以及易于调试。

Java 也是开发人工智能项目很好的选择。Java 采用面向对象编程，可用于许多硬件和软件平台，具有高度安全性、可移植性，提供了 Java 虚拟机，内置垃圾回收功能。另外，Java 的用户广泛，完善丰富的知识生态可以帮助开发者查询和解决所遇到的问题。无论是智能搜索算法、自然语言处理算法还是神经网络，Java 都可以提供算法实现。

图 1.26 Java 开发环境

3. C/C++ 语言

C 和 C++ 是最为经典且广受欢迎的编程语言。C 和 C++ 编写的程序运行速度快，能与硬件交流，能使软件更加快速地执行。C++ 的执行速度对 AI 项目非常有用，例如对执行效率有严格要求的搜索引擎算法。3D 或其他虚拟现实环境下使用 C++ 实现算法也很方便，可以获得更快的执行和响应时间。

4. Lisp 语言

Lisp (List Processing)是一门较早的特殊的编程语言，适用于符号处理、自动推理以及大规模电路设计等领域。其显著特点是以函数形式实现功能。Lisp 具有出色的原型设计能力和特有的对符号表达式的支持。Lisp 的出现就是为了解决人工智能问题，是第一个函数式程序设计语言，有别于 C、FORTRAN 和 Java 等结构化程序设计语言。

5. Prolog 语言

Prolog(Programming in Logic)是一种逻辑编程语言。它建立在逻辑学理论基础之上，对一些基本机制进行编程，对于人工智能功能的实现非常有效，例如，可以提供模式匹配、自动回溯和数据结构化机制等。

日本曾用 Prolog 建立了著名的第五代计算机系统。在人工智能早期研究中，Prolog 曾经是最主要的开发工具，用于自然语言处理等领域。Prolog 现已广泛应用在人工智能研究中，用来实现专家系统、自然语言处理、智能推理等。

6. R 语言

R 语言起源于 20 世纪 80 年代诞生于贝尔实验室的 S 语言，是一个用于统计、分析、制图的优秀工具，是一个开源的数据分析环境，最初由新西兰两位数学统计学家建立，用于统计计算和绘图。R 语言是一个快速发展的开源平台，微软致力于让 R 语言成为数据科学通用语言。

R 语言可以运行于 UNIX、Windows 和 Mac 操作系统，具有很好的兼容性。

R 包含以下功能：数据存储和处理功能、数组(特别是矩阵)操作符、数据分析工具和数据绘图功能；还包括对应的编程语言，能够实现条件、循环、函数定义、输入输出等功能。

7. ROS

2007 年，斯坦福大学人工智能实验室在 AI 机器人项目的支持下开发了机器人操作系统(Robot Operating System，ROS)，如图 1.27 所示。ROS 是一种得到广泛使用的机器人操作与控制系统的软件框架，使用面向服务(SOA)技术，通过网络协议实现节点间的通信，这样可以轻松地集成不同语言、不同功能的代码。代码无须改动就可以在不同的机器人上复用。因此，ROS 更像一个分布式模块化的开源软件框架，能够帮助开发人员对现有的机器人进行二次开发。

图 1.27 ROS

ROS 包括硬件描述、驱动程序管理、共用功能的执行、程序间消息传递、程序发行包管理等模块，支持机器人系统中的传感器、执行器、控制器，包含目标规划、运动控制、导航以及可视化等功能。

ROS 遵循开源协议，通过 ROS，开发人员能够使用不同代码库中可重用的程序模块，集中精力做更多的事情，实现程序分享与完善。

习题

一、选择题

1. 以下关于人工智能的说法中，错误的是(　　)。
   A. 人工智能是研究世界运行规律的科学
   B. 人工智能涵盖多个学科领域
   C. 人工智能包括自动推理、专家系统、机器学习等技术
   D. 现阶段的人工智能核心是机器学习
2. 人工智能未来发展的三个层次包括(　　)。
   A. 弱人工智能　　B. 强人工智能
   C. 超人工智能　　D. 以上全对
3. 下面能实现人工智能算法的开发环境有(　　)。
   A. C 语言　　B. Java 语言　　C. Python 语言　　D. 以上都可以
4. 20 世纪 70 年代开始，人工智能进入首次低谷期的原因不包括(　　)。
   A. 计算机内存有限　　B. 摄像设备没有出现
   C. 计算机处理速度不够快　　D. 理论基础薄弱
5. 被广泛认为是 AI 诞生的标志的是(　　)。
   A. 计算机的产生　　B. 图灵机的出现
   C. 达特茅斯会议　　D. 神经网络的提出

二、填空题

1. 智能是人类________和________的总称。

2. 人工智能的英文缩写为________,是研究人类智能的技术科学。

3. ________年,人工智能诞生于美国达特茅斯的一次夏季学术研讨会。

4. 20世纪80年代第二次人工智能浪潮中,最为代表性的系统是________,例如XCON系统,这类系统是以知识为中心开展人工智能研究。

5. 在人工智能领域,NLP的全称是________,其主要研究人类语言的理论和处理方法。

6. A公司为方便员工考勤,安装了一种考勤设备。员工只要将某个特定的手指放在设备上即可实现考勤。这个设备使用了人工智能中的________技术。

三、思考题

查找资料,调查现有的机器学习开发环境,并进行对比。

第2章

Python数据处理基础

本章概要

Python 程序开发语言近些年来发展迅速，广泛用于科学计算、数据挖掘和机器学习领域。数据分析是科学计算的重要组成，是必不可少的处理环节。

Python 语言不仅提供了基本的数据处理功能，同时还配备了很多高质量的机器学习和数据分析库。

本章介绍 Python 的基本数据处理功能，讲解如何利用 Python 进行数据控制、处理、整理和分析等操作，以及如何使用 Python 进行数据文件读写。随后对 Python 的数据分析模块进行简介，讲解 NumPy 和 Pandas 提供的数据文件访问功能。

学习目标

当完成本章的学习后，要求：

(1) 了解 Python 程序开发环境的使用。

(2) 掌握 Python 的基本数据类型。

(3) 掌握 Python 读写文件的方法。

(4) 熟悉使用 NumPy 获取数据文件内容的方法。

(5) 熟悉使用 Pandas 存取数据文件的方法。

2.1 Python 程序开发技术

Python 是荷兰人 Guido van Russum 于 1989 年创建的一门编程语言。Python 是开源项目，其解释器的全部代码都可以在 Python 的官方网站(http://www.python.org)自由下载。Python 的重要特点如下。

1. 面向对象

Python既支持面向过程的编程，也支持面向对象的编程。Python支持继承、重载，代码可以重用。

2. 数据类型丰富

Python提供了丰富的数据结构，包括列表、元组、集合、字典，此外NumPy、Pandas等资源库还提供了高级数据结构。

3. 具有功能强大的模块库

Python是免费的开源编程语言，有许多优秀的开发者为Python开发了功能强大的拓展包，供其他人免费使用。

4. 易拓展

Python语言的底层是由C/C++编写的，开发者可以在Python中调用C/C++编写的程序，可以极大地提高程序运行速度，同时保持程序的完整性。

5. 可移植性

因为Python是开源的，所以Python程序不依赖系统的特性，无须修改就可以在任何支持Python的平台上运行。

接下来我们通过下面的实例，来了解Python程序设计的基本方法。

【例2.1】 Python语言综合示例——天天学习，天天向上。

```
import random                                  #包含随机数模块，以生成随机数
#定义 fib_loop 函数，构造斐波那契数列
def fib_loop(n):
    listNum=[]
    a, b = 0, 1
    #for结构，循环体重复运行 n 次
    for i in range(n):
        a, b = b, a + b
        listNum.append(a)
        #print(i,listNum)                       #把注释符号去掉，可以查看运行过程
    return listNum                             #返回一个数据列表 listNum
listPlan=['吃零食','学习','学习','学习','看电影','学习','旅游','睡觉','学习']
listNum=fib_loop(6)                            #调用 fib_loop 函数生成斐波那契数列
varIdx=random.randint(0,5)                     #生成 0~5 的随机数 varIdx
varRandom=listNum[varIdx]
print('今日计划:',listPlan[varRandom])          #根据随机编号抽取今日计划
```

运行结果：

```
今日计划：学习
```

程序首先定义了 fib_loop 函数，用来生成斐波那契数列，并在主程序中调用了 fib_loop 函数，生成的斐波那契数列为[1, 1, 2, 3, 5, 8]。

程序通过包含 random 模块，并使用 random.randint(0,5)函数生成了 0～5 的随机整数。然后将此随机数作为下标读取对应位置的斐波那契数，再使用该斐波那契数作为 listPlan 数组的下标，得到推荐事件。可以看出，每次推荐的事件均为“学习”。

思考：本例中，random.randint(0,5)改成 random.randint(0,8)是否可以？

分析：由于斐波那契数列中第 6 个数是 13，而本例中的 listPlan 只有 9 个项目，如果修改为 0～8 的随机数，当产生的随机数大于 5 时，会导致非法引用，所以不能修改为 random.randint(0,8)。

使用 Python 完成机器学习任务，需要熟练掌握 Python 编程方法，包括循环结构、选择结构、函数使用等都是较常用的基础知识。本书中对 Python 的基础知识不做详尽介绍，如果读者需要，可以参阅专门的 Python 教程。

2.2　基本数据类型

视频讲解

在 Python 3 的环境中，提供了基本的内置数据类型，即 Python 的标准数据类型。标准数据类型共有 6 种，包括 Number(数字)、String(字符串)、List(列表)、Tuple(元组)、Set(集合)和 Dictionary(字典)。

根据数据对象是否可变，这 6 种标准数据类型又可以划分为两类：可变数据类型和不可变数据类型。

可变数据类型在声明时会开辟一块内存空间，使用 Python 的内置方法对内存中的数据进行修改时，内存地址不发生变化。可变数据包括列表、字典和集合。

不可变数据类型在声明时也会开辟一块内存，但不能改变这块内存中的数据。如果改变了变量的赋值，则会重新开辟一块内存空间。不可变数据有数字、字符串和元组。

1. Number(数字类型)

Python 的数字类型包括 int、float、bool 和 complex 复数类型。当指定一个值时，就创建了一个 Number 类型的对象。

【例 2.2】 数值类型不可改变。

```
i = 3
print(id(i))
i += 1
print(id(i))
```

运行结果示例：

```
1496607872
1496607904
```

通过id函数，可以看到变量i在加1之后，内存地址已经改变。也就是说，i += 1不是原有的int对象增加1，而是重新创建了一个int对象，其值为4。

2. String(字符串)类型

Python中的字符串用半角的单引号或双引号括起来，对于字符串内的特殊字符，使用反斜杠“\”进行转义。

在Python中，获取字符串的一部分的操作称为**切片**，截取格式为：

```
字符串变量[头下标:尾下标]
```

正序访问时，可以获取从头下标到尾下标减1位置的字符。也可以逆序读取。

Python字符串的首字母下标为0，位置与该位置上的数值交错出现。可以把这种访问方式生动地理解为“栅栏式”访问，即每个字符的位置位于字符的前面。Python当中除了字符串以外还存在很多序列，其访问方式大都采用“栅栏式”访问方式。序列的定位及截取方式如图2.1所示。

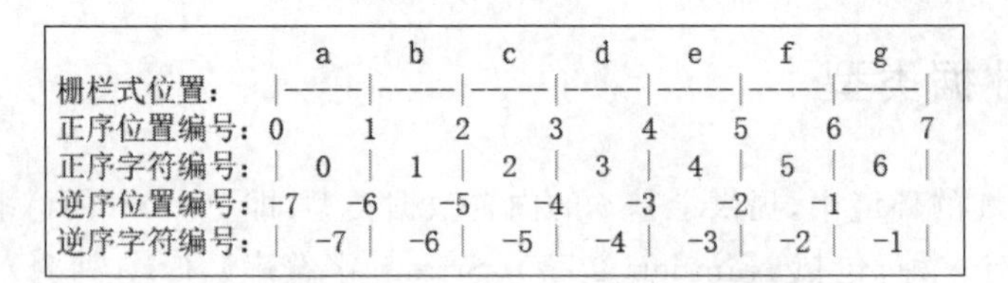

图2.1 序列访问及切片方法

【例2.3】 字符串的访问。

```
str = 'Picture'
print (str[1:3])                        #第二、三个字符
print (str[-3:-1])                      #倒数第二、三个字符
print (str[3:-1])                       #正数第四个到倒数第二个字符
print (str[-6:7])                       #倒数第六个到正数第七个字符
print (str[2:])                         #第三个字符开始的所有字符
print (str * 2)                         #输出字符串两次
print (str + "TEST")                    #连接字符串
```

运行结果如下。

```
ic
ur
tur
icture
cture
PicturePicture
PictureTEST
```

由于Python字符串是不可变类型，所以向字符串的一个索引位置赋值会导致错误。

【例 2.4】 字符串赋值。

```
word = 'Python'
print(word[0], word[5])
print(word[-1], word[-6])
```

如果继续添加一行语句：

```
word[0] = Q'
```

由于无法修改 word 字符串，因此会导致错误："TypeError: 'str' object does not support item assignment"。

如果需要修改字符串的内容，可以使用重新赋值语句，如下。

```
word = 'Qython'
```

即生成一个新的 word 变量。

3. List(列表)类型

List(列表)使用方括号[]进行定义，数据项之间用逗号分隔。Python 中，列表的使用非常频繁。列表的数据项可以是数字、字符串，也可以是列表。

列表也是一种 Python 序列，其截取语法与字符串类似，格式如下。

```
列表变量[头下标:尾下标]
```

正序访问的时候，索引值从 0 开始，截取从头下标到尾下标减 1 位置的元素；如果是逆序访问，则 −1 是末尾位置。

【例 2.5】 列表的访问。

```
list = [ 'a', 56 , 1.13, 'HelloWorld',[7,8,9] ]
print(list)                          #完整列表
print(list[4])                       #第五个元素
print(list[-2:5])                    #从倒数第二个到正数第五个元素
print(list[2:])                      #第三个元素开始的所有元素
```

运行结果如下。

```
['a', 56, 1.13, 'HelloWorld', [7, 8, 9]]
[7, 8, 9]
['HelloWorld', [7, 8, 9]]
[1.13, 'HelloWorld', [7, 8, 9]]
```

不过，与 Python 字符串不一样的是，列表中的单个元素可以修改。List 还内置了很多方法，例如 append()、pop()等。

【例 2.6】 列表元素的修改。

```
a = [1, 2, 3, 4, 5, 6]
a[0] = 9                             #将第一个元素设为 9
```

```
print(a)
a.append(7)                          #在列表末尾追加 7
print(a)
a[2:5] = []                          #将第三到第五个元素值设置为空值
print(a)
a.pop(2)                             #将第三个元素移除
print(a)
```

运行结果如下。

```
[9, 2, 3, 4, 5, 6]
[9, 2, 3, 4, 5, 6, 7]
[9, 2, 6, 7]
[9, 2, 7]
```

在实际应用中,经常需要对列表中的数据项进行遍历(也称为迭代)。Python 中常用的列表迭代方法有三种:for 循环遍历、按索引序列遍历和按下标遍历。其中,按索引序列遍历一般使用 enumerate()函数,将可遍历的数据对象(如列表、元组或字符串)组合为一个索引序列,同时列出数据和数据下标,再结合 for 循环进行遍历。

【例 2.7】 列表的遍历。

```
lis= ['蚂蚱','螳螂','蝈蝈','蝗虫','蛐蛐']
#(1)直接遍历
for item in lis:
    print(item)
#(2)按索引遍历
for i in enumerate(lis):
    print(i)
#(3)对于列表类型,还有一种通过下标遍历的方式,如使用 range()函数
for i in range(len(lis)):
    print(lis[i])
```

4. Tuple(元组)类型

元组写在小括号()中,元素之间用逗号分隔,元素可以具有不同的类型。元组(Tuple)与列表类似,但元组的元素不能修改。

元组的截取方式与字符串和列表都类似,下标从 0 开始,末尾的位置从-1 开始。

【例 2.8】 元组的访问。

```
tuple = ( 'SpiderMan',2017 ,33.4, 'Homecoming', 14 )
tinytuple = (16, 'Marvel')
print(tuple)                         #输出完整元组
print(tuple[0])                      #输出元组的第一个元素
print(tuple[3:4])                    #输出第四个元素
print(tuple + tinytuple)             #连接元组
```

运行结果如下。

```
('SpiderMan', 2017, 33.4, 'Homecoming', 14)
SpiderMan
('Homecoming',)
('SpiderMan', 2017, 33.4, 'Homecoming', 14, 16, 'Marvel')
```

虽然元组的元素不可改变,但如果元组内部的数据项是可变的类型,则该数据项可以修改。

【例 2.9】 修改元组中的 List 类型数据项。

```
tuple = ([16, 'Marvel'] , 'SpiderMan',2017 ,33.4, 'Homecoming', 14,)
print(tuple[0])
tuple[0][0]='Marvel'
tuple[0][1]='16'
print (tuple)
```

运行结果如下。

```
[16, 'Marvel']
(['Marvel', '16'], 'SpiderMan', 2017, 33.4, 'Homecoming', 14)
```

5. Dictionary(字典)

字典是一种可变容器模型,且可存储任意类型对象。字典使用大括号{}定义 ,格式如下。

```
d = {key1:value1, key2:value2}
```

字典的每个键值(key/value)对用冒号分隔,键值对之间用逗号分隔。键一般是唯一的,如果出现了重复,则后面的键值对会替换前面的键值对。值的数据及类型不限,可以是字符串、数字或元组。

1) 字典的访问

访问字典中的值需要使用字典的键值,这个键值用方括号括起来,格式如下。

```
dt['key']
```

【例 2.10】 字典的访问。

```
dict = {'Name': 'Mary', 'Age': 7, 'Class': 'First'};
print(dict);
print("Name: ", dict['Name'])
print("Age: ", dict['Age'])
```

【例 2.11】 列表可以作为字典的 value 值。

```
dict={'Name':['Mary','Tom','Philp'],'Age':[7,8,9],'Class': ['1st','2nd','3rd']};
print(dict);
```

```
print("Name: ", dict['Name'])
dict['Age']=[8,9,10]
print("Age: ", dict['Age'])
```

运行结果如下。

```
{'Name': ['Mary', 'Tom', 'Philp'], 'Age': [7, 8, 9], 'Class': ['1st', '2nd', '3rd']}
Name:  ['Mary', 'Tom', 'Philp']
Age:  [8, 9, 10]
```

2）修改字典

可以向字典添加键/值对，也可以修改或删除字典的键/值对，如例 2.12 所示。

【例 2.12】 修改字典。

```
dict = {'Name': 'Zara', 'Class': 'First'};
#添加 add
dict['Gender']="Female"
print(dict)
#修改 update
dict.update({"No":"001"})
print(dict)
#也可以使用 update 方法添加/修改多个数据
dict.update({'Gender':"F","Id":1})
print(dict)
```

运行结果如下。

```
{'Name': 'Zara', 'Class': 'First', 'Gender': 'Female'}
{'Name': 'Zara', 'Class': 'First', 'Gender': 'Female', 'No': '001'}
{'Name': 'Zara', 'Class': 'First', 'Gender': 'F', 'No': '001', 'Id': 1}
```

删除一个字典键值对用 del 命令，清空字典用 clear 命令。

【例 2.13】 删除字典元素。

```
del dict['Gender']
print(dict)
dict.clear()
print(dict)
```

运行结果如下。

```
{'Name': 'Zara', 'Class': 'First', 'No': '001', 'Id': 1}
{}
```

6. Set（集合）类型

集合由一列无序的、不重复的数据项组成。Python 中的集合是可变类型。与数学中的集合概念相同，集合中每个元素都是唯一的。同时，集合不设置顺序，每次输出时元素的排序可能都不相同。

集合使用大括号，形式上和字典类似，但数据项不是成对的。

1）创建集合

创建集合可以使用大括号{}或者 set()函数，但创建一个空集合必须用 set()函数而不能用{}，因为空的大括号{}创建的是空的字典。要建立一个由(v1，v2，…)组成的集合 mySet，可以使用 mySet ＝ {v1，v2，…}。

还可以使用 List 列表来创建集合，此时列表中的数据项直接作为集合的元素。生成的集合和原 List 列表相比，数据项顺序有可能不同，并且会去除重复数据项。

例如，要由列表 myList 建立一个名为 mySet 的集合，可以使用 mySet＝set(myList)。

【例 2.14】 创建集合。

```
#创建一个空集合
var = set()
print(var,type(var))                          #显示集合内容和类型
#具有数据的集合
var = {'LiLei','HanMeiMei','ZhangHua', 'LiLei', 'LiLei'}
print(var,type(var))                          #显示集合内容和类型
```

【例 2.15】 集合成员检测。

```
#判断元素在集合内
result = 'LiLei' in var
print(result)
#判断元素不在集合内
result = 'lilei' not in var                   #大小写敏感
print(result)
```

2）添加、删除集合元素

为集合添加数据项有两种常用方法：add()和 update()。删除集合项的常用方法是 remove()。

【例 2.16】 添加、删除集合元素。

```
var = {'LiLei','HanMeiMei','ZhangHua'}
var.add('LiBai')                              #add 方法添加元素
print(var)
var.update('DuFu')                            #update 方法首先拆分元素,然后依次添加
print(var)                                    #数据项无序,且去除重复项
var.remove('D')
var.remove('F')
var.remove('u')
print(var)
```

3）集合的遍历

集合中的元素可以使用遍历进行访问。可以使用直接遍历，也可以使用 enumerate

索引进行遍历。但是,集合类型不支持 range()方式的遍历。

【例 2.17】 有一个集合 anml,其内容为{'紫貂','松貂','青鼬','狼獾'},对 anml 集合进行遍历。

方法一:

```
anml = {'紫貂','松貂','青鼬','狼獾'}
for item in anml:
    print(item)
```

方法二:

```
anml = {'紫貂','松貂','青鼬','狼獾'}
for item in enumerate(anml):
    print(item)
```

4) Python 集合操作符号

Python 集合类型与数学中的集合类似,支持集合的交集、并集、差集、包含等运算。常见数学集合运算符与 Python 集合操作符的对比如表 2.1 所示。

表 2.1 数学集合运算符与 Python 集合操作符对比

集合操作	数学集合运算符	Python 集合操作符
差集	$-$	-
交集	$\cap$	&
并集	$\cup$	|
不等于	$\neq$	!=
等于	$=$	==
包含于	$\in$	in
不包含于	$\notin$	not in

【例 2.18】 集合的交集、并集(合集)、差集。

非洲有一种凶猛的小型鼬科动物,名为狼獾,也被称为貂熊,如图 2.2 所示。通过集合操作对这种动物进行了解。

图 2.2 狼獾

(图片来源:www.veer.com,授权编号:202008222005163104)

```
#分别构造獾和貂两个集合
Huan={'猪獾','蜜獾','狼獾',}
Diao={'紫貂','松貂','美洲水鼬','狼獾'}
#交集
DiaoXiong=Huan&Diao
print('貂熊是:',DiaoXiong)
#并集
Youke=Huan|Diao
print('鼬科的是:',Youke)
#差集
DiaoT=Diao-Huan
print('除去獾的貂类:',DiaoT)
```

2.3 数据文件读写

机器学习的本质是数据处理，以及在此基础上的算法运行。如果数据是少量的、临时的，可以使用标准数据类型变量进行存储。不过在实际应用中，经常使用大量的数据，这时需要使用数据文件。

视频讲解

2.3.1 打开与关闭文件

Python 提供了标准的文件操作功能，可以对文件进行读写操作。

1. 打开文件

打开文件的内置函数是 open()函数，打开文件后会创建一个文件对象。对文件的访问通过这个文件对象进行。

语法：

```
open(file_name [, access_mode][, buffering])
```

主要参数：

file_name：字符串类型，要访问的文件名称。

access_mode：文件的打开模式，如读取、写入或追加等。可选参数，默认为 r(只读模式)。写数据常用的是'w'和'a'模式，分别表示改写和添加。

buffering：表示文件缓冲区的策略，可选。当值为 0 时，表示不使用缓冲区。

例如：f = open('datafile.txt', 'w')

2. 写入文件

向文件中写入数据，使用文件对象的 write()方法，参数为要写入文件的字符串。

例如：f.write('some data')

3. 关闭文件

关闭文件使用文件对象的 close()方法。

例如：f.close()

【例 2.19】 打开文件并写入数据。

```
filename = 'INFO.txt'
f=open(filename,'w')                        #清空原文件数据,若文件不存在则创建新文件
f.write("I am ZhangSanFeng.\n")
f.write("I am now studying in ECNU.\n")
f.close()
```

运行后,程序在当前目录生成了一个 INFO.txt 文件,内容为两行数据。

文件的读写可能会产生错误。例如,读取一个不存在的文件或者没有正常关闭的文件,会产生 IOError 错误。为了避免此类问题,可以使用 try … finally 语句,不过更方便的是使用 Python 提供的 with 语句。使用 with 语句打开文件时,不必调用 f.close()方法就能自动关闭文件。即使文件读取出错,也会保证关闭文件。使用 with 语句访问文件,代码更简洁,能获得更好的异常处理。

【例 2.20】 使用 with 语句打开文件。

```
with open('INFO.txt','a') as f:             #'a'表示添加数据,不清除原数据
    f.write("I major in Computer Vision.\n")
```

2.3.2 读取文件内容

文件对象也提供了读取文件的方法,包括 read()、readline()、readlines()等,其功能介绍如下。

1. file.read([count])

读文件,默认读整个文件。如果设置了参数 count,则读取 count 字节,返回值为字符串。

2. file.readline()

从当前位置开始,读取文件中的一行,返回值为字符串。

3. file.readlines()

从当前位置开始,读取文件的所有行,返回值为列表,每行为列表的一项。

读取文件时,可以使用 for 循环对文件对象进行遍历。在实际使用时,可以根据需要选择合适的文件读取方式。

【例 2.21】 read()函数读取整个文件。

```
with open("INFO.txt") as f:                 #默认模式为'r',只读模式
```

```
    ct10 = f.read(5)                        #读 5 个字符
    print(ct10)
    print('======')
    contents = f.read()                     #从当前位置,读文件全部内容
    print(contents)
```

有时读取的数据带有特殊字符或需要去掉的空格，如\n(换行)、\r(回车)、\t(制表符)、' '(空格)等，可以使用 Python 提供的函数去除头尾不需要的字符。常用的去空白符函数如下。

strip()：去除头、尾的字符和空白符。

lstrip()：去除开头的字符、空白符。

rstrip()：去除结尾的字符、空白符。

【例 2.22】 使用 readline()函数逐行读取。

```
with open('data.txt') as f:
    line1 = f.readline()                    #读取第一行数据(此时已经指向第一行末尾)
    line2 = f.readline()                    #从上一次读取末尾开始读取(第二行)
    print(line1)
    print(line2)
    print(line1.strip())
    print(line2.strip())
    print(line1.split())
```

【例 2.23】 使用 readlines()一次读取多行。

```
with open('data.txt') as f:
    lines = f.readlines()                   #将文件数据读到一个列表,每个列表项对应一行
print(lines)                                #每行数据都包含换行符
print('===================================')
for line in lines:
    print(line.rstrip())                    #使用 rstrip()处理空格
```

【例 2.24】 使用 for 循环逐行读取文件。

```
#逐行读取
with open('data.txt') as f:
    for lineData in f:
        print(lineData.rstrip())            #去掉每行末尾的换行符
```

2.3.3 将数据写入文件

如果需要对文件写入数据，打开方式需要选择'w'(写入)或者'a'(追加)模式。写入文件可以使用 Python 提供的 write 方法。write 方法的语法如下。

```
fileObject.write(byte)
```

其中，参数 byte 为待写入文件的字符串或字节。

【例 2.25】 新建文本文件并写入内容。

```
filename = 'write_data.txt'
with open(filename,'w') as f:          #'w'表示写数据,会清空原文件
    f.write("I am ZhangSanFeng.\n")
    f.write("I am now studying in ECNU.\n")
```

【例 2.26】 向文件中追加数据。

```
with open(filename,'a') as f:          #'a'表示追加数据,不清除原数据
    f.write("I major in Computer Vision.\n")
```

* **文件指针**

文件指针用来记录当前位于文件的哪个位置。例如,readline()每运行一次,文件指针就下移一行。而 read()函数运行之后,再进行读取会发现读不到内容。这是由于 read()运行之后,文件指针是指向文件末尾的。而从文件末尾开始读文件,就没有内容可供读取了。

如果需要调整文件指针的位置,可以使用 seek()函数。seek()函数格式如下。

```
fileObject.seek(offset[, whence])
```

主要参数:

offset——偏移量。从指定位置开始需要移动的字节数。

whence——指定的位置。可选参数,代表 offset 的起始点,默认值为 0。值为 0 代表文件头,为 1 代表当前位置,为 2 代表文件末尾。

例如:

seek(0):文件指针回到文件头。

seek(2):文件指针到达文件末尾。

seek(num,0):文件指针从文件头开始,移动 num 字节。

视频讲解

2.3.4 Pandas 存取文件

Pandas 是一个强大的分析结构化数据的工具集,Pandas 的名称来自面板数据(Panel Data)和 Python 数据分析(Data Analysis)的合成。其中的 Panel Data 是经济学中处理多维数据的术语,在 Pandas 中也提供了 Panel 的数据类型。

Pandas 的基础是 NumPy。本节将学习 Pandas 模块以及它所提供的用于数据分析的基础功能。Pandas 的核心功能是数据计算和处理,对外部文件读写数据也是 Pandas 功能的一部分。而且,可以使用 Pandas 在数据读写阶段对数据做一定的预处理,为接下来的数据分析做准备。

数据获取对 Pandas 的数据分析来说非常重要。Pandas 模块提供了专门的文件输入输出函数,大致可分为读取函数和写入函数两类,如表 2.2 所示。

表 2.2　Pandas 主要读取和写入函数

读取函数	写入函数	功能
read_csv()	to_csv()	将 CSV 文件读入 DataFrame,默认以逗号分隔
read_excel()	to_excel()	将 Excel 文件读取到 Pandas DataFrame 中
read_sql()	to_sql()	将 SQL 查询或数据库表读取到 DataFrame 中
read_json()	to_json()	读写 JSON 格式文件和字符串
read_html()	to_html()	可以读写 HTML 字符串/文件/ URL,将 HTML 表解析为 Pandas 列表 DataFrame

1. read_csv()函数

功能：从文件、URL、文件对象中加载带有分隔符的数据,默认分隔符是逗号。TXT 文件和 CSV 文件可以通过 Pandas 中的 read_csv()函数进行读取。有时候可以使用 read_table()函数读取表格数据,其默认分隔符为制表符("\t")。read_csv()和 read_table()函数都有丰富的参数可以设置。

read_csv()的格式如下。

```
pd.read_csv(filepath_or_buffer,sep,header,encoding,index_col,columns…)
```

该函数有二十多个参数,其主要参数如下。

filepath_or_buffer：字符串型,代表文件名或数据对象的路径,也可以是 URL。

sep：字符串型,数据的分隔符。read_csv()中默认是逗号;read_table()中默认是制表符分隔。

header：整型或整数列表,表示此行的数据是关键字,数据从下一行开始。header 默认为 0,即文件第 1 行数据是关键字。如果文件中的数据没有关键字,需要将 header 设置为 None。

encoding：字符串型,可选参数,注明数据的编码格式,默认为 utf-8。

index_col：整数,默认为 None,指定行索引的列号。

【例 2.27】　read_csv()读取有标题的数据。

```
import pandas as pd
data1 = pd.read_csv('dataH.txt')
print(data1)
print('-------------------')
data2 = pd.read_csv('dataH.txt',sep = ' ')        #指明分隔符
print(data2)
```

【例 2.28】　read_table()读取无标题数据。

```
import pandas as pd
data3 = pd.read_table('data.txt',sep = ' ')
print(data3)
print('-------------------')
```

```
#header 参数指明数据没有标题
data4 = pd.read_table('data.txt',sep = ' ',header=None)
print(data4)
```

【例 2.29】 读取无标题数据并设置标题名。

```
import pandas as pd
data1=pd.read_table('data.txt',sep=' ',header=None,names=["H","W","C"])
print(data1)
```

2. to_csv()函数

如果需要将数据写入 CSV 文件,可以使用 Pandas 提供的 to_csv()函数。使用 Pandas 读写的数据都是基于 Pandas 内置的 DataFrame 格式,方便继续对数据进行处理。

【例 2.30】 将 DataFrame 格式数据的两列写入文件。在例 2.30 程序的最后添加语句:

```
data1.to_csv("HW.csv", columns=["H","W"])
```

程序生成了 CSV 文件,内容如图 2.3 所示。

	A	B	C	D
1		H	W	
2	0	1.5	40	
3	1	1.5	50	
4	2	1.5	60	
5	3	1.6	40	
6	4	1.6	50	
7	5	1.6	60	
8	6	1.6	70	
9	7	1.7	50	
10	8	1.7	60	
11	9	1.7	70	
12	10	1.7	80	
13	11	1.8	60	
14	12	1.8	70	
15	13	1.8	80	
16	14	1.8	90	
17	15	1.9	80	
18	16	1.9	90	
19				

图 2.3 生成的 CSV 文件结果

2.3.5 NumPy 存取文件

除了 Pandas,NumPy 也可以非常方便地存取文件,它提供了如表 2.3 所列的函数。

表 2.3 NumPy 主要读、写函数

读 函 数	写 函 数	功 能
fromfile()	tofile()	存取二进制格式文件
load()	save()	存取 NumPy 专用的二进制格式文件
loadtxt()	savetxt()	存取文本文件,也可以访问 CSV 文件

可以通过 loadtxt()从文本文件中读取数据,或用 savetxt()把数组写入文本文件。这两个函数可以存取文本文件,也可以访问 CSV 文件。它们在存取过程中,使用的是 NumPy 内置的一维和二维数组格式。

基本格式:

```
np.loadtxt(fname, dtype=, comments='#', delimiter=None,
converters=None, skiprows=0, usecols=None, unpack=False, ndmin=0, encoding=
'bytes')
np.savetxt(fname,X,fmt='%.18e',delimiter=' ',newline='\n',header='',footer
='',comments='#',encoding=None)
```

常用参数:

fname:文件、字符串或产生器,可以是.gz 或.bz2 压缩文件。

X:准备存储到文件中的数据,一维或二维数组形式。

dtype:数据类型,可选。

delimiter:分隔字符串,默认是空格。

usecols:选取数据的列。

【例 2.31】 使用 loadtxt()读取文件。

```
import numpy as np
#采用字符串数组读取文件
tmp = np.loadtxt("data.txt", dtype=np.str, delimiter=" ")
print(tmp)
print("----分隔线-----------")
tmp1 = np.loadtxt("data.txt",dtype=np.str,usecols=(1,2))
print(tmp1)
```

【例 2.32】 使用 savetxt()函数写入数据。

```
import numpy as np
x = y = z = np.arange(0,50,4.5)
#把 x 数组保留一位小数写入文件
np.savetxt('X.txt', x, delimiter=',',fmt='%5.1f')
#把 x 数组保留三位小数写入文件
np.savetxt('formatX.txt', x, fmt='%7.3f')
#把三个数组按原格式写入文件
np.savetxt('XYZ.txt', (x,y,z))
```

习题

一、选择题

1. 以下不属于 Python 标准数据类型的是(　　)。

A. DataFrame　　B. 字符串　　C. 数值　　D. 列表

2. 使用小括号定义的数据类型是(　　)。

A. 列表　　B. 集合　　C. 字典　　D. 元组

3. 使用{ }定义的数据类型是(　　)。

A. 字典　　B. 集合　　C. 列表　　D. 字典或集合

4. 以下关于字典中的键值的说法,正确的是(　　)。

A. 键值不可修改　　B. 键值不能重复

C. 键值必须是字符串　　D. 以上都不对

5. 以下描述中,属于集合特点的是(　　)。

A. 集合中的数据是无序的　　B. 集合中的数据是可以重复的

C. 集合中的数据是严格有序的　　D. 集合中必须嵌套一个子集合

二、操作题

1. Python 基本数据练习。

打开 Jupyter Notebook,建立名为 test.ipynb 的文件,完成以下操作。

(1) 建立字符串"the National Day",取出单词"Nation"并显示。

(2) 建立列表["the"," National"," Day"],取出单词"National"并显示。

(3) 建立一个元组 tpl=(['10.1','is','the'],'National','Day'),并把值"10.1"变成"Today",显示整个元组。

(4) 建立酒店客流数据字典,数据如下。

```
Hotel= {"name" :"J Hotel","count":35,"price":162}
```

然后把 count 值修改为 36。

(5) 建立酒店名称的集合。

```
Htls={"A Hotel", "B Hotel", "C Hotel"}
```

然后检查 E Hotel 是否在集合中。

2. Python 文件访问练习。

打开 Jupyter Notebook,建立名为 File.ipynb 的文件。编程读取数据文件 fruit_data_with_colors.txt 前 10 行的数据并显示。

第二部分　基　础　篇

第 3 章

Python常用机器学习库

本章概要

Python 的标准库包括 math、random、datetime、os 等。此外，Python 还拥有强大的第三方库资源，为开发者提供了大量的开发资源。这些库使 Python 保持活力和高效。丰富的开源生态系统也是 Python 成功和流行的原因之一。

借助常用的机器学习库，Python 可以解决多种问题，例如科学计算、数据分析、图像处理等。Python 及其生态系统使它成为全世界用户优先选择的开发工具。

本章会介绍常见的用于数据科学任务和机器学习处理的 Python 库，包括通用的 NumPy、Pandas、Scikit learn 和 Matplotlib 等，也包含 OpenCV、jieba、wordcloud 等专门库。这些库提供了机器学习任务中经常使用的基本功能。

学习目标

当完成本章的学习后，要求：

(1) 了解常用第三方库的调用方法。

(2) 熟悉机器学习库的使用步骤。

(3) 掌握 NumPy、Pandas 的数据处理功能。

(4) 掌握 Matplotlib 的绘图方法。

(5) 熟悉 Scikit learn 机器学习库的使用。

(6) 熟悉其他常用库的使用。

3.1 NumPy

NumPy 是 Numerical Python 的简称，是高性能计算和数据分析的基础包，是 Python 的一个重要扩充库。NumPy 支持高维度数组与矩阵运算，也针对数组运算提供了大量的数学函数库。NumPy 运算效率极好，是大量机器学习框架的基础库。

NumPy 中主要包含一个强大的 N 维数组对象 ndarray、整合了 C/C ++ 和 FORTRAN 代码的工具包，以及丰富的数学函数库，尤其是实用的线性代数、傅里叶变换和随机数生成函数。

使用 NumPy，开发人员可以很方便地执行数组运算、逻辑运算、傅里叶变换和图形图像操作。NumPy 数组的运算效率优于 Python 的标准 List 类型。而且在代码中使用 NumPy 可以省去很多烦琐的处理语句，代码更为简洁。

研究人员经常将 NumPy 和稀疏矩阵运算包 SciPy(Scientific Python)配合使用，来解决矩阵运算问题。将 NumPy 与 SciPy、Matplotlib 绘图库相组合是一个流行的计算框架，这个组合可以作为 MATLAB 的替代方案。

视频讲解

3.1.1 ndarray 对象

NumPy 的强大功能主要基于底层的一个 ndarray 结构，其可以生成 N 维数组对象。

ndarray 对象是一系列同类型数据的集合，下标索引从 0 开始，是一个用于存放同类型元素的多维数组。ndarray 中的每个元素在内存中都具有相同大小的存储区域。

与 Python 中的其他容器对象一样，ndarray 可以通过对数组建立索引或切片来访问数组内容，也可以使用 ndarray 的方法和属性来访问和修改 ndarray 的内容。

1. ndarray 的内部结构

相对标准的数组，ndarray 本质上是一个数据结构。如图 3.1 所示，ndarray 内部主要由以下内容构成。

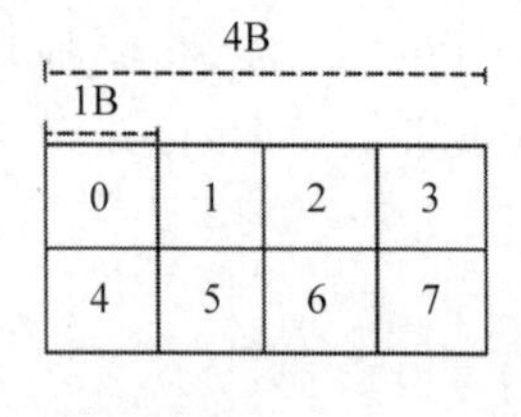

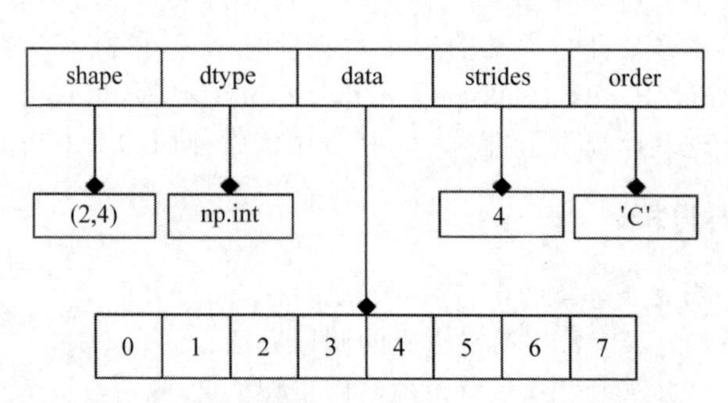

图 3.1 ndarray 的数据结构

(1) 数组形状 shape：是一个表示数组各维大小的整数元组。

(2) 数据类型 dtype：是一个描述数组的类型对象。对象类型为 NumPy 内置的 24 种数组标量类型中的一种。

(3) 数组数据 data：是一个指向内存中数据的指针。

(4) 跨度 strides：一个元组，是当前维度的宽，表示当前维度移动到下一个位置需要跨越的字节数。跨度可以是负数，这样会使数组在内存中后向移动。

(5) 数组顺序 order：访问数组元素的主顺序，如“C”为行主序，“F”为列主序等。

2. 创建 ndarray

在 NumPy 模块中，提供了 ndarray()和 array()两个函数，都可以用来建立一个 ndarray。其中 ndarray()函数属于底层的方法，一般情况下，建立数组使用的是更为便捷的 array()函数，其一般格式如下。

```
numpy.array(object, dtype = None, copy = True, order = None, subok = False,
ndmin = 0)
```

主要参数：
object：数组或嵌套的数列。
dtype：数组元素的数据类型，可选。
order：创建数组的样式，C 为行方向，F 为列方向，A 为任意方向(默认)。
ndmin：指定所生成数组应具有的最小维度。

【例 3.1】 建立一个一维 ndarray 数组。

```
import numpy as np
a = np.array([1,2,3])
print(a)
```

【例 3.2】 创建二维数组。

```
import numpy as np
a = np.array([[1,2], [3,4]])
print(a)
```

【例 3.3】 使用 ndmin 参数设置数组的最小维度。

```
import numpy as np
a = np.array([1,2,3,4,5], ndmin=2)
print(a)
```

【例 3.4】 使用 dtype 参数设置数组类型为复数。

```
import numpy as np
a = np.array([1,2,3], dtype = np.complex)
print(a)
```

在内存中，ndarray 对象的存放形式是连续的一维数列。在访问时，通过索引获取内存块中的对应元素位置。内存块以行顺序(C 样式)或列顺序(F 样式，即 FORTRAN 或 MATLAB 风格)来保存元素。

NumPy 还提供了 asarray()函数，可以将其他类型的结构数据转换为 ndarray。

3.1.2 NumPy 数据类型

NumPy 内置了 24 种数组标量(Array Scaler)类型，也支持 Python 的基本数据类型，某种程度上可以和 C 语言的数据类型相对应，如表 3.1 所示。

表 3.1 NumPy 的基本数据类型

名 称	描 述
bool_	布尔型,True 或 False
int8	有符号字节类型,范围为-128~127
int16	有符号 16 位整数,范围为$-32\ 768$~32 767
int32	有符号 32 位整数,范围为$-2^{31}\sim2^{31}-1$
int64	有符号 64 位整数,范围为$-2^{63}\sim2^{63}-1$
uint8	无符号字节类型,范围为 0~255
uint16	无符号 16 位整数,范围为 0~65 535
uint32	无符号 32 位整数,范围为$0\sim2^{32}-1$
uint64	无符号 64 位整数,范围为$0\sim2^{64}-1$
float_	64 位浮点数,同 float64
float16	16 位浮点数
float32	32 位浮点数
float64	64 位(双精度)浮点数,同 float_
complex_	128 位复数*,同 complex128
complex64	64 位复数
complex128	128 位复数,同 complex_

*复数：形如 $z=a+bi$(a, b 均为实数)的数称为复数,其中,a 称为实部,b 称为虚部,i 称为虚数单位(i 表示-1的平方根)。

当虚部 b=0 时,复数 z 是实数;

当虚部 b!=0 且实部 a=0 时,复数 z 是纯虚数。

对于每种数据类型,NumPy 还提供了同名的类型函数,例如 float16()、int32()等,可以用来创建该类型的数据对象,也可以用来转换数据对象的数据类型。

【例 3.5】 NumPy 数据类型的使用。

```
import numpy as np
x=np.float32(5)
print('x为:',x)
print('x对象的data属性: ',x.data)
print('x对象的size属性:',x.size)
print('x对象的维数:',x.ndim)
y=np.bool_(x)
print('转换为bool类型的x为:',y)
z=np.float16(y)
print('True值转换为float16类型为:',z)
```

运行结果为：

```
x 为: 5.0
x 对象的 data 属性:  <memory at 0x000002D11F41FDC8>
x 对象的 size 属性: 1
x 对象的维数: 0
转换为 bool 类型的 x 为: True
True 值转换为 float16 类型为: 1.0
```

上面的函数能够设置、修改对象数据类型。不过通常情况下，建议使用 NumPy 中的 dtype 对象指定数据类型。

1. 数据类型对象（dtype）

NumPy 中的 dtype(data type object)是由 numpy.dtype 类产生的数据类型对象，其作用是描述数组元素对应的内存区域的各部分的使用。其内部结构包括数据类型、数据的字节数、各组成部分的顺序、各字段的名称等。

构造 dtype 对象的语法如下。

```
numpy.dtype(object, align, copy)
```

主要参数如下。

object：要转换为 dtype 对象的数据对象。

align：如果为 True，则填充字段使其类似 C 的结构体。

copy：指明是否复制 dtype 对象。如果为 False，则是对内置数据类型对象的引用。

如果使用 dtype 对象设置数据类型，那么可以对例 3.5 做如下修改。

【例 3.6】 使用 dtype 对象设置数据类型。

```
import numpy as np
x=np.array(5,dtype="float32")
print('x 为:',x)
print('x 对象的 data 属性: ',x.data)
print('x 对象的 size 属性:',x.size)
print('x 对象的维数:',x.ndim)
y=np.array(x,dtype="bool_")
print('转换为 bool 类型的 x 为:',y)
z=np.array(y,dtype="float16")
print('True 值转换为 float16 类型为:',z)
```

运行结果如下。

```
x 为: 5.0
x 对象的 data 属性:  <memory at 0x000002D11F552588>
x 对象的 size 属性: 1
x 对象的维数: 0
转换为 bool 类型的 x 为: True
```

```
True 值转换为 float16 类型为: 1.0
```

有些数据类型有简写,例如 int8, int16, int32, int64 四种数据类型可以使用字符串'i1', 'i2','i4','i8'简写代替。

例如,使用“i4”字符串代替 int32 类型。

```
import numpy as np
dt = np.dtype('i4')
print(dt)
```

2. 使用 astype()修改数据类型

在数组建立之后,也可以使用 NumPy 中数组附带的 astype()方法修改其数据类型,格式如下。

```
array.astype(dtype,order='K',casting='unsafe',subok=True,copy=True)
```

例如,将 y 设置成 float32 类型,可以用:

```
y=y.astype("float32")
```

或者

```
y=y.astype(np.float32)
```

另外,使用 NumPy 数组的 astype()方法还可以把 Python 的数据类型映射给 dtype 类型,如语句 x=x.astype(float) 与 x=x.astype(np.float) 运行结果相同。

表 3.2 是常用 Python 对象与 NumPy 的 dtype 对象的对应表,其他数据类型没有与 Python 等效的数据类型。

表 3.2 Python 对象与 dtype 对象对应关系表

Python 对象	dtype 对象
int	numpy.int_
bool	numpy.bool_
float	numpy.float_
complex	numpy.complex_

【扩展】由于 Pandas 是基于 NumPy 数组的,所以也能用 astype()对 DataFrame 的字段进行类型转换。

【例 3.7】 使用 astype()转换 DataFrame。

```
import pandas as pd
df = pd.DataFrame([{'qty':'3', 'num':'50'}, {'qty':'7', 'num':'20'}])
print(df.dtypes)
print('--------------')
df['qty'] = df['qty'].astype('int')
```

```
df['num'] = df['num'].astype('float64')
print(df.dtypes)
```

可以看到,两个列的数据类型由初始的 object 变成了 float64 和 int32。

```
DataFrame 的 dtypes:
Num     object
Qty     object
dtype: object
---------------------------
astype()转换后的 dtypes:
Num     float64
Qty       int32
dtype: object
```

3.1.3 NumPy 数组属性

1. 常用术语

(1) 轴(Axis):每个线性数组称为一个轴,轴即数组的维度(Dimensions)。例如,将二维数组看作一维数组,此一维数组中每个元素又是一个一维数组,则每个一维数组是 NumPy 中的一个轴。第一个轴相当于底层数组,第二个轴是底层数组中的数组。

(2) 秩(Rank):秩描述 NumPy 数组的维数,即轴的数量。一维数组的秩为 1,二维数组的秩为 2,以此类推。

例如,[0,1,2]是一维数组,只有一个轴,其秩为 1,轴长度为 3;[[0,1,2],[3,4,5]]是一个二维数组,数组的秩为 2,具有两个轴,其中第一个轴(维度)的长度为 2,第二个轴(维度)的长度为 3。

在使用的时候可以声明 axis。如果 axis=0,表示按第 0 轴方向操作,即对每列进行操作;如果 axis=1,表示按第 1 轴方向操作,即对每行进行操作。

【例 3.8】 使用 axis 参数设置当前轴。

```
import numpy as np
arr=np.array([[0,1,2],[3,4,5]])
print(arr)
print(arr.sum(axis=0))
print(arr.sum(axis=1))
```

运行结果如下。

```
[[0 1 2]
 [3 4 5]]
[3 5 7]
[ 3 12]
```

在这个程序中,首先使用 arr.sum(axis=0)进行垂直(列)方向的求和计算,然后使用 arr.sum(axis=1)沿行方向计算。

2. 基本属性

NumPy 的 ndarray 数组具有属性，可以获得数组的信息，常见属性见表 3.3。

表 3.3 常见的 ndarray 数组属性

属 性	说 明
ndarray.ndim	秩，轴的数量
ndarray.shape	数组的维度
ndarray.size	数组元素的总个数
ndarray.dtype	数组元素类型
ndarray.itemsize	每个元素的大小(B)
ndarray.data	实际数组元素

1）ndarray.ndim

在 NumPy 中 ndarray.ndim 返回这个数组的维数，等于秩。reshape()函数可以将数组变形重构，调整数组各维度的大小。

reshape()的格式为：

```
numpy.reshape(a,newshape,order='C')
```

【例 3.9】 使用 reshape()函数调整数组形状。

```
import numpy as np
arr=np.array([0, 1, 2, 3, 4, 5, 6, 7])
#显示数组 arr 的 rank
print('秩为:',arr.ndim)
arr3D = arr.reshape(2,2,2)
print(arr3D)
print ('秩为:',arr3D.ndim)
```

显示结果如下。

```
秩为: 1
[[[0 1]
  [2 3]]

 [[4 5]
  [6 7]]]
秩为: 3
```

思考：reshape()函数是否修改原 arr 数组？请使用 print()函数查看。

2）ndarray.shape

ndarray.shape 代表数组的维度，返回值为一个元组。这个元组的长度就是 ndim 属性(秩)。另外，ndarray.shape 也可以用于调整数组大小。

【例 3.10】 显示数组的维度。

```
import numpy as np
a = np.array([[1,2,3],[4,5,6]])
print (a.shape)
```

【例 3.11】 调整数组大小。

```
import numpy as np
a = np.array([[1,2,3],[4,5,6]])
a.shape =  (3,2)
print (a)
```

3）数据类型 dtype

数据类型对象 dtype 是一个特殊的对象，包含 ndarray 将一块内存解析成特定数据类型所必需的信息。

【例 3.12】 创建 dtype 数据类型对象。

```
myArr=np.array([1,2,3],dtype=np.float64)
myArr.dtype
```

查看运行结果：

```
dtype('float64')
```

3.1.4 其他创建数组的方式

ndarray 数组可以使用 array()函数来构造。此外，还有其他几种方式可以用来创建特殊的数组。

1. numpy.empty()

NumPy 的 empty()函数能创建一个指定形状、数据类型的空数组。这个数组没有经过初始化，其内容为空。表 3.4 为创建空数组的参数。

格式：

```
numpy.empty(shape, dtype = float, order = 'C')
```

表 3.4 创建空数组的参数

参数	描述
shape	数组形状
dtype	数据类型，可选
order	有"C"和"F"两个选项，分别代表行优先和列优先，表示在计算机内存中存储元素的顺序

【例 3.13】 创建一个空数组。

```
import numpy as np
```

```
x = np.empty([3,2], dtype = int)
print(x)
```

运行后得到的数组元素值是不确定的，因为所用空间未初始化。

2. numpy.zeros()

有时需要创建全0填充的数组，此时可以使用NumPy的zeros()函数，其参数见表3.5。格式：

```
numpy.zeros(shape, dtype = float, order = 'C')
```

表3.5 创建zeros数组的参数

参数	描　述
shape	数组形状
dtype	数据类型，可选
order	'C'用于C风格——行为主的数组，或者'F'用于FORTRAN风格——列为主的数组

【例3.14】 创建一个全0数组。

```
import numpy as np
#默认为浮点数
x = np.zeros(5)
print(x)
#设置类型为整数
y = np.zeros((5,), dtype = np.int)
print(y)
#自定义类型
z = np.zeros((2,2), dtype = [('x', 'i4'), ('y', 'i4')])
print(z)
```

3. numpy.ones()

有时需要一个以1填充的数组，这时可以使用NumPy专门提供的ones()函数来创建。

格式：

```
numpy.ones(shape, dtype=None, order='C')
```

【例3.15】 建立一个全1数组。

```
import numpy as np
#默认为浮点数
x = np.ones(5)
print(x)
#自定义类型
```

```
x = np.ones([2,2], dtype = int)
print(x)
```

4. 产生数列的函数

在进行科学运算时，经常用到基本的简单数列，如 1～50 等。Python 中提供了 range() 函数。NumPy 中也有类似的函数，如 arange()、linspace()函数等。

1) range()函数

Python 内置的 range()函数通过指定开始值、终值和步长可以创建一个一维数组。注意，生成的数组不包括终值。

格式：

```
range(start, stop [,step])
```

所生成的数组从 start 开始，到 stop－1 结束，间隔(步长)为 step。默认情况下从 0 开始。step 默认为 1，需要是整数。

例如：

```
arr1=range(0,5,1)
```

2) arange()函数

NumPy 的 arange()函数功能与 range()函数类似，在 start 开始到 stop 的范围内，生成一个 ndarray 数组。

格式：

```
arange([start,] stop [, step,], dtype=None)
```

【例 3.16】 生成 3～9 的步长为 0.2 的数组。

```
import numpy as np
arr2=np.arange(3,9,0.2)
arr2
```

运行结果如下。

```
array([3. , 3.2, 3.4, 3.6, 3.8, 4. , 4.2, 4.4, 4.6, 4.8, 5. , 5.2, 5.4,
       5.6, 5.8, 6. , 6.2, 6.4, 6.6, 6.8, 7. , 7.2, 7.4, 7.6, 7.8, 8. ,
       8.2, 8.4, 8.6, 8.8])
```

3) linspace()函数

格式：

```
numpy.linspace(start, stop, num=50, endpoint=True, retstep=False, dtype=None)
```

其中，start 为序列的起始值，stop 为结束值，num 是生成的样本数。

【例 3.17】 生成 1～5 中的 10 个数。

```
import numpy as np
```

```
arr3=np.linspace(1, 5, 10)
arr3
```

运行结果如下。

```
array([1.        , 1.44444444, 1.88888889, 2.33333333, 2.77777778,
       3.22222222, 3.66666667, 4.11111111, 4.55555556, 5.        ])
```

5. 使用随机函数创建数组

除了简单的顺序数列,NumPy 还在 random 子模块中提供了随机函数,常见的随机函数见表 3.6。

表 3.6 常用的 NumPy 随机函数

函　数	描　述
rand(d0,d1,…,dn)	随机产生指定维度的浮点数组
randint(low[,high,size,dtype])	随机产生[low,high]的整数
random([size])	随机产生[0.0, 1.0)的浮点数
uniform(start,end,size)	从[start,end)均匀分布的数据中随机抽取一组浮点数
normal(loc, scale, size)	基于给定的均值和方差,随机产生一组正态分布的浮点数

*正态分布(Normal Distribution):又称高斯分布,是许多统计方法的理论基础。分布图形左右对称。正态分布的参数包括均值和标准差。同样的均值情况下,标准差越大,曲线越平阔;标准差越小,曲线越狭窄。使用 np.random.normal()函数可以生成服从正态分布的数据。

【例 3.18】 创建随机数组。

```
#生成 2 行 3 列的随机浮点数组
np.random.rand(2,3)
#生成 2 行 2 列的 10 以内的随机整数数组
np.random.randint(0,10,(2,2))
#生成 2 行 3 列的[1,2)的随机浮点数组
np.random.uniform(1,2,(2,3))
```

6. 其他数据结构转换成 ndarray

NumPy 中可以通过 array()函数,将 Python 中常见的数值序列,如 List(列表)和 Tuple(元组)等,转换为 ndarray 数组。

【例 3.19】 将 list 类型转换成 ndarray。

```
import numpy as np
#List
```

```
data = [[2000, 'Ohino', 1.5],
        [2002, 'Ohino', 3.6],
        [2002, 'Nevada', 2.9]]
print(type(data))
#List to array
ndarr = np.array(data)
print(type(ndarr))
```

运行结果如下。

```
<class 'list'>
<class 'numpy.ndarray'>
```

3.1.5 切片、迭代和索引

视频讲解

切片是指取数据序列对象的一部分的操作，前面介绍过字符串、列表、元组都支持切片语法。ndarray 数组与其他数据序列类似，也可以进行索引、切片和迭代。

1. 切片

对 ndarray 进行切片操作与一维数组相同，用索引标记切片的起始和终止位置即可。因为 ndarray 可以是多维数组，在进行切片时，通常需要设定每个维度上的切片位置。

NumPy 还提供了一个 copy()方法，可以根据现有的 ndarray 数组创建新的 ndarray 数组。使用 copy()方法与切片，可以用原数组的一部分生成新数组。

【例 3.20】 创建二维 ndarray 的切片。

```
import numpy as np
#创建一个 4 行 6 列的二维数组
arr = np.arange(24).reshape(4,6)
print('arr =\n',arr)
#截取第 2 行到最后一行、第 1 列到第 3 列构成的 ndarray
arr1 = arr[1:, :3]
print('B = \n',arr1)
```

运行结果如下。

```
arr =
 [[ 0  1  2  3  4  5]
 [ 6  7  8  9 10 11]
 [12 13 14 15 16 17]
 [18 19 20 21 22 23]]
B =
 [[ 6  7  8]
 [12 13 14]
 [18 19 20]]
```

【例 3.21】 使用 numpy.copy()函数对 ndarray 数组进行切片复制。

```
import numpy as np
#创建一个 4 行 6 列的二维数组
arr = np.arange(24).reshape(4, 6)
print('arr =\n',arr)
#切片复制 arr 的第 2 行到第 4 行、第 1 列到第 3 列
arr2 = np.copy(arr[1:4, 0:3])
print('A = \n',arr2)
#复制 arr2 到 arr3
arr3 = arr2.copy()
print('B = \n',arr3)
```

2. 迭代

与其他数据序列类似，ndarray 也可以通过 for 循环实现迭代。当维数多于一维时，迭代操作使用嵌套的 for 循环。

迭代时，通常按照第一条轴(默认为行)对二维数组进行扫描。如果需要按其他维度迭代，可以使用 apply_along_axis(func，axis，arr)函数指定当前处理的轴。

此外，NumPy 还包含一个循环迭代器类 numpy.nditer，所生成的迭代器(Iterator)对象是一个根据位置进行遍历的对象。这是一个有效的多维迭代器对象，与 Python 内置的 iter()函数类似，每个数组元素可使用迭代器对象来访问，从而很方便地对数组进行遍历。

【例 3.22】 使用嵌套 for 循环对 ndarray 数组进行迭代遍历。

```
import numpy as np
a = np.arange(0,60,5)
a = a.reshape(3,4)
for xline in a:
    for yitem in xline:
        print(yitem,end=' ')
```

运行结果如下。

```
0 5 10 15 20 25 30 35 40 45 50 55
```

【例 3.23】 使用 nditer 对象对 ndarray 数组进行迭代。

```
import numpy as np
a = np.arange(0,60,5)
a = a.reshape(3,4)
print(a)
print(np.nditer(a))
for x in np.nditer(a):
    print(x,end=' ')
```

运行结果如下。

```
[[ 0  5 10 15]
 [20 25 30 35]
 [40 45 50 55]]
<numpy.nditer object at 0x000002D121467CB0>
0 5 10 15 20 25 30 35 40 45 50 55
```

迭代的顺序与数组的内容布局相匹配,不受数据排序的影响。例如,对上述数组的转置进行迭代,可以发现,虽然数据的显示顺序发生了变化,但不影响迭代的顺序。

【例 3.24】 转置数组的迭代。

```
import numpy as np
a = np.arange(0,60,5)
a = a.reshape(3,4)
print(a)
b = a.T
print(b)
print('Iterator in a:')
for x in np.nditer(a):
    print(x,end='|')
print('\nIterator in a.T:')
for y in np.nditer(b):
    print(y,end='|')
```

运行结果如下。

```
[[ 0  5 10 15]
 [20 25 30 35]
 [40 45 50 55]]
[[ 0 20 40]
 [ 5 25 45]
 [10 30 50]
 [15 35 55]]
Iterator in a:
0|5|10|15|20|25|30|35|40|45|50|55|
Iterator in a.T:
0|5|10|15|20|25|30|35|40|45|50|55|
```

如果需要特定的顺序,可以设置显式参数来强制 nditer 对象使用某种顺序,如例 3.25。

【例 3.25】 数组的访问顺序。

```
import numpy as np
a = np.arange(0,60,5)
a = a.reshape(3,4)
print(a)
print('C 风格的顺序:')
for x in np.nditer(a, order =  'C'):
    print(x,end='|')
```

```
print( '\n'  )
print( 'F 风格的顺序:')
for y in np.nditer(a, order =  'F'):
    print(y,end='|')
```

运行结果如下。

```
[[ 0  5 10 15]
 [20 25 30 35]
 [40 45 50 55]]
C风格的顺序:
0|5|10|15|20|25|30|35|40|45|50|55|

F风格的顺序:
0|20|40|5|25|45|10|30|50|15|35|55|
```

3.1.6 NumPy 计算

NumPy 中的 ndarray 可以直接进行基本运算，包括条件运算、统计运算，以及基本数组运算等。

1. 条件运算

NumPy 中的条件运算除了常见的比较大小运算，还可以使用 where()函数实现查找操作。where()函数格式如下。

```
where(condition, x if true, y if false)
```

该函数根据条件表达式 condition 的值返回特定的数组。当条件为真时返回 x 数组，条件为假时返回 y 数组。

【例 3.26】 简单条件运算。

```
import numpy as np
stus_score = np.array([[80, 88], [82, 81], [84, 75], [86, 83], [75, 81]])
result=[stus_score> 80]
print(result)
```

运行结果如下。

```
[array([[False,  True],
       [ True,  True],
       [ True, False],
       [ True,  True],
       [False,  True]])]
```

【例 3.27】 用 np.where()函数实现数据筛选。

```
import numpy as np
num = np.random.normal(0, 1, (3,4))
print(num)
```

```
num[num<0.5]=0
print(num)
print(np.where(num>0.5,1,0))
```

运行结果如下。

```
[[-1.76760946  1.37716782 -0.93033474  0.89155541]
 [-0.91615883 -1.00495783 -0.66251008  1.64800667]
 [-0.59892913  0.49531236 -0.85283977  0.35239407]]
[[0.         1.37716782 0.         0.89155541]
 [0.         0.         0.         1.64800667]
 [0.         0.         0.         0.        ]]
[[0 1 0 1]
 [0 0 0 1]
 [0 0 0 0]]
```

2. 统计计算

NumPy提供了丰富的统计函数,常用统计函数如表3.7所示。

表3.7　NumPy的常用统计函数

函　　数	描　　述
argmax()	求最大值的索引
argmin()	求最小值的索引
cumsum()	从第一个元素开始累加各元素
max()	求最大值
mean()	求算术平均值
min()	求最小值
std()	求数组元素沿给定轴的标准偏差
sum()	求和

【例3.28】 ndarray的统计计算。

```
import numpy as np
stus_score = np.array([[80, 88], [82, 81], [84, 75], [86, 83], [75, 81]])
#求每列的最大值(0表示列)
result = np.max(stus_score, axis=0)
print(result)
#求每行的最大值(1表示行)
result = np.max(stus_score, axis=1)
print(result)
#求每行的最小值(1表示行)
result = np.min(stus_score, axis=1)
print(result)
#求每列的平均值(0表示列)
```

```
result = np.mean(stus_score, axis=0)
print(result)
```

运行结果如下。

```
[86 88]
[88 82 84 86 81]
[80 81 75 83 75]
[81.4 81.6]
```

3.2 Pandas

Pandas(Python Data Analysis Library)是 Python 的一个数据分析包,是基于 NumPy 的一种工具,是为了解决数据分析任务而创建的。

Pandas 使用强大的数据结构提供高性能的数据操作和分析工具。模块提供了大量的能便捷处理数据的函数、方法和模型,还包括操作大型数据集的工具,从而能够高效分析数据。

Pandas 主要处理以下三种数据结构。

(1) Series:一维数组,与 NumPy 中一维的 ndarray 类似。数据结构接近 Python 中的 List 列表,数据元素可以是不同的数据类型。

(2) DataFrame:二维数据结构。DataFrame 可以理解成 Series 的容器,其内部的每项元素都可以看作一个 Series。DataFrame 是重要的数据结构,在机器学习中经常使用。

(3) Panel:三维数组,可以理解为 DataFrame 的容器,其内部的每项元素都可以看作一个 DataFrame。

这些数据结构都构建在 NumPy 数组的基础之上,运算速度很快。

3.2.1 Series 数据结构

Series 是一种类似于一维数组的对象,它由一组数据以及一组与之相关的数据标签(即索引)组成,数据可以是任何 NumPy 数据类型(整数、字符串、浮点数、Python 对象等)。

1. 创建 Series 对象

创建 Series 对象可以使用函数 pd.Series(data, index),其中,data 表示数据值,index 是索引,默认情况下会自动创建一个 0～N－1(N 为数据的长度)的整数型索引。访问 Series 对象的成员可以使用类似 ndarray 数组的切片访问方法,也可以按索引名访问。

【例 3.29】 创建一个 Series 对象。

```
import pandas as pd
s = pd.Series([1,3,5,9,6,8])
print(s)
```

【例 3.30】 为一个地理位置数据创建 Series 对象。

```
import pandas as pd
#使用列表创建,索引值为默认值
print('--------   列表创建 Series   ----------')
s1=pd.Series([1,1,1,1,1])
print(s1)
print('--------   字典创建 Series   ----------')
#使用字典创建,索引值为字典的 key 值
s2=pd.Series({'Longitude':39,'Latitude':116,'Temperature':23})
print('First value in s2:',s2['Longitude'])
print('-------- 用序列作 Series 索引 ----------')
#使用由 range()函数生成的迭代序列设置索引值
s3=pd.Series([3.4,0.8,2.1,0.3,1.5],range(5,10))
print('First value in s3:',s3[5])
```

运行结果如下。

```
--------   列表创建 Series   ----------
0    1
1    1
2    1
3    1
4    1
dtype: int64
--------   字典创建 Series   ----------
First value in s2: 39
-------- 用序列作 Series 索引 ----------
First value in s3: 3.4
```

2. 访问 Series 数据对象

1）修改数据

可以通过赋值操作直接修改 Series 对象成员的值,还可以为多个对象成员批量修改数据。

【例 3.31】 对例 3.30 创建的 s2,将温度增加 2℃,设置城市为 Beijing。

```
#温度增加 2℃,设置城市为 Beijing
s2["City"]="Beijing"
s2['Temperature']+=2
s2
```

运行结果如下。

```
Longitude        39
Latitude        116
```

```
Temperature        25
City          Beijing
dtype: object
```

2）按条件表达式筛选数据

【例 3.32】 找出 s3 中大于 2 的数据。

```
s3[s3>2]
```

输出结果如下。

```
5    3.4
7    2.1
dtype: float64
```

3）增加对象成员

两个 Series 对象可以通过 append()函数进行拼接，从而产生一个新的 Series 对象。进行拼接操作时，原来的 Series 对象内容保持不变。

【例 3.33】 为 s2 添加一项湿度数据。

```
stiny=pd.Series({'humidity':84})
s4=s2.append(stiny)
print('-------原 Series:-------\n',s2)
print('-------新 Series:-------\n',s4)
```

输出结果如下。

```
-------原 Series:-------
Longitude          39
Latitude          116
Temperature        25
City          Beijing
dtype: object
-------新 Series:-------
Longitude          39
Latitude          116
Temperature        25
City          Beijing
humidity           84
dtype: object
```

可以看到，合并操作不影响原 Series。结果中原 s2 数据没有变化，新创建的 s4 对象接收了合并后的新数据。

4）删除对象成员

可以通过 drop()函数删除对象成员，可以删除一个或多个对象成员。与 append()函数一样，drop()函数也不改变原对象的内容，而会返回一个新的 Series 对象。

【例 3.34】 删除重量数据。

```
s2=s2.drop('City')
s2
```

输出结果如下。

```
Longitude       39
Latitude       116
Temperature     25
dtype: object
```

3.2.2　DataFrame 对象

DataFrame 是一个表格型的数据结构，包含一组有序数列。列索引(columns)对应表格的字段名，行索引(index)对应表格的行号，值(values)是一个二维数组。每列表示一个独立的属性，各个列的数据类型(数值、字符串、布尔值等)可以不同。

DataFrame 既有行索引也有列索引，所以 DataFrame 也可以看成是 Series 的容器。

1. 创建 DataFrame 对象

视频讲解

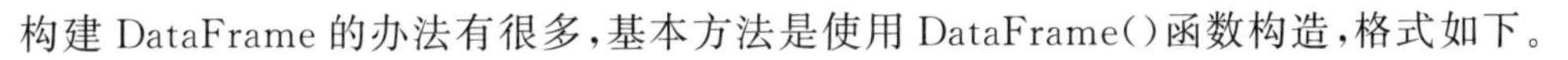
构建 DataFrame 的办法有很多，基本方法是使用 DataFrame()函数构造，格式如下。

```
DataFrame([data, index, columns, dtype, copy])
```

1) 从字典构建 DataFrame

【例 3.35】 从字典数据创建 DataFrame。

```
import pandas as pd
dict1 = {'col1':[1,2,5,7],'col2':['a','b','c','d']}
df = pd.DataFrame(dict1)
df
```

运行结果如下。

	col1	col2
0	1	a
1	2	b
2	5	c
3	7	d

【例 3.36】 由列表组成的字典创建 DataFrame。

```
lista = [1,2,5,7]
listb = ['a','b','c','d']
df = pd.DataFrame({'col1':lista,'col2':listb})
df
```

2）从数组创建 DataFrame

可以使用 Python 的二维数组作为数值，通过 columns 参数指定列名，来构建 DataFrame。

【例 3.37】 用二维数组和 columns 构建 DataFrame。

```
import pandas as pd
a = pd.DataFrame([[1,0.1,5],
                 [2,0.5,6],
                 [4,0.8,5]],columns = ["t1", "t2", "pl"])
a
```

运行结果如下。

	t1	t2	pl
0	1	0.1	5
1	2	0.5	6
2	4	0.8	5

也可以从 NumPy 提供的 ndarray 结构创建 DataFrame。

【例 3.38】 从二维 ndarray 创建 DataFrame。

```
a = np.array([[1,2,3], [4,5,6],[7,8,9]])
b=pd.DataFrame(a)
b
```

运行结果如下。

	0	1	2
0	1	2	3
1	4	5	6
2	7	8	9

3）从 CSV 文件中读取数据到 DataFrame

通过第 2 章内容了解到，Pandas 还提供读写 CSV 文件的功能，例如 read_csv()函数可以读取 CSV 文件的数据，返回 DataFrame 对象。

2. 访问 DataFrame 对象

对 DataFrame 对象进行访问主要有以下几种方式。

(1) <DataFrame 对象>[列名或列名列表]：按列名抽取对应的列，行方向抽取的是所有行。

(2) <DataFrame 对象>[起始行：终止行]：抽取位于起始行和终止行之间的行，列方向抽取的是所有列。

(3) <DataFrame 对象>.loc[<行索引名或行索引名列表>，<列索引名或列索引名列表>]：按索引名抽取指定行列的数据。

(4) <DataFrame 对象>.iloc[<行下标或行下标列表>,<列下标或列下标列表>]：按行和列的下标位置抽取指定行列的数据。

DataFrame 的列可以通过索引进行访问，本质上来说，Series 或 DataFrame 的索引是一个 Index 对象，负责管理轴标签等。在构建 Series 或 DataFrame 时，所使用的数组或序列的标签会转换成索引对象。因此，Series 的索引不只是数字，也包括字符等。对 DataFrame 进行索引，可以获取其中的一个或多个列。

【例 3.39】 对 Series 和 DataFrame 进行索引。

```
import numpy as np
import pandas as pd
ser=pd.Series(np.arange(4),index=['A','B','C','D'])
data=pd.DataFrame(np.arange(16).reshape(4,4),
                  index=['BJ','SH','GZ','SZ'],
                  columns=['q','r','s','t'])
print("ser['C']:",ser['C'])
print("ser[2]:",ser[2])
print("data['q']:",data['q'])
print("data[['q','t']]:",data[['q','t']])
```

索引后所构成的二维 DataFrame 数组 data 的内容如下。

	q	r	s	t
BJ	0	1	2	3
SH	4	5	6	7
GZ	8	9	10	11
SZ	12	13	14	15

运行结果如下。

```
ser['C']: 2
ser[2]: 2
data['q']: BJ     0
SH     4
GZ     8
SZ    12
Name: q, dtype: int32
data[['q','t']]:      q   t
BJ   0   3
SH   4   7
GZ   8  11
SZ  12  15
```

也可以通过切片或条件筛选进行数据过滤，如例 3.40。

【例 3.40】 数据切片与筛选。

```
data[:2]
data[data['s']<=10]
```

运行结果如下。

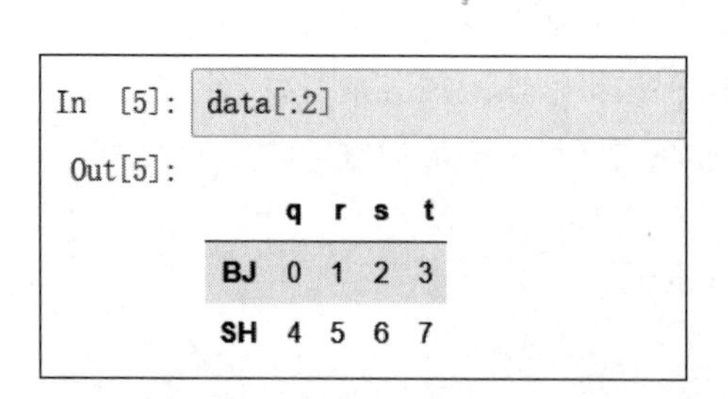
In [5]: data[:2]

Out[5]:

	q	r	s	t
BJ	0	1	2	3
SH	4	5	6	7

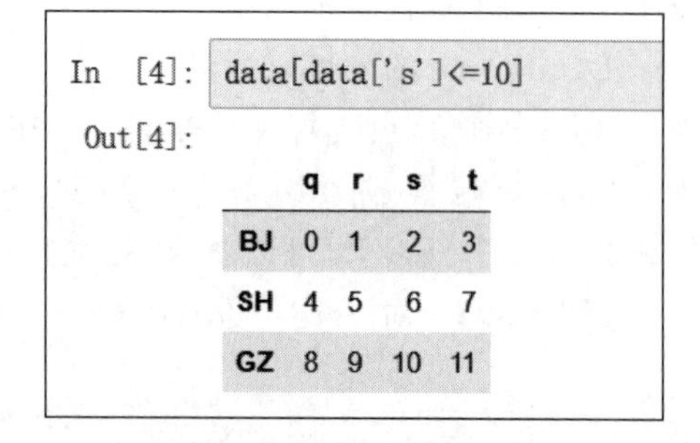
In [4]: data[data['s']<=10]

Out[4]:

	q	r	s	t
BJ	0	1	2	3
SH	4	5	6	7
GZ	8	9	10	11

还可以使用 loc()和 iloc()函数按索引名或按下标值抽取指定行列的数据。

【例 3.41】 抽取指定行列的数据。

```
data.loc[['SH','GZ'],['r','s']]
data.iloc[:-1,1:3]
```

运行结果如下。

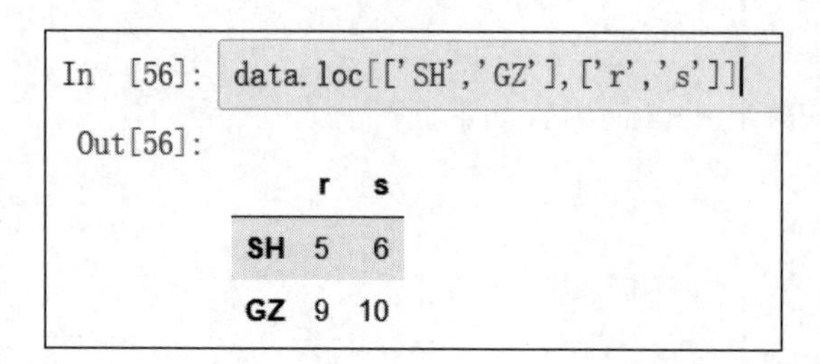
In [56]: data.loc[['SH','GZ'],['r','s']]

Out[56]:

	r	s
SH	5	6
GZ	9	10

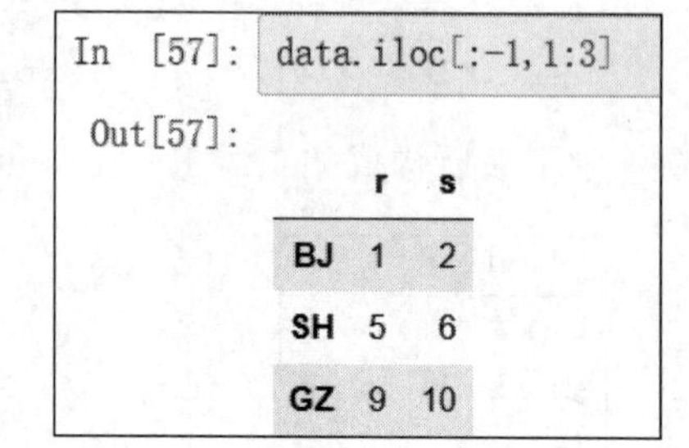
In [57]: data.iloc[:-1,1:3]

Out[57]:

	r	s
BJ	1	2
SH	5	6
GZ	9	10

3. 修改 DataFrame 数据

1）修改数据

通过赋值语句修改数据，可以修改指定行、列的数据，还可以把要修改的数据查询筛选出来后重新赋值。

【例 3.42】 修改 DataFrame 中的数据。

```
import numpy as np
import pandas as pd
data=pd.DataFrame(np.arange(16).reshape(4,4),
                  index=['BJ','SH','GZ','SZ'],
                  columns=['q','r','s','t'])
data['q']['BJ']=8
data['t']=8
data['s']['SZ']=8
data
```

运行结果如下。

	q	r	s	t
BJ	8	1	2	8
SH	4	5	6	8
GZ	8	9	10	8
SZ	12	13	8	8

2）增加列

可以向 DataFrame 对象添加新的列。通过赋值语句赋值时，只要列索引名不存在，就添加新列，否则就修改列值，这与字典的特性相似。

【例 3.43】 为 data 增加一列'u'，值为 9。

```
data['u']=9
data
```

运行后 data 为：

	q	r	s	t	u
BJ	8	1	2	8	9
SH	4	5	6	8	9
GZ	8	9	10	8	9
SZ	12	13	8	8	9

3）合并添加数据

DataFrame 对象可以增加新列，但与 Series 对象一样不能直接增加新行。如果需要增加几行数据，则需要将数据存入一个新 DataFrame 对象，然后将两个 DataFrame 对象进行合并。两个 DataFrame 对象的合并可以使用 Pandas 的 concat()方法，通过 axis 参数的选择，能够按不同的轴向连接两个 DataFrame 对象。

4）删除 DataFrame 对象的数据

drop()函数可以按行列删除数据。drop 函数基本格式为：

```
<DataFrame 对象>.drop(索引值或索引列表,axis=0, inplace=False,…)
```

主要参数如下。

axis：默认为 0，值为 0 表示删除行，值为 1 表示删除列。

inplace：逻辑型，表示操作是否对原数据生效。默认为 False，表示产生新对象，原 DataFrame 对象内容不变。

【例 3.44】 DataFrame 对象的行列删除操作示例。

```
dt1=data.drop('SZ',axis=0)          #删除 index 值为'SZ'的行
dt2=data.drop(['r','u'],axis=1)     #删除'r' 'u'列
data.drop('SZ',inplace=True)        #从原数据中删除一行
```

运行结果如下。

	q	r	s	t	u
BJ	8	1	2	8	9
SH	4	5	6	8	9
GZ	8	9	10	8	9

	q	s	t
BJ	8	2	8
SH	4	6	8
GZ	8	10	8
SZ	12	8	8

	q	r	s	t	u
BJ	8	1	2	8	9
SH	4	5	6	8	9
GZ	8	9	10	8	9

视频讲解

4. 汇总和描述性统计计算

Pandas 的 Series 对象和 DataFrame 对象都继承了 NumPy 的统计函数，拥有常用的数学和统计方法，可以对一列或多列数据进行统计分析，如表 3.8 所示。

表 3.8 Pandas 常用的描述和汇总统计函数

函 数 名	功 能 说 明
count()	统计数据值的数量，不包括 NA 值
describe()	对 Series、DataFrame 的列计算汇总统计
min(),max()	计算最小值、最大值
argmin(),argmax()	计算最小值、最大值的索引位置
idxmin(),idxmax()	计算最小值、最大值的索引值
sum()	计算总和
mean()	计算平均值
median()	返回中位数
var()	计算样本值的方差
std()	计算样本值的标准差
cumsum()	计算样本值的累计和
diff()	计算一阶差分

【例 3.45】 一个简单的 DataFrame。

```
df=pd.DataFrame(np.arange(16).reshape(4,4),
                index=['BJ','SH','GZ','SZ'],
                columns=['q','r','s','t'])
```

DataFrame 的行用 0 轴表示，列用 1 轴表示。例如，按 0 轴求和：

```
df.sum()
```

或

```
df.sum(axis=0)
```

```
Out[80]: q     24
         r     28
         s     32
         t     36
         dtype: int64
```

按 1 轴求和：

```
df.sum(axis=1)
```

```
Out[81]: BJ     6
         SH    22
         GZ    38
         SZ    54
         dtype: int64
```

求平均值：

```
df.mean(axis=1)
```

```
Out[82]: BJ     1.5
         SH     5.5
         GZ     9.5
         SZ    13.5
         dtype: float64
```

求最大值和最小值也很方便，分别使用：

```
df.max()
```

```
Out[83]: q     12
         r     13
         s     14
         t     15
         dtype: int32
```

和

```
df.min()
```

```
Out[84]: q    0
         r    1
         s    2
         t    3
         dtype: int32
```

Pandas 虽然基于 NumPy 模块，但需要注意的是，两个模块求方差的方法略有区别。比较下面两个例子。

【例 3.46】 使用 NumPy 模块求方差。

```
import numpy as np
a = np.arange(0,60,5)
a = a.reshape(3,4)
```

```
print(a)
result = np.std(a, axis=0)
print(result)
result = np.std(a, axis=1)
print(result)
```

可以看到如下结果。

```
[[ 0  5 10 15]
 [20 25 30 35]
 [40 45 50 55]]
[16.32993162 16.32993162 16.32993162 16.32993162]
[5.59016994 5.59016994 5.59016994]
```

对同样的数据,如果使用 Pandas 的 std()函数,运算结果则是不同的。

【例 3.47】 使用 Pandas 模块求方差。

```
import numpy as np
import pandas as pd
a = np.arange(0,60,5)
a = a.reshape(3,4)
df = pd.DataFrame(a)
print(df)
print('-----------------')
print(df.std())
```

```
    0   1   2   3
0   0   5  10  15
1  20  25  30  35
2  40  45  50  55
-----------------
0    20.0
1    20.0
2    20.0
3    20.0
dtype: float64
```

原因是 NumPy 的 std()函数 和 Pandas 的 std() 函数的默认参数 ddof 不同。ddof 参数表示标准偏差类型,NumPy 中 ddof 默认是 0,计算的是总体标准偏差;Pandas 中 ddof 的值默认是 1,计算的是样本标准偏差。

注:标准差也被称为标准偏差(Standard Deviation),是一个统计学名词,描述各数据偏离平均数的距离(离均差)的平均数。标准差能反映一个数据集的离散程度,标准偏差越小,这些值偏离平均值就越少。

【例 3.48】 综合示例——DataFrame 分词。

在文本处理中,分词是一项基本任务,能够表达内容相关性、提取页面关键词、主题标签等。下面使用 DataFrame,对英文句子进行基本的单词频率提取。

```
p='life can be good,life can be sad,life is mostly cheerful,but sometimes sad.'
```

```
pList=p.split()
pdict={}
for item in pList:
    if item[-1] in ',.':
        item=item[:-1]
    if item not in  pdict:
        pdict[item]=1
    else:
        pdict[item]+=1
print(pdict)
```

输出的分词结果如下：

```
{'life': 1, 'can': 2, 'be': 2, 'good,life': 1, 'sad,life': 1, 'is': 1, 'mostly':
1, 'cheerful,but': 1, 'sometimes': 1, 'sad': 1}
```

请修改上面的程序，使分词统计结果更加理想。

3.2.3　数据对齐

1. 算术运算的数据对齐

对于许多应用来说，Series 或 DataFrame 中的一个重要功能是算术运算中的自动对齐，即对齐不同索引的数据。例如，两个数据对象相加，如果索引不同，则结果的索引是这两个索引的并集。

【例 3.49】 Series 运算中的数据对齐。

```
Ser1=pd.Series({'color':1,'size':2,'weight':3})
Ser2= pd.Series([5,6,3.5,24],index=['color','size','weight','price'])
Ser2+Ser1
```

相加后结果如下。

```
Out[8]: color     6.0
        price     NaN
        size      8.0
        weight    6.5
        dtype: float64
```

自动数据对齐在不重叠的索引处引入了 NaN(Not a Number)值，在 Pandas 中，有时直接用 NA 表示。如果想用某个值(如 0)代替 NaN 值，可以使用表 3.9 列出的专门的算术运算函数，通过其 fill_value 参数传入。

表 3.9　常用 Pandas 算术运算函数

方　法	说　明	方　法	说　明
add()	加法函数	div()	除法函数
sub()	减法函数	mul()	乘法函数

对于 DataFrame，行和列在计算过程中同时进行数据对齐。例如，例 3.50 中进行的加和运算，可以使用 dataframe.add()函数，再进行对齐操作。

【例 3.50】 DataFrame 中的数据对齐及 NaN 值处理。

```
dt1=pd.DataFrame(np.arange(16).reshape(4,4),
                 index=['BJ','SH','GZ','SZ'],
                 columns=['q','r','s','t'])
dt2=pd.DataFrame(np.arange(4).reshape(2,2),
                 index=['BJ','SZ'],
                 columns=['r','t'])
dt1.add(dt2,fill_value=0)
```

运行结果如下。

	q	r	s	t
BJ	0.0	1.0	2.0	4.0
GZ	8.0	9.0	10.0	11.0
SH	4.0	5.0	6.0	7.0
SZ	12.0	15.0	14.0	18.0

2. 缺失数据的处理

1）使用 dropna()函数

NA 值会带入后续的操作，因此为避免造成以后的处理出错，可以预先过滤掉缺失数据，例如，使用 dropna()方法。

【例 3.51】 过滤 Series 的缺失数据。

```
from numpy import nan as NA
data=pd.Series([1,NA,3.5,NA,7])
data.dropna()
```

```
Out[11]: 0     1.0
         2     3.5
         4     7.0
         dtype: float64
```

对于 DataFrame 来说，dropna()方法默认丢弃所有含有缺失值的行。如果想对列进行过滤，只需将 axis 设置为 1 即可。

【例 3.52】 过滤 DataFrame 的数据行。

```
dt1=pd.DataFrame(np.arange(16).reshape(4,4),
                 index=['BJ','SH','GZ','SZ'],
                 columns=['q','r','s','t'])
dt2=pd.DataFrame(np.arange(12).reshape(4,3),
                 index=['BJ','SH','SZ','GZ'],
                 columns=['q','r','s'])
```

```
testdf=dt1+dt2
Hfinedf=testdf.dropna()
Vfinedf=testdf.dropna(axis=1)
```

由于 testdf 中每行最后一个是 NA 值,所以按行过滤空值得到的 Hfinedf 为空,按列过滤空值得到的 Vfinedf 则过滤了最后一列。结果如下。

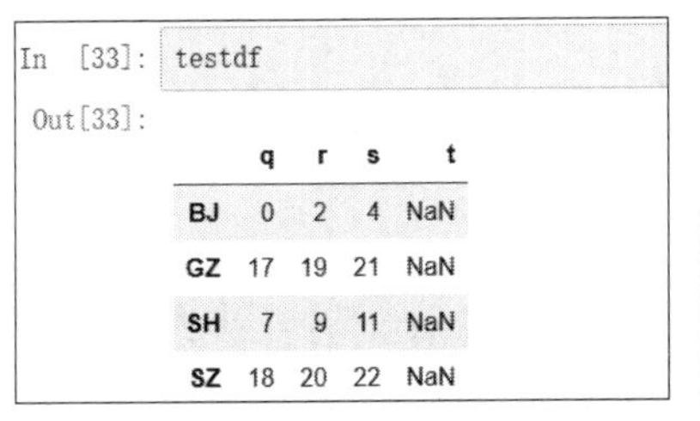

In [33]: testdf

Out[33]:

	q	r	s	t
BJ	0	2	4	NaN
GZ	17	19	21	NaN
SH	7	9	11	NaN
SZ	18	20	22	NaN

In [34]: Hfinedf

Out[34]:

q	r	s	t

In [35]: Vfinedf

Out[35]:

	q	r	s
BJ	0	2	4
GZ	17	19	21
SH	7	9	11
SZ	18	20	22

在 dropna()函数中,还有一个常用参数 how,表示根据行或列中 NA 的数量来决定是否删除该行或列。如果 how 值为'any',表示只要该行或列存在 NA 值,就删除该行或列;如果 how 值为'all',则表示该行或列必须全为 NA 值,才删除该行或列。how 参数的默认值为'any'。

注意,dropna()函数不修改原 DataFrame 数组,而是生成新 DataFrame 数组对象。

【例 3.53】 使用 how 参数过滤 DataFrame 数组的缺失值。

```
dtHow1=pd.DataFrame([[0,0,0,0],[0,0,0,0],[NA,0,0,0],[NA,NA,NA,NA]])
dtHow2=dtHow1.dropna(axis=0,how='all')      #产生新 DataFrame 数组对象
dtHow2
```

运行结果如下。

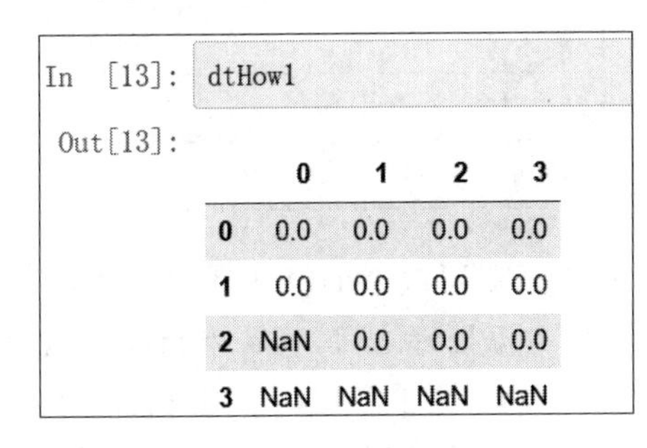

In [13]: dtHow1

Out[13]:

	0	1	2	3
0	0.0	0.0	0.0	0.0
1	0.0	0.0	0.0	0.0
2	NaN	0.0	0.0	0.0
3	NaN	NaN	NaN	NaN

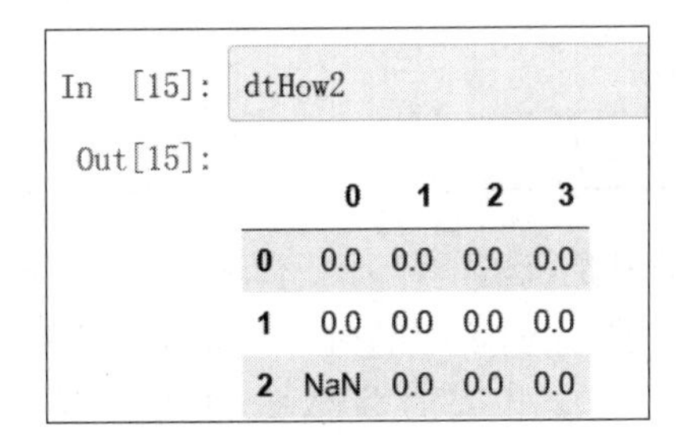

In [15]: dtHow2

Out[15]:

	0	1	2	3
0	0.0	0.0	0.0	0.0
1	0.0	0.0	0.0	0.0
2	NaN	0.0	0.0	0.0

2) 使用 notnull()函数

【例 3.54】 使用 notnull()函数判断空值。

```
testdf.notnull()
```

运行结果如下。

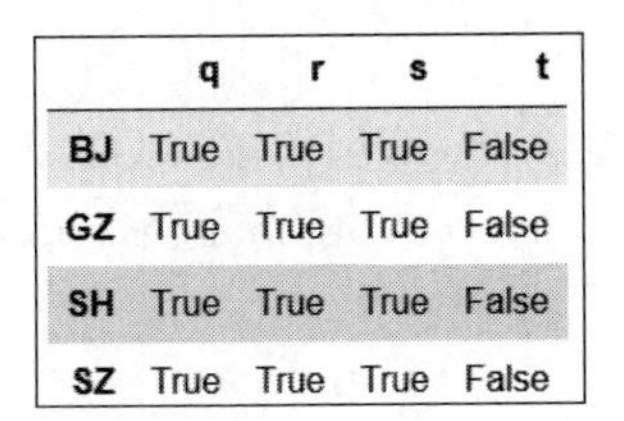

	q	r	s	t
BJ	True	True	True	False
GZ	True	True	True	False
SH	True	True	True	False
SZ	True	True	True	False

【例 3.55】 使用 notnull()函数过滤 Series 的空值。

```
s1=pd.Series(['ONE','TWO',NA,None,'TEN'])
s1[s1.notnull()]
```

运行结果如下。

```
In [146]: s1

Out[146]: 0     ONE
          1     TWO
          2     NaN
          3    None
          4     TEN
          dtype: object
```

```
In [147]: s1[s1.notnull()]

Out[147]: 0    ONE
          1    TWO
          4    TEN
          dtype: object
```

3）填充缺失数据

有时不想滤除有缺失值的行和列，而是希望将空白数据填充，则可以使用 fillna()方法，例如 df.fillna(0)。

fillna()默认填充后返回新的数据对象。如果想原地修改，可以查阅 fillna()的 inplace 参数，如表 3.10 所示。

表 3.10 fillna()函数的参数

参　数	说　明
value	用于填充缺失值的数据
method	插值方式，默认是 ffill
axis	填充的轴向，默认是 0
inplace	修改调用函数的对象，不产生副本
limit	可以连续填充的最大数量

数据分析是机器学习的根本，有了数据分析才有更高层次上的算法和自主学习。在数据处理之前，人们希望能初步了解数据的特点。在数据处理之后，又希望能直观地看到数据分析的结果。此时将数据可视化是一个非常好的手段，其中比较常用的是 Matplotlib 模块。Pandas 也内嵌了可视化功能 plot，就是基于 Matplotlib 库而实现的。

3.3 Matplotlib

Matplotlib 是 Python 的一个基本 2D 绘图库，它提供了很多参数，可以通过参数控制样式、属性等，生成跨平台的出版质量级别的图形。

使用 Matplotlib，能让复杂的工作变得容易，可以生成直方图、条形图、散点图、曲线图等。Matplotlib 可用于 Python scripts、Python、IPython、Jupyter Notebook、Web 应用服务器等。

1. 图表的基本结构

图表一般包括画布、图表标题、绘图区、x 轴(水平轴)和 y 轴(垂直轴)、图例等基本元素。x 轴和 y 轴有最小刻度和最大刻度,也可以设置轴标签和网格线,如图 3.2 所示。

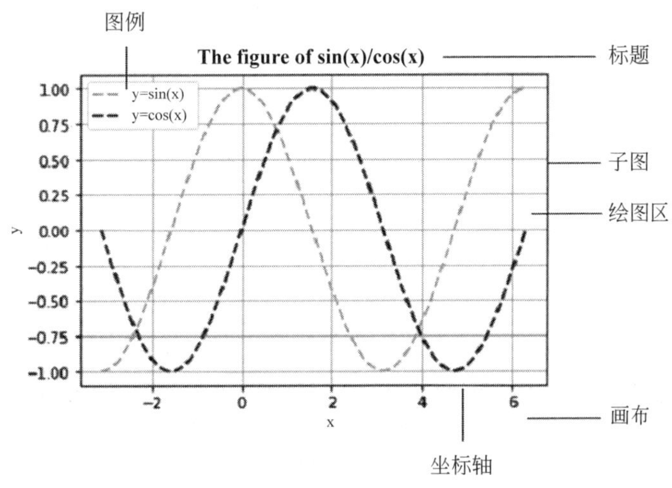

图 3.2 图表的基本构成

2. matplotlib.pyplot

视频讲解

Matplotlib 模块中比较常用的是 pyplot 子模块,其内部包含绘制图形所需要的功能函数,如表 3.11 所示。通过 pyplot 内部的函数,可以很便捷地直观展示数据。

表 3.11 pyplot 模块的常用函数

函　数	描　述
figure()	创建一个空白画布,可以指定画布的大小和像素
add_subplot()	创建子图,可以指定子图的行数、列数和标号
subplots()	建立一系列子图,返回 fig、ax 两个值。其中,fig 为生成的画布,ax 是由各子图的轴组成的序列
title()	设置图表标题,可以指定标题的名称、颜色、字体等参数
xlabel()	设置 x 轴名称,可以指定名称、颜色、字体等参数
ylabel()	设置 y 轴名称,可以指定名称、颜色、字体等参数
xlim()	指定 x 轴的刻度范围
ylim()	指定 y 轴的刻度范围
legend()	指定图例,包括图例的大小、位置、标签等
savefig()	保存图形
show()	显示图形

Matplotlib 的图像都位于 figure 对象中,可以用 plt.figure()创建一个新的画布(空画布,不能直接绘图)。在画布上添加 plot 子图用 add_subplot()方法,之后可以在子图 plot

上绘图。如果不显式调用 figure()函数,也会默认创建一个画布供子图使用。

add_subplot()函数的使用方法如下。

```
<子图对象>=<figure 对象>.add_subplot(nrows, ncols, index)
```

参数含义如下。

nrows:子图划分成的行数。

ncols:子图划分成的列数。

index:当前子图的序号,编号从 1 开始。

【例 3.56】 绘制简单的 plot 图表,结果如图 3.3 所示。

```
import matplotlib.pyplot as plt
fig=plt.figure()
ax1=fig.add_subplot(2,2,1)
ax2=fig.add_subplot(2,2,2)             #这里修改成(2,2,3)试试
```

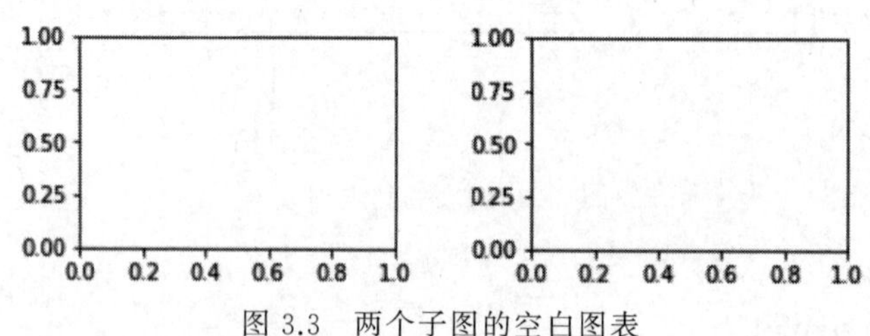

图 3.3 两个子图的空白图表

【例 3.57】 三个 plot 子图的绘制,结果如图 3.4 所示。

```
fig=plt.figure()
ax1=fig.add_subplot(2,2,1)
ax2=fig.add_subplot(2,2,2)
ax3=fig.add_subplot(2,2,3)
```

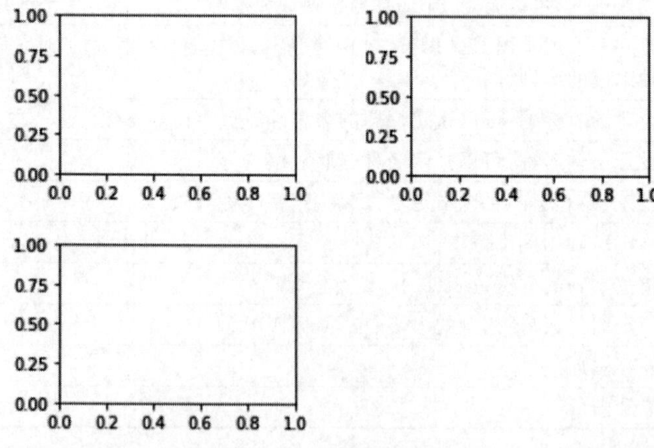

图 3.4 三个子图的空白图表

【例 3.58】 6 个 plot 的绘制,结果如图 3.5 所示。

```
fig,axes=plt.subplots(2,3)
axes
```

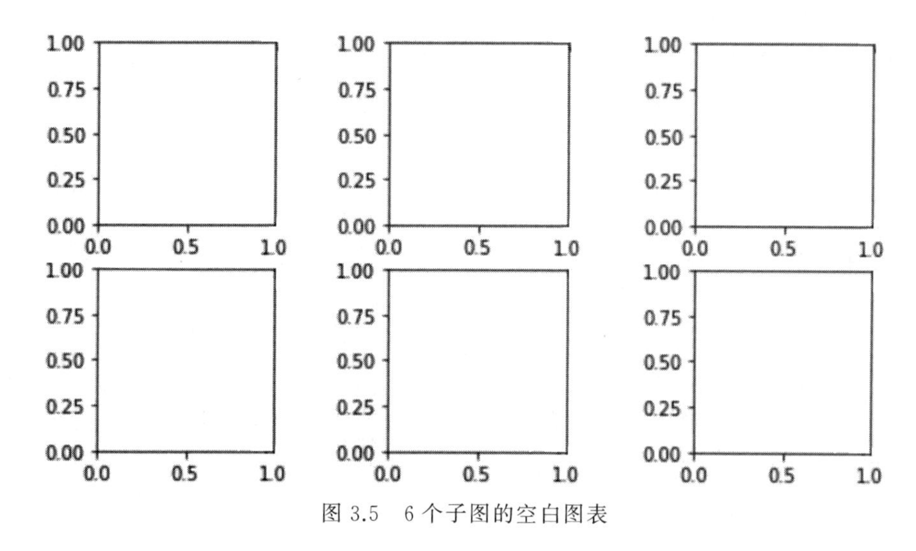

图 3.5 6 个子图的空白图表

【例 3.59】 在子图上绘制图形,结果如图 3.6 所示。

```
fig=plt.figure()
ax=fig.add_subplot(1,1,1)
rect=plt.Rectangle((0.2,0.75),0.4,0.15,color='r',alpha=0.3)
circ=plt.Circle((0.7,0.2),0.15,color='b',alpha=0.3)
pgon=plt.Polygon([[0.15,0.15],[0.35,0.4],[0.2,0.6]],color='g',alpha=0.9)
ax.add_patch(rect)
ax.add_patch(circ)
ax.add_patch(pgon)
plt.show()
```

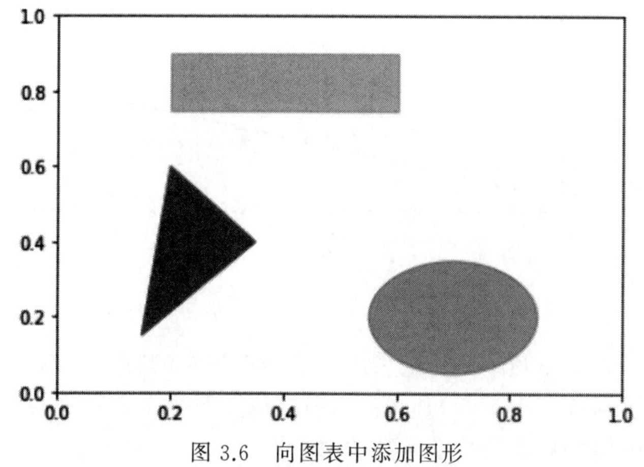

图 3.6 向图表中添加图形

视频讲解

3. plot()函数

绘制曲线可以使用 pyplot 中的 plot()函数。绘制需要在画布上进行，如果没有显式创建画布对象，plot()函数会在创建子图之前隐式地创建一个画布。

plot()的基本格式如下。

```
matplotlib.pyplot.plot(x,y,format_string,**kwargs)
```

参数如下。

x：x 轴数据，列表或数组，可选。

y：y 轴数据，列表或数组。

format_string：控制曲线的格式字符串，可选。

**kwargs：第二组或更多组(x,y,format_string)参数。

注：当绘制多条曲线时，各条曲线的 x 不能省略。

【例 3.60】 绘制简单直线，结果如图 3.7 所示。

```
import matplotlib.pyplot as plt
import numpy as np
a = np.arange(10)
plt.xlabel('x')
plt.ylabel('y')
plt.plot(a,a * 1.5,a,a * 2.5,a,a * 3.5,a,a * 4.5)
plt.legend(['1.5x','2.5x','3.5x','4.5x'])
plt.title('simple lines')
plt.show()
```

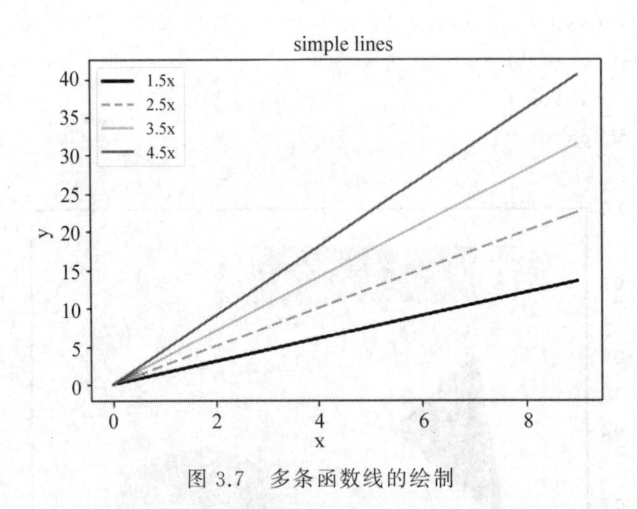

图 3.7 多条函数线的绘制

对于数学函数来说，绘制图形通常采用多数据点拟合的方式。例如，可以罗列出一定数量的 x 值，再通过函数求出对应的 y 值，从而构成一系列 x、y 数据对。当数据对足够多时，形成的图形从整体看就是该数学函数的图形。

【例 3.61】 绘制 sin(x)函数图形,结果如图 3.8 所示。

```
import numpy as np
import matplotlib.pyplot as plt
x = np.linspace(-10, 10, 100)          #列举出 100 个数据点
y = np.sin(x)                          #计算出对应的 y
plt.plot(x, y, marker="o")
```

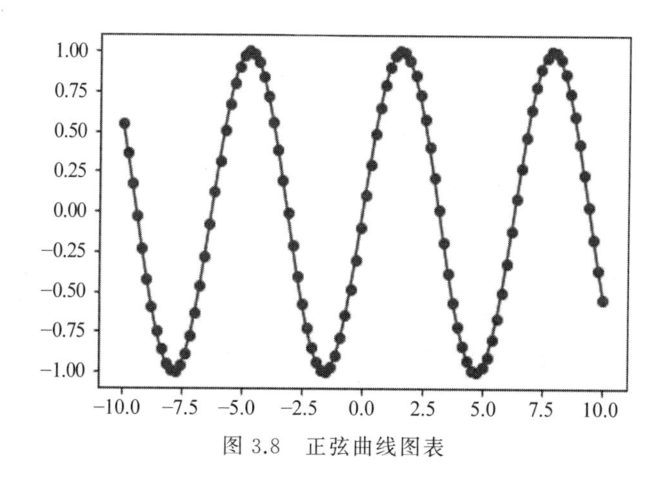

图 3.8 正弦曲线图表

4. 其他类型的图表

视频讲解

在实际应用中,需要很多类型的图表。matplotlib.pyplot 提供了丰富的绘图函数可供选择,包括 scatter(散点图)、bar(条形图)、pie(饼图)、hist(直方图)以及上面提到的 plot(坐标图)。

1) scatter()函数绘制散点图

scatter()函数可以绘制散点图,其基本格式如下。

```
matplotlib.pyplot.scatter(x, y, s=None, c=None, marker=None, cmap=None, norm=
None, vmin = None, vmax = None, alpha = None, linewidths = None, verts = None,
edgecolors=None, * , data=None, **kwargs)
```

主要参数如下。

x,y:输入数据,形状为 shape(n,)的数组。

c:标记的颜色,可选,默认为'b'即蓝色。

marker:标记的样式,默认为'o'。

alpha:透明度,实数,0~1。

linewidths:标记点的宽度。

2) hist()函数

hist()函数可以将数据显示为密度直方图,其语法格式如下。

```
matplotlib.pyplot.hist(x, bins=None, range=None, normed=False, weights=None,
cumulative=False, bottom=None, histtype='bar', align='mid', orientation=
```

```
'vertical', rwidth=None, log=False, color=None, label=None, stacked=False,
hold=None, data=None, **kwargs)
```

主要参数如下。

x：长度为 n 的数组或序列，作为输入数据。

histtype：绘制的直方图类型，可选参数，可以取值'bar'、'barstacked'、'step'或'stepfilled'，默认为'bar'。

orientation：直方图的方向，可选参数，可以取值'horizontal'、'vertical'。

3）bar()绘制条形图

绘制条形图可以使用 bar()函数，语法格式如下。

```
matplotlib.pyplot.bar(x, height, width=0.8, bottom=None, hold=None, data=
None, **kwargs)
```

主要参数如下。

x：x 轴刻度，可以是数值序列，也可以是字符串序列。

height：y 轴，即需要展示的数据，为柱形图的高度。

4）pie()绘制饼图

绘制饼图可以使用 pie()函数，基本格式如下。

```
matplotlib.pyplot.pie(x, explode=None, labels=None, colors=None, autopct=
None, pctdistance=0.6, shadow=False, labeldistance=1.1, startangle=None,
radius=None, counterclock=True, wedgeprops=None, textprops=None, center=(0,
0), frame=False, hold=None, data=None)
```

主要参数如下。

x：输入数组，每个饼块的比例。如果 sum(x)>1，则进行归一化处理。

explode：每个饼块到中心的距离。

labels：每个饼块外侧的显示文字。

startangle：起始角度。默认为 0°，从 x 轴正值方向逆时针绘制。

shadow：饼图下方是否有阴影。默认为 False(无阴影)。

【例 3.62】 多个图表的绘制，结果如图 3.9 所示。

首先使用 subplots()函数确定要绘制图表的行、列数量，然后使用 subplot()方法指定当前绘图所使用的子图。例如，下面的程序绘制了两行一列的图表，第一行放置的是上面例子中的正弦曲线。

```
import numpy as np
import matplotlib.pyplot as plt
fig,axes=plt.subplots(2,1)
plt.subplot(2,1,1)
x = np.linspace(-10, 10, 100)          #列举出一百个数据点
y = np.sin(x)                          #计算出对应的 y
plt.plot(x, y, marker="o")
```

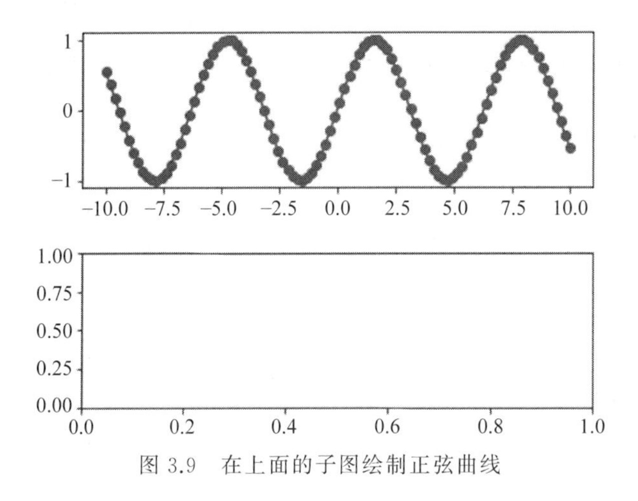

图 3.9 在上面的子图绘制正弦曲线

接下来，在第二行放置例 3.60 中的简单直线。继续添加如下代码。

```
plt.subplot(2,1,2)
a = np.arange(10)
plt.plot(a,a * 1.5,a,a * 2.5,a,a * 3.5,a,a * 4.5)
```

这次运行的结果如图 3.10 所示。

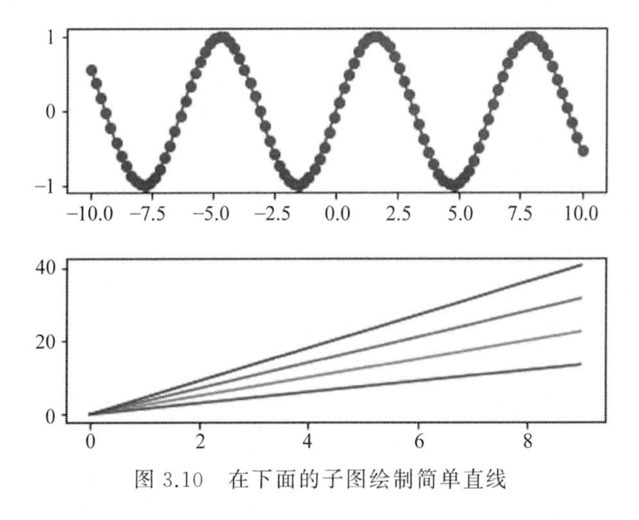

图 3.10 在下面的子图绘制简单直线

【例 3.63】 绘制鸢尾花数据集的特征分布图，如图 3.11 所示。

```
import matplotlib.pyplot as plt
import pandas as pd
import numpy as np
data = pd.read_csv('iris.txt',",",header=None)          #读取鸢尾花数据文件
df=pd.DataFrame(data)                                    #转换为 DataFrame 数据类型
df.columns = ['LenPetal','LenSepal']                     #花瓣长度、花萼长度两个特征
plt.rcParams['font.sans-serif']=['SimHei']               #显示中文
```

```
#===========图表 1=============
plt.figure(figsize=(10, 10))
plt.subplot(2,2,1)
plt.xlabel("Len of Petal", fontsize=10)                    #横轴标签
plt.ylabel("Len of Sepal", fontsize=10)                    #纵轴标签
plt.title("花瓣/花萼长度散点图")                              #图表标题
plt.scatter(df['LenPetal'],df['LenSepal'],c='red')  #绘制两个特征组合的数据点
#===========图表 2=============
plt.subplot(2,2,2)
plt.title("花瓣长度直方图")
plt.xlabel("Len of Petal", fontsize=10)                    #横轴标签
plt.ylabel("count", fontsize=10)                           #纵轴标签
plt.hist(df['LenPetal'],histtype ='step')                  #绘制花瓣长度分布直方图
#===========图表 3=============
x=np.arange(30)
plt.subplot(2,2,3)
plt.xlabel("Index", fontsize=10)                           #横轴标签
plt.ylabel("Len of Sepal", fontsize=10)                    #纵轴标签
plt.title("花萼长度条形图")
plt.bar(x,height=df['LenSepal'], width=0.5)                #绘制花萼数据条形图
#===========图表 4=============
plt.subplot(2,2,4)
sizes = [2,5,12,70,2,9]
explode = (0,0,0.1,0.1,0,0)
labels = ['A','B','C','D','E','F']
plt.title("花瓣长度饼图")
plt.pie(df['LenPetal'][8:14],explode=explode,autopct='%1.1f%%',labels=
labels)                                                    #饼图
plt.legend(loc="upper left",fontsize=10,bbox_to_anchor=(1.1,1.05))
plt.show()
```

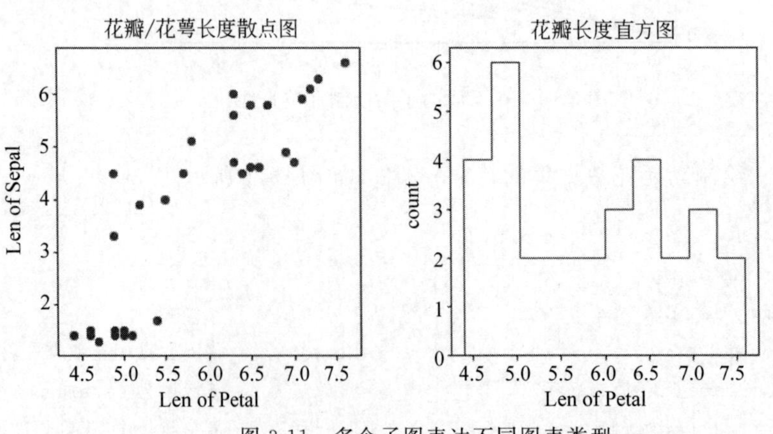

图 3.11　多个子图表达不同图表类型

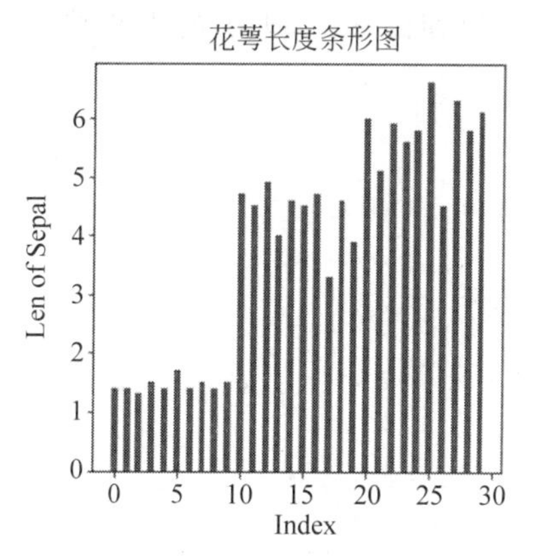

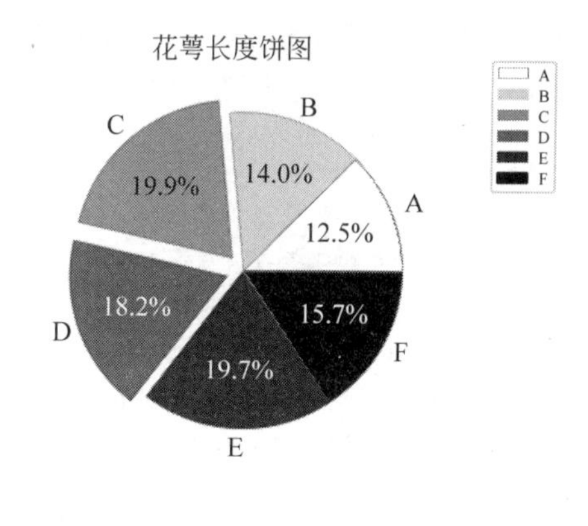

图 3.11 （续）

5. Pandas 内嵌的绘图函数

Pandas 中内嵌的绘图函数也是基于 Matplotlib 的。Series 和 DataFrame 都包含生成各类图表的 plot()方法，默认情况下，它们生成的是线型图。

DataFrame 的 plot()方法会在一个 subplot 中为各列绘制一条线，并自动创建图例：每个 Series 的索引传给 Matplotlib，分别用于绘制 x、y 轴。

与 pyplot 提供的多种类型图表类似，Pandas 也可以绘制很多类型的图表。不同之处在于，Pandas 是通过 plot()方法中的 kind 参数来设置图表类型的，语法格式如下。

```
DataFrame.plot(x=None, y=None, kind='line', ax=None, subplots=False, sharex
=None, sharey=False, layout=None, figsize=None, use_index=True, title=None,
grid=None, legend=True, style=None, logx=False, logy=False, loglog=False,
xticks=None, yticks=None, xlim=None, ylim=None, rot=None, fontsize=None,
colormap=None, table=False, yerr=None, xerr=None, secondary_y=False, sort_
columns=False, **kwds)
```

主要参数如下。

x：输入的 x 数据。

y：输入的 y 数据。

kind：图表类型，如表 3.12 所示。

表 3.12 kind 值与图表类型对应表

值	图表类型	值	图表类型
'line'	默认值，线型图	'box'	箱体图
'bar'	垂直条形图	'scatter'	散点图
'barh'	水平条形图	'pie'	饼图
'hist'	直方图		

【例 3.64】 使用 plotdata2.txt 中的数据，绘制如图 3.12 所示的编程语言发展趋势图。

```
import pandas as pd
data = pd.read_csv('plotdata2.txt',' ',header=None)
df=pd.DataFrame(data)
df.columns=(['python','php','java'])
ax=df.plot(title='User number of language')
ax.set_xlabel('Month')                                     #设置 x 轴标签
ax.set_ylabel('Number of users(Million)')                  #设置 y 轴标签
```

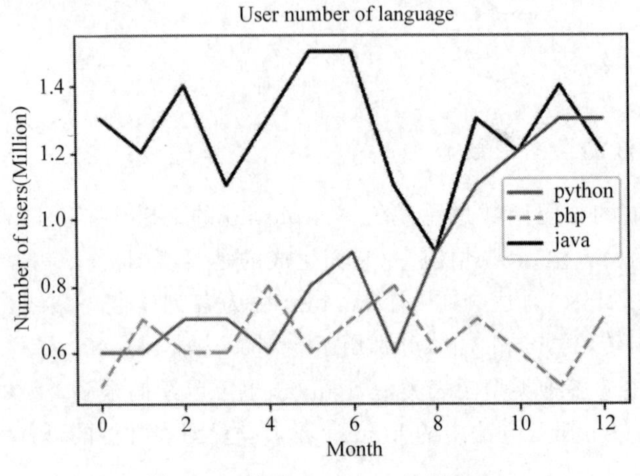

图 3.12 使用 dataframe 绘制图表

【例 3.65】 为 Series 数据绘制如图 3.13 所示的图表。

```
import pandas as pd
import numpy as np
from pandas import Series, DataFrame
import matplotlib.pyplot as plt

#cumsum()函数累加数据
s1 = Series(np.random.randn(1000)).cumsum()
s2 = Series(np.random.randn(1000)).cumsum()

plt.subplot(2,1,1)                                         #第一个子图
#kind 参数修改图类型
ax1=s1.plot(kind='line',label='S1',title="Figures of Series", style='--')
#绘制第二个 Series
s2.plot(ax=ax1,kind='line',label='S2')
plt.ylabel('value')
plt.legend(loc=2)                                          #right left
```

```
plt.subplot(2,1,2)                              #第二个子图
s1[0:10].plot(kind='bar',grid=True,label='S1')
plt.xlabel('index')
plt.ylabel('value')
```

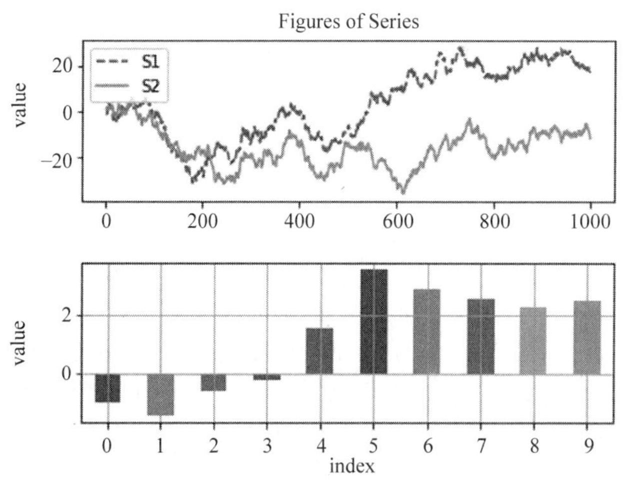

图 3.13 使用 Series 数据绘制图表

6. 绘制 3D 图

Matplotlib 类的主要功能是绘制二维图表,不过也可以扩展到复杂图表。例如,可以在背景图上绘图、将 Excel 与 3D 图表结合等。这些功能可以使用 Matplotlib 的扩展工具包(Toolkits)来实现。工具包是针对某功能(如 3D 绘图)的特定函数的集合,常用的工具包有 mplot3d、Basemap、GTK 工具、Excel 工具、Natgrid 和 AxesGrid 等。

mpl_toolkits.mplot3d 包提供了一些基本的 3D 绘图功能,其支持的图表类型包括散点图(Scatter)、曲面图(Surf)、线图(Line)和网格图(Mesh)。坐标轴是 Axes3D,绘制时要为 3 个坐标轴提供数据。

mpl_toolkits.mplot3d 中提供了很多绘制 3D 图表的函数,常用的如 plot()可以绘制三维曲线图。此外,Axes3D 还可以绘制其他类型的图表,例如,使用 scatter()绘制 3D 散点图、使用 plot_surface()函数可以绘制表面图、使用 contour()函数能创建三维轮廓图等。

函数 mpl_ Axes3D.plot()可以绘制三维曲线图,其基本格式如下。

```
plot (xs, ys, * zs , * zdir , * args, **kwargs)
```

主要参数如下。

xs, ys ,* zs: 顶点的 x、y 坐标; zs 为 z 坐标值, 绘制 3D 图时使用。如果没有 zs 参数,则绘制 2D 图。

zdir: 使用哪个方向作为 z(取值'x'、'y'或'z')。

【例 3.66】 使用 Axes3D.scatter()函数绘制三维散点图,如图 3.14 所示。

```
import numpy as np
import matplotlib.pyplot as plt
from mpl_toolkits.mplot3d import Axes3D

def randrange(n, randFloor, randCeil):
    rnd = np.random.rand(n)                              #生成 n 个随机数(值为 0~1)
    return (randCeil-randFloor) * rnd + randFloor #生成 n 个 vmin~vmax 的随机数

plt.rcParams['font.sans-serif']=['SimHei']           #显示中文
fig = plt.figure(figsize=(10, 8))
ax = fig.add_subplot(111, projection="3d")           #添加子 3D 坐标轴
n = 100
for zmin, zmax, c, m, l in [(4, 15, 'r', 'o', '低值'),(13, 40, 'g', '*', '高值')]:
                                                     #形状和颜色
    x = randrange(n, 0, 20)
    y = randrange(n, 0, 20)
    z = randrange(n, zmin, zmax)
    ax.scatter(x, y, z, c=c, marker=m, label=l, s=z * 6)

ax.set_xlabel("X-value")
ax.set_ylabel("Y-value")
ax.set_zlabel("Z-value")
ax.set_title("高/低值 3D 散点图", alpha=0.6, size=15, weight='bold')
ax.legend(loc="upper left")                          #图例位于左上角

plt.show()
```

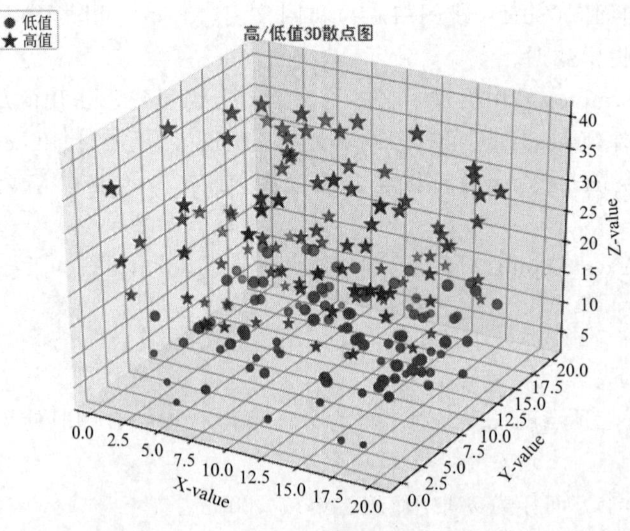

图 3.14 基本的三维散点图表绘制

大部分处理数据及显示数据的场合都离不开 NumPy、Pandas 和 Matplotlib。此外，还有其他一些模块，共同构成了机器学习的基础库。

3.4 OpenCV

OpenCV 是由 Gary Bradsky 于 1999 年在英特尔启动的项目，2000 年发布了第一个版本。在 2005 年，OpenCV 被用于斯坦福车队的 Stanley 赛车，并赢得了 2005 DARPA 挑战赛的冠军。OpenCV 现在支持多种与计算机视觉和机器学习相关的算法，并且正在一天天地扩展。

OpenCV 用 C++ 语言编写，它的主要接口也是 C++ 语言。但 OpenCV 也有大量的 Python、Java 和 MATLAB 等环境的接口，目前也提供对于 C# 、Ruby、GO 的支持。

OpenCV 可以在不同的平台上使用，包括 Windows、Linux、Android 和 iOS 等。基于 CUDA 和 OpenCL 的 GPU 操作接口也于 2010 年 9 月开始实现。

OpenCV Python 是一个用于解决计算机视觉问题的 Python 库，是用基于 C++ 实现的 OpenCV 构成的 Python 包。OpenCV Python 与 NumPy 兼容，数据都被转换成 NumPy 数据结构，这使得 OpenCV 更容易与其他库(如 SciPy 和 Matplotlib)集成。

总体来看，OpenCV Python 融合了 OpenCV C++ API 和 Python 语言的最佳特性，因此得到了广泛的使用。

OpenCV 的版本也在不断发展，OpenCV 2.x、OpenCV 3.x 后用得较多的是 cv2 模块，是由 OpenCV 2.x API 提供的。早期 cv 模块的部分功能渐渐被 cv2 的相应功能替代。

1. OpenCV 窗口操作

视频讲解

1) imshow()

imshow()函数是在指定的窗口中显示图像，窗口自动调整为图像大小。语法格式为 imshow(string winName, Array InputData)，其中，参数 winName 是窗口名称，参数 InputData 为输入的图像。如果创建多个窗口，则各窗口需要具有不同的窗口名称。

2) destroyAllWindows()与 DestroyWindow(string winName)

这两个函数都可以卸载窗口，区别在于，函数 destroyAllWindows()卸载全部窗口，而函数 DestroyWindow()卸载由参数 winName 指定的窗口。

3) waitKey(int delay=0)

函数 waitKey()等待用户按键，其参数 delay 是延迟的时间，单位为 ms。在等待时间内如果检测到键盘动作，则返回按键的 ASCII 码。如果没有按下任何键，则返回 −1。参数 delay 默认为 0，即一直等待键盘输入。

2. OpenCV 处理图像

在使用 OpenCV 时需要注意环境的版本。cv 和 cv2 都提供了对图片进行读、写和显示的功能。cv 的对应函数是 LoadImage()、ShowImage()和 SaveImage()函数；cv2 的对应函数是imread()、imwrite()和imshow()函数。本教程使用的是cv2版本。

1）图片的基本读写操作

基本图像处理的函数包括imread()、imwrite()、split()、merge()等。图像读取函数imread()能加载图像文件并返回图像矩阵。如果无法读取图像，将返回一个空矩阵。imread()函数支持bitmap位图、JPEG文件、png图形、WebP、TIFF文件等各种常见的图像格式。

imread()函数基本格式如下。

```
imread(const String &filename, int flags=IMREAD_COLOR)
```

参数如下。

filename：文件名。

flags：图像色彩模式，可取如表3.13所示ImreadModes枚举列表中的值，默认为IMREAD_COLOR(值为1，BGR图像)。如果参数为0，则图像转换成灰度图。

表3.13 常见ImreadModes枚举值

Mode值	含　义
IMREAD_UNCHANGED	值为−1。按原样返回加载的图像(包括Alpha通道)
IMREAD_GRAYSCALE	值为0。将图像转换为单通道灰度图像
IMREAD_COLOR	值为1，默认值。将图像转换为3通道BGR彩色图像(不包括Alpha通道)
IMREAD_REDUCED_GRAYSCALE_2	值为16。将图像转换为单通道灰度图像，并且图像尺寸减小1/2
IMREAD_REDUCED_COLOR_2	值为17。将图像转换为3通道BGR彩色图像，并且图像尺寸减小1/2

【例3.67】 使用cv2读取图像，将图像转换为灰度图显示并保存。

```
import cv2
img = cv2.imread('img.jpg',0)                                    #转变为灰度图
cv2.imshow('image',img)
k = cv2.waitKey(0)
if k == 27:                                                      #按Esc键直接退出
    cv2.destroyAllWindows()
elif k == ord('s'):                                              #按s键先保存灰度图,再退出
    cv2.imwrite('result.png',img)
    cv2.destroyAllWindows()
```

2）图像的通道拆分与合并

彩色图像由多个通道组成，例如，BGR图像具有蓝、绿、红三个通道。使用cv2的merge()和split()两个函数可以方便地对图像的通道进行拆分与组合。例3.68中，首先对通道进行拆分，然后利用其中一个通道合成新的图像并保存，运行结果如图3.15所示。

【例 3.68】 拆分通道并着色，效果如图 3.15 所示。

```
import numpy as np
import cv2
img = cv2.imread('img.jpg')                                    #BGR 图像模式
cv2.imshow('image',img)
k = cv2.waitKey(0)
if k == 13:                                                    #按 Enter 键退出
    cv2.destroyAllWindows()
elif k == ord('s'):                                            #按 s 键保存并退出
    b,g,r = cv2.split(img)                                     #图像拆分成三个通道
    zeros = np.zeros(img.shape[:2], dtype = "uint8")  #值为 0 的单通道数组
    imgr=cv2.merge([zeros, zeros,r])                           #合并图像
    imgg=cv2.merge([zeros, g,zeros])
    imgb=cv2.merge([b,zeros, zeros])
    #将新图像写入文件
    cv2.imwrite('r.png',imgr)
    cv2.imwrite('g.png',imgg)
    cv2.imwrite('b.png',imgb)
    cv2.destroyAllWindows()
```

(a) B通道合成结果

(b) G通道合成结果

(c) R通道合成结果

图 3.15 图像通道的拆分与合并结果

3. OpenCV 捕获摄像头图像

视频讲解

由于 OpenCV 在多媒体处理方面的功能强大，通常在视频、图像处理前也使用 OpenCV 捕获摄像头图像。

1）打开摄像头捕获图像

视频讲解

可以使用 cv2.VideoCapture()来截取摄像头中的视频或图片。摄像头操作的常用方法有以下几个。

- VideoCapture(cam)：打开摄像头并捕获视频。参数 cam 为 0 时，表示从摄像头直接获取；也可以读取视频文件，这时参数应为视频文件的路径。

- read()：读取视频的帧。返回值有两个：ret,frame。ret 是布尔值,如果读取到正确的帧,则返回 True;如果读取到文件结尾,返回值就为 False。frame 就是每帧的图像,是三维矩阵。
- release()：释放并关闭摄像头。

【例 3.69】 捕获摄像头图像。

```
import cv2
cap  = cv2.VideoCapture(0)
while(True):
    ret, frame = cap.read()
    cv2.imshow(u"Capture", frame)
    key = cv2.waitKey(1)
    if key & 0xff == ord('q') or key == 27:
        print(frame.shape,ret)
        break
cap.release()
cv2.destroyAllWindows()
```

2）摄像头范围内的人脸检测

检测图像或视频中的人脸通常使用 Haar 特征分类器。Haar 特征分类器就是一个 XML 文件,该文件中会描述人体各个部位的 Haar 特征值,包括人脸、眼睛、嘴唇等。Haar 特征分类器文件存放在 OpenCV 安装目录中的\data\ haarcascades 目录下,一般包括多个分类器,如图 3.16 所示。

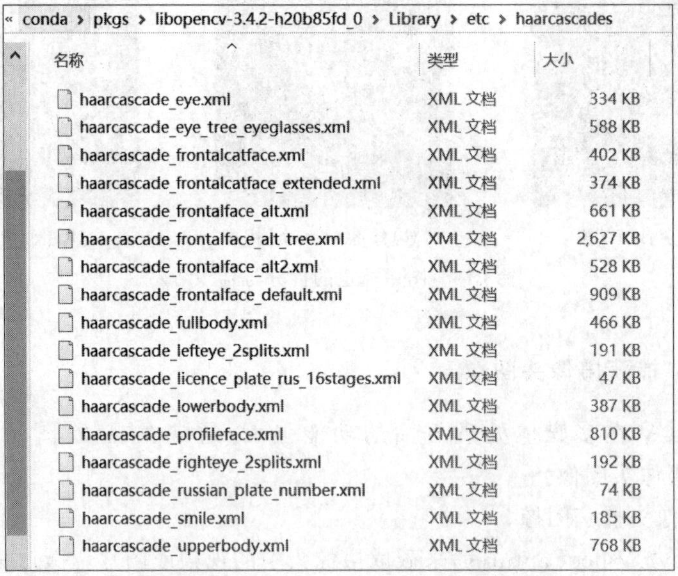

« conda › pkgs › libopencv-3.4.2-h20b85fd_0 › Library › etc › haarcascades

名称	类型	大小
haarcascade_eye.xml	XML 文档	334 KB
haarcascade_eye_tree_eyeglasses.xml	XML 文档	588 KB
haarcascade_frontalcatface.xml	XML 文档	402 KB
haarcascade_frontalcatface_extended.xml	XML 文档	374 KB
haarcascade_frontalface_alt.xml	XML 文档	661 KB
haarcascade_frontalface_alt_tree.xml	XML 文档	2,627 KB
haarcascade_frontalface_alt2.xml	XML 文档	528 KB
haarcascade_frontalface_default.xml	XML 文档	909 KB
haarcascade_fullbody.xml	XML 文档	466 KB
haarcascade_lefteye_2splits.xml	XML 文档	191 KB
haarcascade_licence_plate_rus_16stages.xml	XML 文档	47 KB
haarcascade_lowerbody.xml	XML 文档	387 KB
haarcascade_profileface.xml	XML 文档	810 KB
haarcascade_righteye_2splits.xml	XML 文档	192 KB
haarcascade_russian_plate_number.xml	XML 文档	74 KB
haarcascade_smile.xml	XML 文档	185 KB
haarcascade_upperbody.xml	XML 文档	768 KB

图 3.16 OpenCV 的常见分类器

根据分类器文件的名称可以分辨分类器用途。例如,haarcascade_frontalface_alt.

xml 与 haarcascade_frontalface_alt2.xml 可以作为人脸识别的 Haar 特征分类器。

3）人脸检测函数 detectMultiScale()

OpenCV 中还可以进行多个人脸检测，使用的是 detectMultiScale()函数，该函数可以检测出图片中所有的人脸，并用 vector 保存各张面孔的坐标、大小(用矩形表示)。函数由分类器对象调用。

detectMultiScale()函数格式如下。

```
void detectMultiScale(const Mat& image, CV_OUT vector<Rect>& objects, double
scaleFactor = 1.1, int minNeighbors = 3, int flags = 0, Size minSize = Size(),
Size maxSize = Size())
```

主要参数如下。

image：待检测图片，一般为灰度图像，检测速度较快。

objects：被检测物体的矩形框向量组。

scaleFactor：前后两次相继的扫描中，搜索窗口的比例系数。默认为 1.1，即每次搜索窗口依次扩大 10%。

minNeighbors：表示构成检测目标的相邻矩形的最小个数，默认为 3 个。

flags：默认值为 0。也可以设置为 CV_HAAR_DO_CANNY_PRUNING，则函数使用 Canny 边缘检测来排除边缘过多或过少的区域。

minSize，maxSize：限制目标区域的范围。

【例 3.70】 检测摄像头范围内的人脸，效果如图 3.17 所示。

```
import cv2
cascPath=r"haarcascade_frontalface_alt2.xml"
faceCascade = cv2.CascadeClassifier(cascPath)
cap  = cv2.VideoCapture(0)
while(True):
    ret, img = cap.read()

    faces = faceCascade.detectMultiScale(img, 1.2, 2, cv2.CASCADE_SCALE_IMAGE,
(20, 20))
    for (x, y, w, h) in faces:
        img = cv2.rectangle(img, (x, y), (x+w, y+h), (0, 255, 0), 2)
    cv2.imshow(u"Detect faces", img)

    key = cv2.waitKey(1)
    if key & 0xFF==ord('q') or key == 27:
        break
cv2.destroyAllWindows()
cap.release()
```

Python 不仅提供了重要的数据、图像、文本等处理模块，还提供了强大的机器学习包，其中比较常用的是 Scikit learn 机器学习模块。

图 3.17 使用 OpenCV 检测人脸

3.5 Scikit learn

3.5.1 SKlearn 简介

Scikit learn 的简称是 SKlearn[①]，专门提供了 Python 中实现机器学习的模块。Sklearn 是一个简单高效的数据分析算法工具，建立在 NumPy、SciPy 和 Matplotlib 的基础上。SKlearn 包含许多目前最常见的机器学习算法，例如分类、回归、聚类、数据降维、数据预处理等，每个算法都有详细的说明文档。

图 3.18 显示了面对一个机器学习问题，如何选择 SKlearn 中的适合算法。

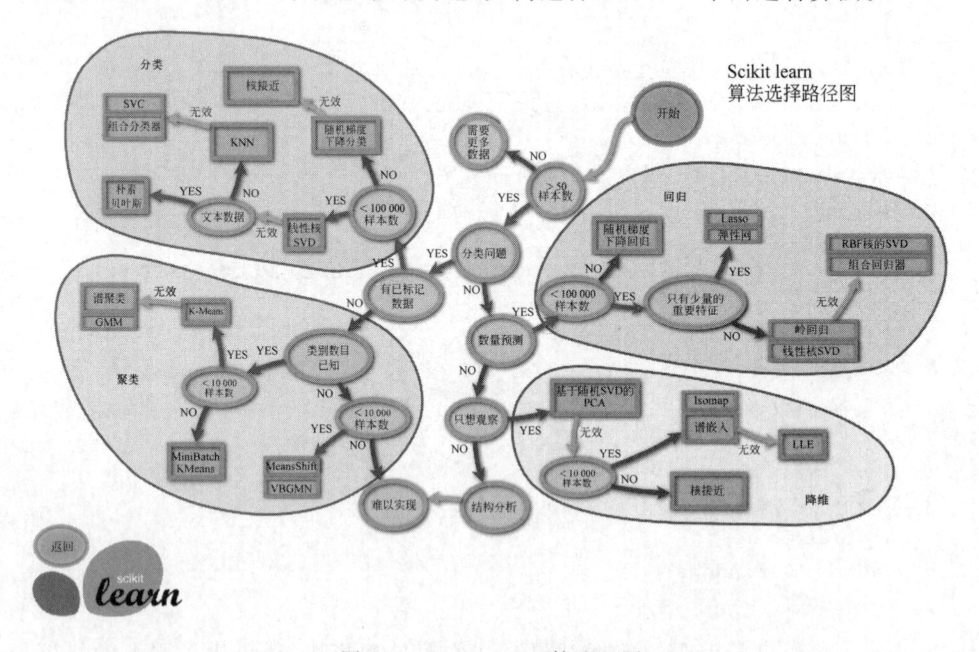

图 3.18 Scikit learn 算法地图

（英文版来源：http://scikit-learn.org/stable/tutorial/machine_learning_map/）

---

① SKlearn 网址：http://scikit-learn.org。

上面的算法地图作为 SKlearn 使用向导，展示了对于各类不同的问题，分别采用哪种方法进行解决。图中不仅有清晰的描述，还考虑了不同数据量的情况。

SKlearn 具有通用的学习模式，即对不同算法，学习模式的调用具有较为统一的模式。

对于大多数机器学习，通常有以下四个数据集。

（1）train_data：训练数据集。

（2）train_target：训练数据的真实结果集。

（3）test_data：测试数据集。

（4）test_target：测试数据集所对应的真实结果，用来检测预测的正确性。

用各算法解决问题时，也大都有两个共同的核心函数：训练函数 fit()和预测函数 predict()。

3.5.2 SKlearn 的一般步骤

1. 获取数据，创建数据集

SKlearn 提供了一个强大的数据库，包含很多经典数据集，可以直接使用。开发程序时，可以通过包含 SKlearn 的 datasets 使用这个数据库。

例如，比较著名的鸢尾花数据集，调用代码如下。

```
from sklearn.datasets import load_iris
data = load_iris()
```

或者

```
from sklearn import datasets
data = datasets. load_iris()
```

另一个经典的波士顿房价数据集，调用代码如下。

```
from sklearn.datasets import load_boston
boston = load_boston()
```

或者

```
from sklearn import datasets
boston = datasets.load_boston()
```

鸢尾花 iris 数据集是常用的分类实验数据集，由 Fisher 在 1936 年收集整理。数据集包含 150 个数据集，分为 3 类，每类 50 条数据。每条数据包含 4 个属性，即花朵的花萼长度、花萼宽度、花瓣长度和花瓣宽度。如图 3.19 所示，数据集中的鸢尾花包括 Setosa（山鸢尾）、Versicolour（杂色鸢尾）、Virginica（弗吉尼亚鸢尾）三个种类。

打开素材中的 iris. csv，可以查看到 150 条鸢尾花的测量数据。下面先使用 Matplotlib 对数据进行初步了解。

图 3.19　鸢尾花图片

【例 3.71】 查看 iris 数据集。

说明：打开 iris 数据集读取数据，并使用 petal length 和 sepal length 两个特征绘制如图 3.20 所示的散点分布图。

```
import pandas as pd
import matplotlib.pyplot as plt
import numpy as np
df = pd.read_csv('iris.csv', header=None) #加载 iris 数据集,转换为 DataFrame 对象
X = df.iloc[:, [0, 2]].values                  #取出花瓣长度、花萼长度两列特征
#前 50 个样本(setosa 类别)
plt.scatter(X[:50, 0], X[:50, 1],color='red', marker='o', label='setosa')
#中间 50 个样本(versicolor 类别)
plt.scatter(X[50:100, 0], X[50:100, 1],color='blue', marker='x', label=
'versicolor')
#后 50 个样本的散点图(Virginica 类别)
plt.scatter(X[100:, 0], X[100:, 1],color='green', marker='+', label=
'Virginica')
plt.xlabel('petal length')
plt.ylabel('sepal length')
#图例位于左上角
plt.legend(loc=2)
plt.show()
```

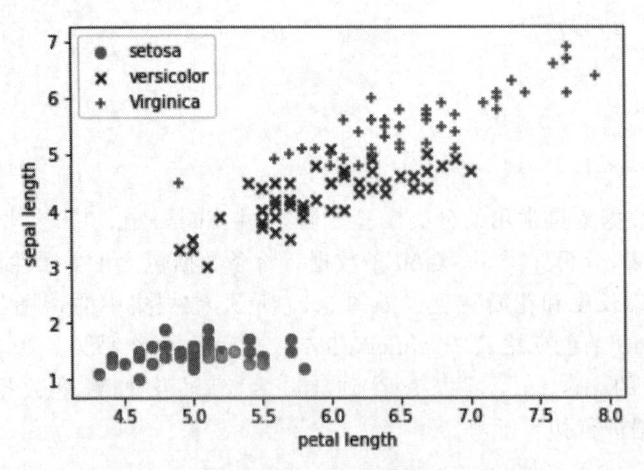

图 3.20　基于花瓣长度与花萼长度的散点图

从图3.20能够判断出，使用两个特征就有可能预测出花朵属于三类中的哪一类。

当然，除了使用SKlearn自带的数据集，还可以自己去搜集数据集，创建训练样本。

2. 数据预处理

数据预处理阶段是机器学习中不可缺少的一环，它会使得数据更加有效地被模型或者评估器识别。

3. 数据集拆分

在处理中，经常会把训练数据集进一步拆分成训练集和验证集，这样有助于模型参数的选取。

4. 定义模型

通过分析数据的类型，确定要选择什么模型来处理，然后就可以在SKlearn中定义模型了。

5. 模型评估与选择

例如，可以使用SKlearn中的分类模型来处理鸢尾花iris数据集的分类问题。

本节介绍了SKlearn的基本流程，关于SKlearn的更详细的使用方法将在后面各算法章节中介绍。

3.6 其他常用模块

3.6.1 WordCloud制作词云

词云(WordCloud)，也叫文字云，是对文本中出现频率较高的关键词数据给予视觉差异化的展现方式。词云图突出展示高频高质的信息，也能过滤大部分低频的文本。利用词云，可以通过可视化形式凸显数据所体现的主旨，快速显示数据中各种文本信息的频率。

Python环境下的词云图工具包名称为WordCloud，支持Python2和Python 3版本，能通过代码的形式把关键词数据转换成直观且有趣的图文模式。

词云包中的WordCloud()函数能够构造词云对象，主要参数如表3.14所示。

表3.14 WordCloud()函数的主要参数

属性	数据类型	说明
font_path	string	字体文件所在的路径
width	int	画布宽度，默认为400px
height	int	画布高度，默认为200px
prefer_horizontal	float	词语水平方向排版出现的频率，默认为0.9

续表

属　　性	数据类型	说　　明
mask	ndarray	默认为 None,使用二维遮罩绘制词云。如果 mask 非空,将忽略画布的宽度和高度,遮罩形状为 mask
scale	float	放大画布的比例,默认为 1(1 倍)
stopwords	字符串	停用词,需要屏蔽的词,默认为空。如果为空,则使用内置的 STOPWORDS
background_color	字符串	背景颜色,默认为"black"(黑色)

【例 3.72】 将文本文件的信息制作成如图 3.21 所示的词云图并显示。

```
#导入 WordCloud 模块和 matplotlib 模块
from wordcloud import WordCloud
import matplotlib.pyplot as plt

#读取一个 txt 文件
f = open(r'texten.txt','r').read()
#生成词云
wordcloud=WordCloud(background_color="white",width=1000,height=860,margin
=2).generate(f)
#显示词云图片
plt.imshow(wordcloud)
plt.axis("off")
plt.show()
#保存图片
wordcloud.to_file('test.png')
```

图 3.21　文本的词云图

对于经常出现的无意义词语可以设置停用词。停用词是在信息处理中自动过滤掉的词语,通常人为指定。停用词大致有两类:①人类语言中普遍使用的功能词,没有实际含义,例如英语中的"the""to""is",中文里的"的""这个""是"等;②广泛使用的词汇,例如英语中的“think”“like”“then”，中文里的“认为”“觉得”“然后”等。通过 stopwords 参数可设置词云的停用词表。

词云的背景也可以使用指定的图片。例如，在图 3.22 中，使用了一幅音符图案作为词云的背景。

图 3.22　使用了图片背景的词云图

【例 3.73】 使用指定的图片显示统计结果。

```
from wordcloud import WordCloud
import matplotlib.pyplot as plt
from imageio import imread
#打开文本文件
text = open('song.txt','r').read()
#读入背景图片
bg_pic = imread('notation.png')
#生成词云
stopwd=['is','a','the','to','of','in','on','at','and']
wdcd=WordCloud(mask=bg_pic,background_color='white',
scale=1.5,stopwords=stopwd)
wdcd=wdcd.generate(text)
plt.imshow(wdcd)
plt.axis('off')
plt.show()
wdcd.to_file('pic.jpg')
```

在制作词云的过程中，还可以通过调整参数，设置更多的样式，例如颜色、字体等。

3.6.2　Jieba 中文分词

1. 自然语言处理

语言是日常生活的核心，自然语言处理研究的就是与语言相关的问题。尤其是近些年来互联网数据呈爆发性增长，如何从海量文本中挖掘出有价值的信息，一直是机器学习的研究热点。

自然语言处理（Natural Language Processing，NLP）是指用算法对人类口头表达或书面提供的自然语言信息进行处理的技术。自然语言处理属于人工智能和语言学的交叉学科，经历了经验主义、理性主义和深度学习三个发展阶段，现广泛应用在人们生活、学习和工作的各方面。

自然语言处理主要包括自然语言生成和自然语言理解两大领域。自然语言生成是以自然语言来表达特定的想法。自然语言理解是使计算机理解自然语言文本的意义，其核心是获取文本的特征，把握说话者的意图，涉及的技术有词语切分、词频统计、文本挖掘、语义库、文法分析以及文本情感倾向性分析等，常用于文本分类、对话系统、机器翻译、语音识别等领域。

2. 自然语言处理的主要步骤

通常自然语言处理包括以下步骤：获取语料库、文本分词、词性标注、关键词提取、文本向量化等。

1) TF-IDF 关键词提取

关键词提取是文章理解、舆情检测、文件归类、文本情感分析的重要步骤。这里介绍基于 TF-IDF 矩阵的文本关键词提取方法。

TF-IDF(Term Frequency - Inverse Document Frequency，词频-反文档词频)是关键词提取的一种基础且有效的算法，是信息检索与数据挖掘中常用的统计方法。TF 是词频，IDF 是反文档词频。TF-IDF 是一种统计方法，用以评估文件资料中的一个字/词的重要程度，字词的重要性随着它在文件中出现的次数而提升。

TF-IDF 的主要思想是：如果某个词句在一篇文章中频繁出现(TF 值较高)，且在其他文章中较少出现(IDF 值较高)，则这个词句是能够代表该文章的一个关键性词句。

2) 文本向量化

无论是分词还是关键词提取，自然语言处理的对象都是文本信息，得到的结果也是文本。为便于后续算法处理，需要将文本进一步转换为数据。转换出来的数据一般是向量形式，因此这个转换过程也称为文本向量化。

根据所要处理的文本的粒度，可以分为字向量化、词向量化、句子向量化和段落向量化。算法提取的关键字大部分是以词为单位，所以很多算法研究的对象是词向量化。

常用的文本向量化方法有字符编码、基于词集的 one-hot 编码、排序编码、词袋模型等，以及基于神经网络的 NNLM 神经网络语言模型。

3. 中文分词工具 Jieba

英文单词之间是自动以空格作为自然分隔符的，而亚洲语言则没有固定分隔符。对于中文来说，字是基本单位，词语之间没有固定的分隔标记。由于汉语句子的复杂性，中文分词比英文分词更加复杂和困难。

在中文自然语言处理中，大部分情况下，词汇是理解文本语义的基础。将待处理的中文文本划分成基本词汇，这就是中文分词(Chinese Word Segmentation)。

随着自然语言处理的快速发展，研究人员针对中文分词提出了很多技术方法，主要有三类：规则分词、统计分词和混合分词，相应的开源分词工具也有很多。Python 开发环境下的中文分词工具就层出不穷，如 Jieba、NLPIR、SnownNLP、Ansj、盘古分词等。其中，Jieba 应用较为广泛，不仅能分词，还提供关键词提取和词性标注等功能。Jieba 分词结合了规则分词和统计分词两类分词方法，功能强大。

1) Jieba 的三种分词模式

Jieba 提供了如下三种分词模式。

- 精确模式：试图将句子最精确地切开，适合文本分析。
- 全模式：把句子中所有可以成词的词语都扫描出来，速度非常快，但是不能解决歧义。

- 搜索引擎模式：在精确模式的基础上，对长词再次切分，提高召回率，适合用于搜索引擎分词。

同时 Jieba 还支持繁体分词、支持自定义词典、MIT 授权协议。

Jieba 分词通过其提供的 cut()方法和 cut_for_search()方法来实现。jieba.cut()和 jieba.cut_for_search()返回的结构都是一个可迭代的 generator，可以使用 for 循环来获得分词后得到的每个词语。

jieba.cut()方法的基本格式如下。

```
cut(sentence, cut_all=False, HMM=True)
```

参数如下。

sentence：需要分词的字符串。

cut_all：用来控制是否采用全模式。

HMM：用来控制是否使用 HMM 模型。

jieba.cut_for_search()方法更适合搜索引擎，可以构建倒排索引的分词，粒度比较细。该函数只有两个参数，即需要分词的字符串和是否使用 HMM 模型。

注意：待分词的字符串可以是 Unicode 或 UTF-8 字符串、GBK 字符串，但一般不建议直接输入 GBK 字符串，因为可能会被错误解码成 UTF-8 格式。

【例 3.74】 Jieba 中文分词。

```
import jieba
list0 = jieba.cut('东北林业大学的猫科动物专家判定，这只野生东北虎属于定居虎。', cut
_all=True)
print('全模式', list(list0))
list1 = jieba.cut('东北林业大学的猫科动物专家判定，这只野生东北虎属于定居虎。', cut
_all=False)
print('精准模式', list(list1))
list2 = jieba.cut_for_search('东北林业大学的猫科动物专家判定，这只野生东北虎属于定
居虎。')
print('搜索引擎模式', list(list2))
```

运行结果如下。

```
全模式['东北', '北林', '林业', '林业大学', '业大', '大学', '的', '猫科', '猫科动物',
'动物', '专家', '判定', '', '', '这', '只', '野生', '东北', '东北虎', '属于',
'定居', '虎', '', '']
精准模式 ['东北', '林业大学', '的', '猫科动物', '专家', '判定', '，', '这', '只',
'野生', '东北虎', '属于', '定居', '虎', '。']
搜索引擎模式 ['东北', '林业', '业大', '大学', '林业大学', '的', '猫科', '动物', '猫
科动物', '专家', '判定', '，', '这', '只', '野生', '东北', '东北虎', '属于', '定居',
'虎', '。']
```

观察三种不同分词模式下的分词结果，可以发现其不同的特点和适用场合。

2）词性标注

分词工作完成之后往往都会涉及词性标注工作。词性也称为词类，是词汇基本的语法属性。词性标注就是判定每个词的语法范畴，确定词性并标注的过程。例如，人物、地点、事物等是名词，表示动作的词是动词等。词性标注就是要确定每个词属于动词、名词，还是形容词等。词性标注是语法分析、信息抽取等应用领域重要的信息处理基础性工作。例如，“东北林业大学是个非常有名的大学”，对其标注结果如下：“东北林业大学/名词 是/动词 个/量词 非常/副词 有名/形容词 的/结构助词 大学/名词”。

在中文句子中，一个词的词性很多时候不是固定的，在不同场景下，往往表现为不同词性，比如“研究”既可以是名词（“基础性研究”），也可以是动词（“研究计算机科学”）。

词性标注需要有一定的标注规范，后面标注结果使用统一编纂的词性编码表示，如 t 表示副词，r 表示代词等。常用的汉语词性编码对照表如表 3.15 所示。

表 3.15　常用词性对照表

词性编码	词性名称	词性编码	词性名称
a	形容词	p	介词
c	连词	q	量词
d	副词	r	代词
m	数词	v	动词
n	名词	w	标点符号
nr	人名	y	语气词
ns	地名	z	状态词
o	拟声词	t	时间
ul	助词	x	未知符号

对中文分词并标注词性，可以使用 jieba.posseg 模块。jieba.posseg.cut()方法能够同时完成分词和词性标注两个功能。cut()方法返回一个数据序列，其中包含 word 和 flag 两个序列——word 是分词得到的词语，flag 是对各个词的词性标注。

【例 3.75】 中文分词并标注词性。

```
import jieba.posseg as pseg
seg_list = pseg.cut("今天我终于看到了南京长江大桥。")
result = ' '.join(['{0}/{1}'.format(w,t) for w,t in seg_list])
print(result)
```

输出结果如下。

```
今天/t 我/r 终于/d 看到/v 了/ul 南京长江大桥/ns 。/x
```

3）去除停用词

在搜索引擎优化工作中，为了节省空间和提高搜索的效率，在处理自然语言数据时，会自动地忽略某些字和词，这一类字或者词就被称为停用词。

使用广泛和过于频繁的一些词，如“的”“是”“我”“你”等，或是在文本当中出现的频率高却没有实际意义的词，如介词（如“在”）、连词（如“和”）、语气助词（如“吗”）等，甚至是一些数字和符号，都可以设置为停用词。

从句子语法和意义的完整性上来看，停用词不可或缺。然而，对于自然语言处理中的很多应用，如信息抽取、摘要提取、文本分类、情感分析等，停用词的贡献微乎其微，甚至会干扰最终结果的准确性。所以，在自然语言处理工作中，停用词一般代表非关键信息，需要将其去除。可以使用 Jieba 的 set_stop_words()函数设置停用词。

【例 3.76】 使用停用词，对文本进行分词。

```
import jieba
import jieba.analyse

#stop-words list
def stopwordslist(filepath):
    f=open(filepath,'r',encoding='utf-8')
    txt=f.readlines()
    stopwords=[]
    for line in txt:
        stopwords.append(line.strip())
    return stopwords

inputs=open('news.txt','rb')
stopwords=stopwordslist('ch-stop_words.txt')
outstr=''
for line in inputs:
    sentence_seged=jieba.cut(line.strip())
    for word in sentence_seged:
        if word not in stopwords:
            if word!='\t':
                outstr+=' '+word
                outstr+=''
print(outstr)
```

运行结果如下。

```
杭州 出现 雾凇 最美 ， 干枯 树枝 、 杂草 ， 晶莹 冰雪 装饰 ， 精美 动人 艺术品
```

3.6.3 PIL

图像识别可以说是最广为人知的应用。图像的质量对识别的结果具有非常重要的影响，因此需要在识别之前，对图像素材进行预处理。Python 的 PIL 模块就是非常方便的图像处理利器。

PIL(Python Imaging Library)是 Python 中最常用的图像处理库,能够完成图像处理、图像批处理归档、图像展示等任务。PIL 可以处理多种文件格式的图像,具有强大而便捷的图像处理和图形处理能力。

PIL 中的 Image 模块最为常用,对图像进行的基础操作基本都包含在这个模块中,如表 3.16 所示,其能够实现图像的打开、保存、转换等操作,还可进行合成、滤波等处理。

表 3.16 PIL.image 常用函数

函 数 名	功 能
open()	打开图像
save()	保存图像
convert()	图像格式转换
show()	显示图像
split()	从图像中拆分出各个通道
merge()	将多个通道合成一个图像
crop()	裁剪指定区域
resize()	缩放图像
blend()	将两幅图混合成一幅
filter()	设置滤波器对图像进行处理
fromarray()	从 NumPy 的 ndarray 数组生成图像

1. PIL 合成人物表情

心理学定义了人类 6 种基本表情,分别为快乐、悲伤、愤怒、惊讶、厌恶和恐惧。有的研究者尝试将不同的表情进行比对、合成,发现表情之间存在的内在联系。

表情的合成可以使用图像合成实现。PIL 的 Image 模块提供了合成函数 blend(),功能是对参数给定的两个图像及透明度 alpha,插值生成一个新图像。

函数格式如下:

```
PIL.image.blend(im1,im2,alpha)
```

图像的合成公式为:

$$out = image1 \times (1.0 - alpha) + image2 \times alpha$$

需要注意,对于合成的两个源图像,尺寸和模式要相同。如果参数 alpha 为 0,那么返回的合成图与第一张图像相同;如果 alpha 为 1.0,则合成的图片与第二张图像相同。

【例 3.77】 表情图片的合成。

说明:对于图 3.23 中两张表情图片,进行图像混合操作(图片修改自 FLW 数据集,人物标签:Andy_Roddick),效果如图 3.24 所示。

```
from PIL import Image
img1 = Image.open( "1.jpg ")
img1 = img1.convert('RGBA')

img2 = Image.open( "2.jpg ")
img2 = img2.convert('RGBA')

img = Image.blend(img1, img2, 0.5)
img.show()
img.save( "blend.png")
```

以上代码会得到一幅微笑的新表情。读者可以再试试合成其他的表情。

图 3.23 人像图

图 3.24 图片表情合成结果

使用 PIL 的 convert()方法可以转换图像模式,格式如下。

```
im.convert(mode)
```

如要变成灰度图,参数 mode 取值为 L。

【例 3.78】 PIL 图像模式转换——转换为灰度图,效果如图 3.25 所示。

```
img3=img.convert("L")
img3.show()
```

图 3.25 图片转换为灰度图

2. 手写数字转为文本

数字图像在计算机内的存储方式是点阵式的,每个点存储了该像素的颜色值。图像处理的很多操作是针对图像的像素进行的,例如滤波。使用 PIL,对图像进行底层像素处理也很方便。在数字图像坐标系中,图像的起始点在左上角,为(0,0)。图像向右下方延伸,假设纵轴以 x 轴表示,横轴以 y 轴表示,则一个像素可以使用(x,y)坐标来获取。

图像的像素和坐标系示意如图 3.26 所示。

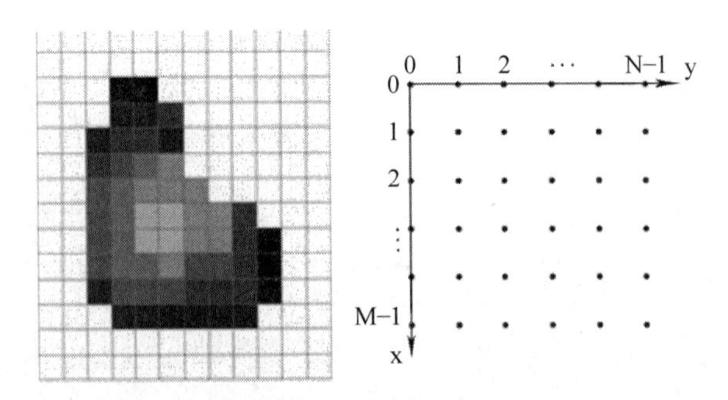

图 3.26 图像的像素和坐标系示意

【例 3.79】 图像转换为文本数据。

说明：在手写数字识别前，为了数据使用方便，有时会把数字图像预处理为文本。使用 PIL 模块读取二值图(黑白图)，并将数据保存到文本文件，如图 3.27 所示。

```
from PIL import Image
import numpy as np
import matplotlib.pyplot as plt

img=Image.open('8.jpg').convert('L')
img=np.array(img)
rows,cols=img.shape
txt=""

for i in range(rows):
    for j in range(cols):
        if (img[i,j]<=128):
            txt+='1'
        else:
            txt+='0'
    txt+="\n"

with open('8.txt','w') as f1:
    f1.write(txt)
```

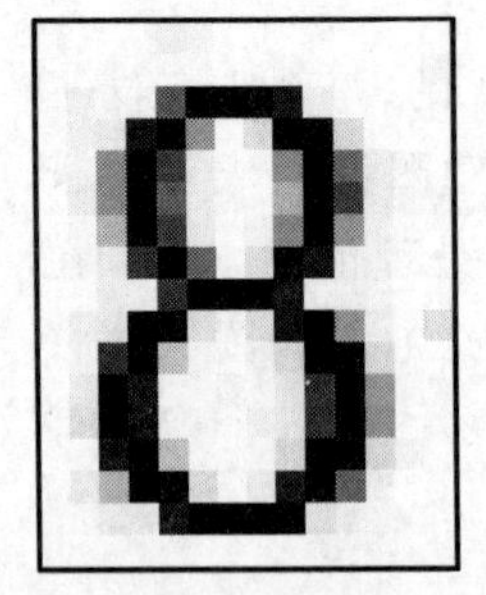

(a) 数字8的图片

```
00000000000000
00000000000000
00000111100000
00011000110000
00010000010000
00010000010000
00010000010000
00011000110000
00001111100000
00011000110000
00110000011000
00110000011000
00110000011000
00110000011000
00011000110000
00001111100000
00000000000000
```

(b) 以文本表达的数字8

图 3.27 图片数据转换为文本表示

3. 查找图像边缘

图像识别可以基于颜色、轮廓、数值等模式。在预处理时，对于边缘不够鲜明的图像，可以进行图像锐化。锐化能够突出图像的边缘信息，加强图像的轮廓特征，便于人眼的观察和机器的识别。提取边缘的锐化也称为边缘检测。边缘检测和很多图像处理方法一样，一般使用卷积和滤波方法。

知识扩展：

卷积是一种数学运算。图像处理中的卷积，是使用一个矩阵（称作算子、卷积核）对图像中的像素从头至尾，逐行、逐列进行处理。矩阵每次处理一个图像区域。该区域中的所有像素参与运算，然后相加，得到的和赋给位于区域中心的像素。于是，在一次卷积操作后，每个像素都会作为中心像素被更新。

假设像素卷积核为

$$t=\begin{vmatrix} 0 & -1 & 0 \\ -1 & 5 & -1 \\ 0 & -1 & 0 \end{vmatrix} \tag{3.1}$$

将该卷积核作用于如图 3.28 所示的图像区域。

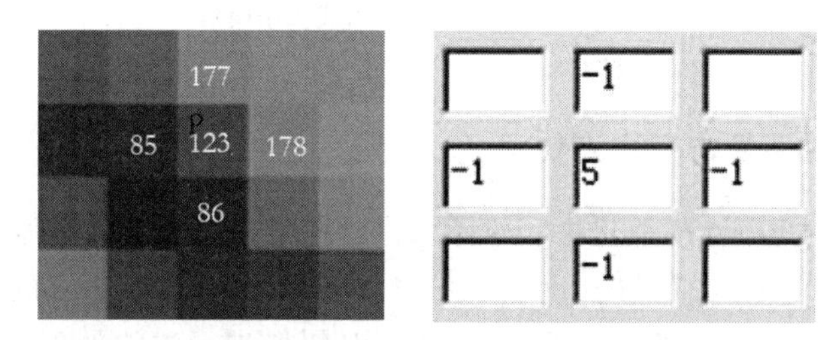

图 3.28 对单个像素进行卷积处理

中心像素的原始值为 123，经卷积核作用后，其新值为：

$$p'=85\times(-1)+86\times(-1)+178\times(-1)+177\times(-1)+123\times5=89 \tag{3.2}$$

如果使用 f 表示图像数组，f(x,y)表示像素 p 坐标处的值，则完整的公式可以写成：

$$\begin{aligned} p' = & f(x-1,y-1)\times t(0,0)+f(x,y-1)\times t(0,1)+f(x+1,y-1)\times t(0,2)+ \\ & f(x-1,y)\times t(1,0)+f(x,y)\times t(1,1)+f(x+1,y)\times t(1,2)+ \\ & f(x-1,y+1)\times t(2,0)+f(x,y+1)\times t(2,1)+f(x+1,y+1)\times t(2,2) \end{aligned} \tag{3.3}$$

上面的公式较长，可以简写成：

$$p'=p\times t \tag{3.4}$$

能够对空间域进行边缘检测的有梯度算子、拉普拉斯算子及其他锐化算子等。下面简单介绍梯度空间 Roberts 算子。

数字图像是一个二维的离散型数集，可以通过求函数偏导的方法来求图像的偏导数——即(x,y)处的最大变化率，得到此处的梯度。Roberts 算子中，垂直和水平梯度分别为：

$$x\text{ 方向：}g_x=\frac{\partial f(x,y)}{\partial x}=f(x+1,y)-f(x,y) \tag{3.5}$$

$$y\text{ 方向：}g_y=\frac{\partial f(x,y)}{\partial y}=f(x,y+1)-f(x,y) \tag{3.6}$$

Roberts 算子模板如图 3.29 所示。

如果需要对角线方向的梯度，计算方法如下。

$$g_1=f(x+1,y+1)-f(x,y) \tag{3.7}$$

$$g_2=f(x,y+1)-f(x+1,y) \tag{3.8}$$

对角线梯度 Roberts 算子如图 3.30 所示。

此外，还有一个与 Roberts 算子类似的 Laplacian 算子，也可以用于边缘检测，其卷积核为图 3.31 所示的算子。

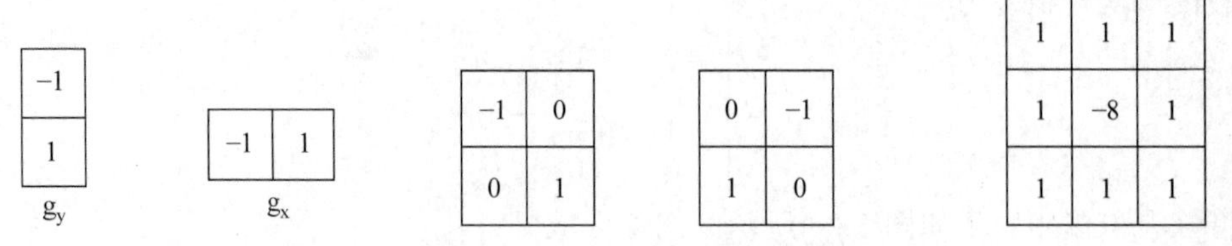

图 3.29 Roberts 算子模板　　图 3.30 Roberts 对角线算子模板　　图 3.31 Laplacian 算子模板

4. 使用 PIL 对图像进行滤波处理

PIL 库的 ImageFilter 模块提供了对图像进行平滑、锐化、边界增强等处理的滤波器，这些滤波器主要用于 Image 类的 filter()方法。使用时，通过 Image 的成员函数 filter()来调用 ImageFilter 模块预定义的滤波器，从而对图像进行滤波处理。ImageFilter 中包含多种常用滤波器，如表 3.17 所示，可以参考 Python 安装目录中的 ImageFilter.py 文件(\python\Lib\site-packages\PIL\ImageFilter.py)。

表 3.17　常用的 ImageFilter 滤波器

滤 波 器	功　能
BLUR	模糊
CONTOUR	提取轮廓
DETAIL	细节增强
EDGE_ENHANCE	边缘增强
EDGE_ENHANCE_MORE	深度边缘增强
EMBOSS	浮雕效果
FIND_EDGES	查找边缘
SMOOTH	平滑
SMOOTH_MORE	深度平滑
SHARPEN	锐化

filter()函数的参数可以是预定义的滤波器,也可以是自定义的滤波器,如下面两个例子。

【例 3.80】 使用 PIL 的预定义滤波器查找图像边缘。

```
from PIL import Image, ImageFilter
im = Image.open("boy.jpg")
#轮廓
im.filter(ImageFilter.CONTOUR).save(r'FindCt.jpg')
#找到边缘
im.filter(ImageFilter.FIND_EDGES).save(r'FindEg.jpg')
```

运行结果如图 3.32 所示。

图 3.32　图像边缘提取

【例 3.81】 使用自定义的边缘检测模板,对图像进行处理。

说明:首先,自定义一个 3×3 的边缘检测模板。

$$\begin{vmatrix} -1 & -1 & -1 \\ -1 & 8 & -1 \\ -1 & -1 & -1 \end{vmatrix}$$

然后,将自定义的模板传递给 filter 函数。

程序如下。

```
from PIL import Image,ImageDraw
img = Image.open("boy.jpg")

#经过 PIL 自带 filter 处理
myFilter=ImageFilter.CONTOUR
myFilter.name='counter'
myFilter.filterargs=((3, 3), 1, 255, (-1, -1, -1, -1, 8, -1, -1, -1, -1))
imgfilted_b = img.filter(myFilter)
imgfilted_b.save("newFindCt.jpg")
imgfilted_b.show()
```

结果如图 3.33 所示。

本章介绍了数据的预处理模块和最基础的科学计算模块的使用。此外,Python 还有很多功能强大的模块,能对数据进行更复杂的操作,使数据分析、机器学习的工作更为便捷。

图 3.33 自定义模板提取的图像边缘

习题

操作题

1. 研究人员在2014年,分别在中国与日本的四个城市对将近两万名7～18岁男孩进行了相关测试,得到平均年龄/身高数据如表3.18所示。使用Pandas和Matplotlib库,实现如下功能。

(1) 从中国和日本7～18岁男孩平均身高avgHgt.csv文件中读取身高数据。

(2) 把数据绘制成如图3.34所示的曲线图。

表 3.18 中国和日本儿童身高数据

年龄	中国男孩身高/cm	日本男孩身高/cm
7	125	122
8	131	128
9	138	133
10	140	138
11	145	143
12	153	153
13	161	155
14	169	162
15	174	166
16	174	169
17	174	170
18	175	171

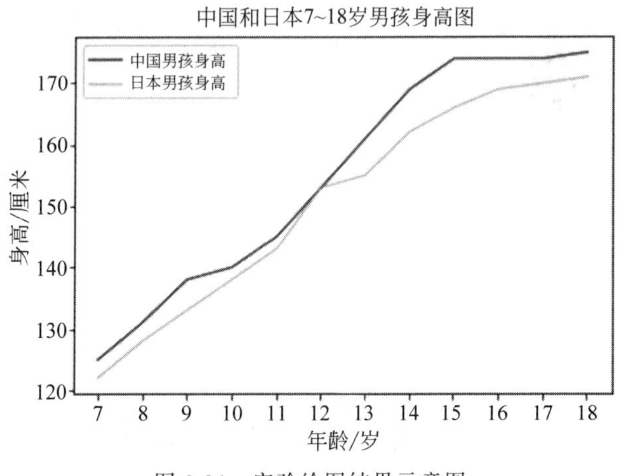

图 3.34 实验绘图结果示意图

2. 使用 PIL 库的 filter()函数，调整图像亮度为原来的两倍。

提示：

方法一：使用如下模板，对当前像素值乘 2。

$$\begin{vmatrix} 0 & 0 & 0 \\ 0 & 2 & 0 \\ 0 & 0 & 0 \end{vmatrix}$$

方法二：调用库函数 ImageEnhance()，对图像进行处理。

第 4 章

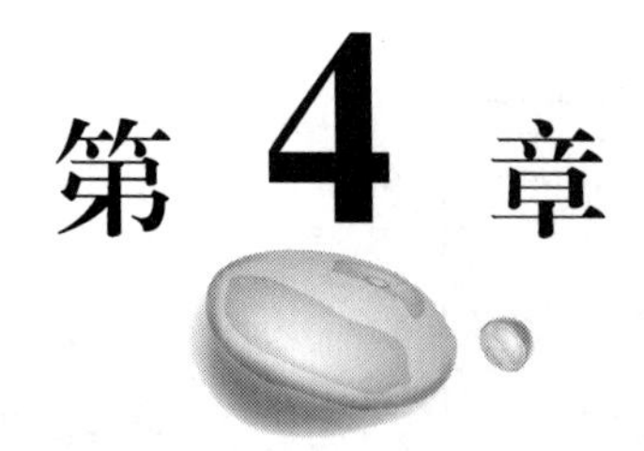

机器学习基础

本章概要

The states of a machine could be regarded as analogous to 'states of mind'. If a machine could simulate a brain, it would have to enjoy the faculty of brains, that of learning new tricks.

(机器的状态可以看作思维的状态。如果说机器可以模拟大脑,那么它就必须拥有大脑的学习新事物的能力。)

——Alan Turing(艾伦·图灵)

目前,机器学习得到了广泛的应用,从医疗诊断、智能监控、商品推荐到自动驾驶,许多智能商业应用和智能研究都离不开机器学习。同时,互联网为人们带来了海量数据。要从中有效地发现规律、提高生产力,用传统的方式已经非常困难,必须借助计算机来实现信息搜索、数据挖掘等工作。

机器学习是一门交叉学科,涉及计算机科学、高等数学、概率论、统计学、生物学等多门学科。机器学习的目标是让计算机具有"学习"能力,通过挖掘经验数据中的规律和模式,建立算法模型,从而对未来进行推测和预判。

本章主要介绍常见机器学习算法的概念,并通过实际案例,展示如何用机器学习算法解决问题。通过学习掌握典型的机器学习算法,能够使用 Python 程序和 Python 科学包来分析数据、构建模型,建立有效的机器学习应用。

学习目标

当完成本章的学习后,要求:

(1) 了解机器学习分类。

(2) 掌握常见机器学习算法。

(3) 理解机器学习基本原理。

(4) 掌握 Python 实现机器学习的方法。

4.1 机器学习模型

机器学习是一门交叉学科,研究范围非常广泛,涵盖计算机、概率论、统计学、优化理论等多个领域。机器学习主要使用算法模拟人类学习方式,并将学习到的知识规律用于对事物进行判定。

机器学习(Machine Learning)是以人工智能为研究对象的科学。通过对数据进行学习获取经验,再使用学习到的经验对原算法的性能进行迭代优化,从而不断提高算法效果。

机器学习广泛应用于数据挖掘、计算机视觉、自然语言处理、生物特征识别、医学诊断、金融分析、DNA 序列测序、语音和手写识别、战略游戏和机器人等领域。

机器学习的过程与人类学习过程类似,例如,识别图像需要几个步骤:首先要收集大量样本图像,并标明这些图像的类别,这个过程称为**样本标注**。样本标注的过程就像给幼儿展示一些轮船图片,并告诉他这是轮船。这些样本图像就是**数据集**。把样本和标注送给算法学习的过程称为**训练**。训练完成之后得到一个**模型**,这个模型是通过对这些样本进行总结归纳,最后得到的知识。接下来,可以用这个模型对新的图像进行识别,称为**预测**。

机器学习的算法模型有很多,可以简单地从下面几个角度进行划分。

4.1.1 线性模型与非线性模型

根据模型的函数是否是线性的,可以将模型分为线性模型和非线性模型。

线性模型(Linear Model)是指模型建立的函数是线性的。线性模型具有很好的解释性,算法简单,便于实现。常见的线性模型包括线性回归(Linear Regression)、逻辑回归(Logistic Regression)、线性判别分析(Linear Discriminant Analysis,LDA)等。

反之,如果预测的模型不是基于线性函数的,则属于非线性模型。随着算法的发展,目前也有许多非线性的模型是通过线性模型的高维映射或多层复合而来的。

4.1.2 浅层模型与深度模型

从模型的迭代层次方面,可以将模型分为浅层模型和深度模型。选择机器学习模型时,一直以来倾向于简单实用。例如,支持向量机(SVM)等浅层模型,在与神经网络的较量中,一度占据了绝对优势。因为复杂的模型不仅训练费时,还很容易产生过拟合。

然而,随着硬件设备的性能提高,解决了训练耗时的问题;同时,目前大数据时代提供了大量的训练数据,较大的数据量可以降低过拟合风险。

由此,以多隐层神经网络为代表的深度学习模型近年来得到快速的发展,在图像识别、语音识别等领域取得了良好的效果,涌现出了很多优秀的模型,如图 4.1 所示。

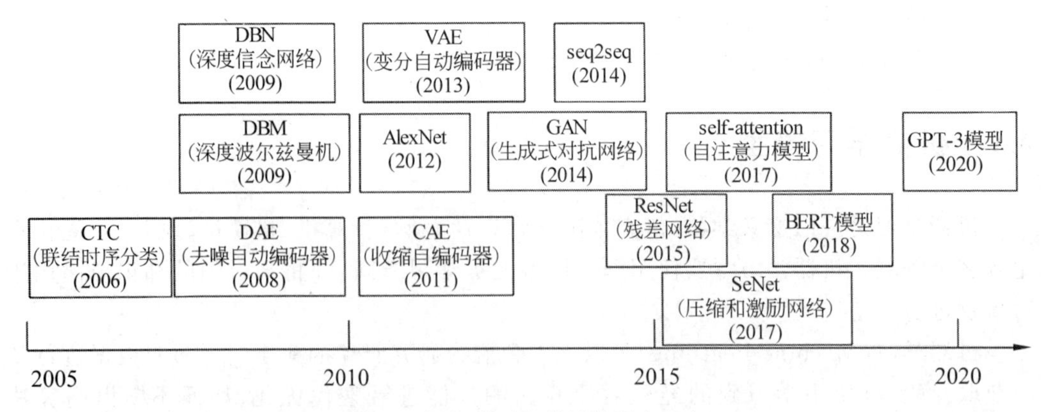

图 4.1　深度学习中的经典研究方向

4.1.3　单一模型与集成模型

从模型的复合性方面,可以将模型分为单一模型和集成模型。

每个单独的机器学习算法可以看成是单一模型。集成模型是指用多个算法模型的组合来进行预测。集成的每个模型与具体应用问题需要相关,训练集成模型时需要重点关注错分的样本,并为准确率高的模型设置较大的权重。

随机森林是一种集成学习算法,它由多棵决策树组成。AdaBoost 算法的核心是多个分类器的线性组合。

4.1.4　监督学习、非监督学习和强化学习

根据模型的学习方式,可以将模型分为监督学习模型、非监督学习模型和强化学习模型。

机器学习算法能够自动进行决策。有些情况下,决策的过程可以从已有的数据、知识和经验中得来。而有些情况下,没有任何经验可循。

有三个人分别叫 S、U 和 R,他们每天上山去采蘑菇。

S 首先回想以前所见过的蘑菇,记住蘑菇的颜色、形状等信息,到了森林里,他通过经验就能分辨出蘑菇有毒还是无毒。

U 不认识蘑菇,他看到山上的蘑菇虽然多,不过外观只有三种。于是,他采了三种蘑菇并分别放在三个筐里。

R 先采了一筐蘑菇回去,然后观察顾客的行为。顾客不吃的蘑菇,他不再采;他还特别留意顾客说哪种蘑菇好吃。R 的蘑菇越来越好,慢慢采到了森林里最好吃的那种蘑菇。

S 使用的就是监督学习;U 是非监督学习;R 采用的则是强化学习。

监督学习、非监督学习和强化学习都是机器学习非常重要的组成,具有广泛的应用价值。三者的区别如图 4.2 所示。监督学习模型是对已知类别的数据进行学习,而非监督学习和强化学习模型不具有显式的学习过程。在强化学习模型中,系统评估模型的输出并做出奖励/惩罚的反馈,模型根据反馈选择较优的策略,从而使系统向更好的方向发展。

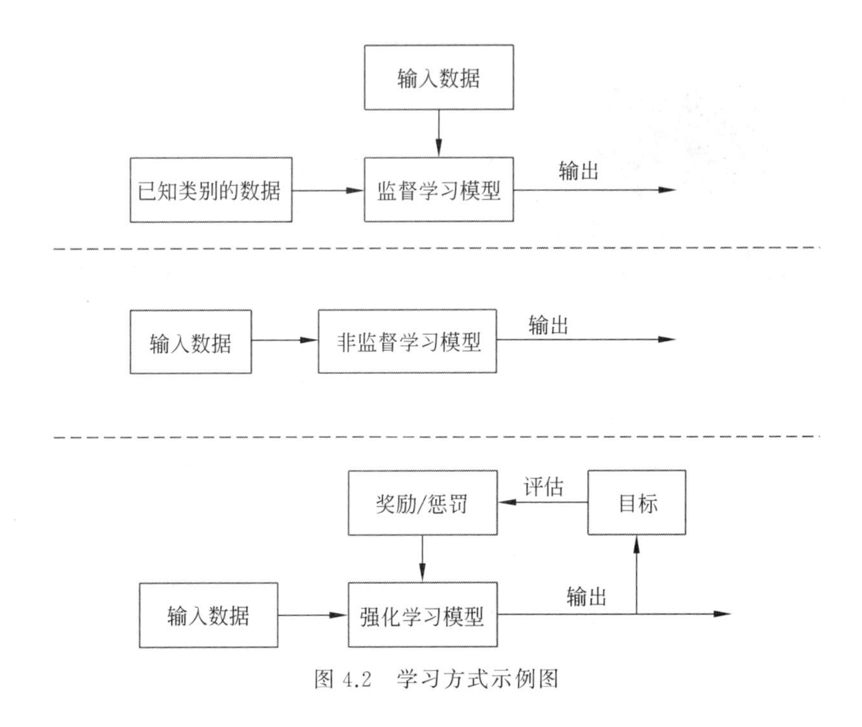

图 4.2　学习方式示例图

1. 监督学习

监督学习(Supervised Learning)是使用已有的数据进行学习的机器学习方法。已有的数据是成对的——输入数据和对应的输出数据所组成的数据对。算法通过自动分析，找到输入和输出数据之间的关系。此后，对于新的数据，算法也能够自动给出对应的输出结果。

监督学习算法在“学习”时，每个数据对应一个预期输出，这个预期输出称为标签。由于学习过程中需要标签，就好像有老师教过一样，所以监督学习也被称为有教师学习。

例如，在前面的采蘑菇例子中，S首先搜集经验数据，构成“特征/可食用”数据对，其中的是否能食用的信息就是标签，这样就形成了一个判断模型。对于以后遇到的每个蘑菇，通过查看蘑菇特征，就可以得出是否可食用的结论。

监督学习算法简单易懂，是一种非常高效的算法。监督学习可以用于解决分类问题，如垃圾邮件分类、医疗诊断等；也可以用于回归预测(回归问题见第8章)。

KNN算法属于监督学习的一种。监督学习是从具有标记的训练数据来完成推断功能的机器学习方法。首先利用一组已知类别的样本，通过调整分类器的参数，使分类器达到所要求的性能。监督学习也称为有监督学习、监督训练。

例如，对图4.3中的水果进行分类。首先为猕猴桃和樱桃两种水果设置标签，数据特征是['绿色','重']的设置标签为“猕猴桃”，数据特征是['红色','轻']的设置标签为“樱桃”。拥有了标签的水果成为“样本”，放置在坐标系中，关系如图4.3所示。

在对大量的樱桃和猕猴桃进行标记后，得到水果的数据集。这时可以进一步图例化，例如，使用深色点表示樱桃，浅色点代表猕猴桃，其分布如图4.4所示。

图 4.3 水果的特征演示

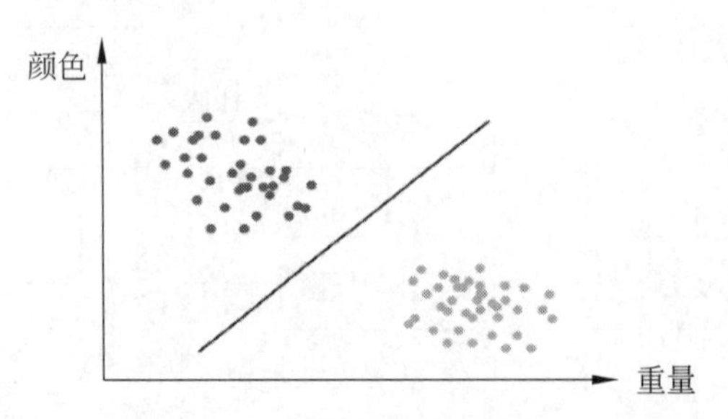

图 4.4 水果特征的分布图

接下来执行“图中的水果是樱桃还是猕猴桃”的分类任务。如图 4.5 所示，取一颗水果，进行颜色识别、称重后判断这颗水果属于[‘红色’,‘轻’]的类别，故可以判断为“樱桃”类别，如图 4.6 所示。

图 4.5 水果识别示意

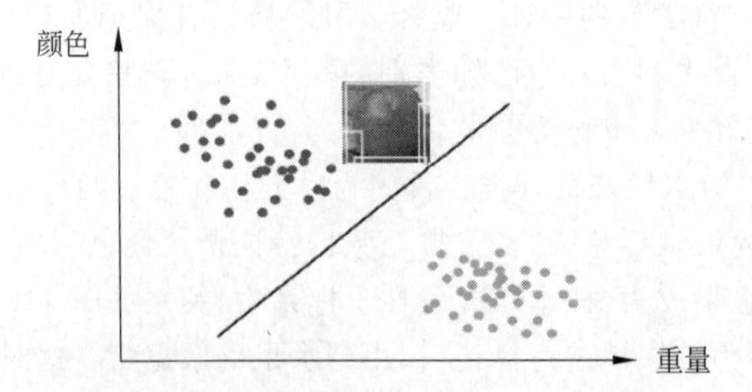

图 4.6 待判定水果的识别结果示意

常见的分类算法就是一种典型的监督学习方法。

2. 非监督学习

与监督学习相对的是**非监督学习**(Unsupervised Learning),也称为无监督学习。非监督学习直接对没有标记的训练数据进行建模学习。与监督学习的最基本的区别是建模的数据没有标签。

非监督学习算法中,没有经验数据可供学习。算法运行时,只有输入的无标签的数据,需要从这些数据中自动提取出知识或结论。非监督学习比监督学习要困难,与监督学习的最基本的区别是建立模型所用的数据没有标签可供参考。

无需标签也可以说是非监督学习的优点。算法可以在缺乏经验数据的情况下使用,可以用于认识新问题、探索新领域。因此一直是人工智能的一个重要研究方向。

聚类就是一种比较典型的非监督学习(聚类问题见第6章)。如图4.7所示,人们并不知道图中有哪几种动物。可以采用的方法之一是根据动物之间的相似程度进行聚类。

图4.7 非监督聚类示意图
(图片来源:www.veer.com,授权编号:202008222012193105)

3. 强化学习

传统的机器学习方法都是基于连接的,从训练数据集中获得模型和参数。当面临新的问题时,针对新的数据,在一开始就告诉系统选择什么途径、如何去做等。

而强化学习是一类特殊的机器学习算法,属于试错学习。智能体不断与环境进行交互,以获得最佳策略。算法根据当前环境状态确定所要执行的动作,并进入下一个状态,目标是让收益最大化。

强化学习(Reinforcement Learning)的概念来自行为心理学。算法主要面向决策优化问题。对于特定的状态,系统需要判断采取什么行动方案,才能使回报最大化。

强化学习根据系统状态和优化目标进行自主学习,不需要预备知识也不依赖“老师”的帮助。系统的输出是连续的动作,事先并不知道要采取什么动作,通过尝试去确定哪个动作可以带来最大回报。

强化学习算法的核心是评价策略的优劣,从好的动作中学习优的策略,通过更优的策略使得系统输出向更好的方向发展。强化学习也称为增强学习,经常用于获取最大收益或实现特定目标的问题。

与监督学习相比,强化学习没有标签,系统只会给算法执行的动作一个评分反馈。这种反馈通常不是即时的,而是在下一步得到。

此外,监督与非监督学习的数据是静态的,而强化学习的过程与输入是动态、不断交互产生的,其基本流程如图 4.8 所示。

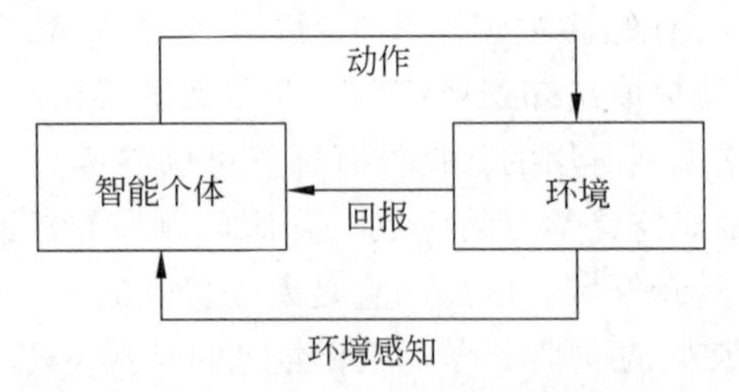

图 4.8 强化学习流程示意图

从微观上看,强化学习把学习看作试探评价过程。智能个体选择一个动作用于环境,环境接受该动作后状态发生变化,同时产生一个强化信号(奖或惩)反馈给智能个体。个体根据强化信号和环境当前状态再选择下一个动作,选择的原则是使受到正强化(奖励)的概率增大。选择的动作影响环境下一时刻的状态及最终的输出值。

相对监督学习和非监督学习,强化学习在机器学习领域的起步更晚。很多抽象的算法无法大规模实用,使用中倾向于神经网络与强化学习相结合(即深度强化学习)。

强化学习的一个典型例子是下棋、游戏。2016 年和 2017 年战胜围棋冠军李世石和柯洁的 AlphaGo 系统,其核心算法就用到了强化学习算法。

已有的强化学习算法种类繁多。根据是否依赖模型,强化学习算法可以分为基于模型的强化学习算法和无模型的强化学习算法。

根据环境返回的回报函数是否已知,强化学习算法又可以分为正向强化学习和逆向强化学习。正向强化学习的回报函数是人为指定的,而逆向强化学习的回报函数无法指定,要由算法自己设计出来。

强化学习中最简单的模型是马尔可夫决策过程,经常用于解决动态规划问题。此外k-摇臂赌博机模型、ε-贪心算法等也广为应用。

4.2 机器学习算法的选择

不论是人脸识别还是垃圾邮件分类,机器学习都体现出了极强的学习能力。那么算法具体又是如何运转的呢?我们又该依据什么来选择不同的机器学习算法呢?

选择机器学习算法的第一要素是数据。在面对一个问题时,能够获取哪些数据非常重要,可以说数据是算法的核心组成。数据的质量高低直接影响到算法的性能。

期望得到的结果的类型也决定了算法的选择。例如,算法的结果是图表还是数据形式,是一个数值、一个类别、一个逻辑值还是一个策略。

在机器学习中，数据集中的每个实体（通常为一行）称作一个**样本**或数据点；每个属性（通常为一列）则被称为一个特征。如果这些样本是具有类别的，那么每个样本的类别称为这个样本的标签。

例如，鸢尾花数据集共有150条数据，即包含150个样本；有4列属性数据，即4个特征；每个样本都具有类别标签，表明是哪种鸢尾花。

4.2.1 模型的确定

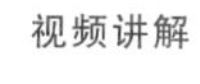

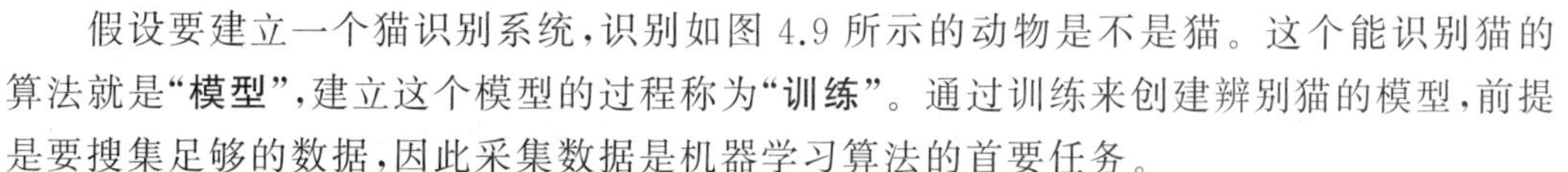

假设要建立一个猫识别系统，识别如图4.9所示的动物是不是猫。这个能识别猫的算法就是“**模型**”，建立这个模型的过程称为“**训练**”。通过训练来创建辨别猫的模型，前提是要搜集足够的数据，因此采集数据是机器学习算法的首要任务。

图4.9 模型训练示例图

（图片来源：www.veer.com，授权编号：202008200852312817，202008270936124100）

对于基于模型的机器学习算法来说，具体的实现大致可分为以下几个步骤。

1. 搜集数据

数据中蕴含模型所要“学习”的知识，因此数据至关重要，所搜集数据的数量和质量都将决定最终模型的性能好坏。

实际处理中，获取的数据大都存在问题，无法直接使用，需要进行预处理，例如，空值处理、归一化等。如表4.1所示，2号猫的胡须长度为空值，这一条数据可以删除。

表4.1 猫的特征信息数据

No	Lwsk/mm	LEar/mm	Color	Weight/g
1	34	82	Black	3520
2		63	Brown	4490
3	45	90	Black	2480
4	28	91	Black	4030
5	37	59	Yellow	8000

续表

No	Lwsk/mm	LEar/mm	Color	Weight/g
6	39	52	Brown	6130
7	48	52	White	5310
8	47	49	Brown	5280

注：No——编号；Lwsk——胡须长；LEar——耳朵长度；Color——毛色；Weight——体重。

胡须长度、耳长的数值为30～63，而体重的数值范围是几千。体重与前两列数值的尺度不同，无法对比。如果绘制在同一幅图中，相对位置也很难给出。这时可以通过归一化进行数据标准化，方便后面处理。

数据标准化：为了让不同数量级的数据具备可比性，需要采用标准化方法进行处理，消除不同量纲单位带来的数据偏差。标准化处理后，各数据指标处于同一数量级，适合进行综合对比评价，这就是数据标准化操作。

归一化：归一化是一种数据标准化方法。为方便处理，把需要的数据经过处理，数值限制在一定范围内，通常是将数据范围调整到[0,1]。

对数值x进行归一化处理，可以使用本列数据(同一特征的数据)的最大、最小值，计算方法为：

$$(x - \text{最小值})/(\text{最大值} - \text{最小值}) \tag{4.1}$$

例如，1号猫的体重x=3520g，体重数据中最小值为2480g，最大体重数据为8000g，做归一化处理，1号猫的新体重数值为：

$$x' = (3520 - 2480)/(8000 - 2480) \approx 0.18841 \tag{4.2}$$

1号猫的胡须长数据归一化结果为：

$$(34 - 28)/(48 - 28) = 0.3 \tag{4.3}$$

可以看出，归一化后的数据在同一数量级，更方便对比。

【例4.1】 读取素材CatInfo.csv，把数据进行归一化处理。

```
import pandas as pd
def MaxMinNormalization(x):
    shapeX = x.shape
    rows = shapeX[0]                                   #行数
    cols = shapeX[1]                                   #列数
    headers=list(x)                                    #Header 行
    result =pd.DataFrame(columns=headers)              #存放结果的空 DataFrame
    for i in range(0,rows,1):
        dict1={}                                       #存放每行结果的字典
        dict1[headers[0]]=x['No'][i]
        for j in range(1,cols,1):
            maxCol=x[headers[j]].max()                 #j 列最大值
            minCol=x[headers[j]].min()                 #j 列最小值
            val= (x.iloc[i,j]- minCol)/(maxCol-minCol)  #i 行 j 列数据的归一化结果
```

```
            dict1[headers[j]]=val
        result=result.append(dict1,ignore_index=True)   #把 i 行结果添加到 result
    return result

data1 = pd.read_csv('CatInfo.csv')
print('original data:\n',data1)
newData=MaxMinNormalization(data1)
print('Normalized data:\n',newData)
```

运行结果如下。

```
original data:
   No  Lwsk  LEar  Weight
0   1  34.0    82    3520
1   2   NaN    63    4490
2   3  45.0    90    2480
3   4  28.0    91    4030
4   5  37.0    59    8000
5   6  39.0    52    6130
6   7  48.0    52    5310
7   8  47.0    49    5280
Normalized data:
    No  Lwsk      LEar    Weight
0  1.0  0.30  0.785714  0.188406
1  2.0   NaN  0.333333  0.364130
2  3.0  0.85  0.976190  0.000000
3  4.0  0.00  1.000000  0.280797
4  5.0  0.45  0.238095  1.000000
5  6.0  0.55  0.071429  0.661232
6  7.0  1.00  0.071429  0.512681
7  8.0  0.95  0.000000  0.507246
```

也可以直接使用 SKlearn 模块的 preprocessing 模块进行数据标准化。例如，MinMaxScaler 类能将数据区间进行缩放，默认缩放到区间[0, 1]。其他数据标准模块将在 4.3.1 节中的“数据预处理”部分进行介绍。

空值对于处理结果的意义不大。一般在使用预处理模块之前，先要去除数据中的空值。

【例 4.2】 去除数据集的空值并进行归一化处理。

```
from sklearn import preprocessing
import pandas as pd
data1 = pd.read_csv('CatInfo.csv')
x=data1.dropna(axis=0).iloc[:,1:]                     #去除含有空值的行

min_max_scaler = preprocessing.MinMaxScaler()
x_minmax = min_max_scaler.fit_transform(x)
print(x_minmax)
```

运行结果如下。

```
0.3          0.78571429 0.1884058 ]
0.85         0.97619048 0.        ]
0.           1.         0.2807971 ]
0.45         0.23809524 1.        ]
0.55         0.07142857 0.66123188]
1.           0.07142857 0.51268116]
0.95         0.         0.50724638]]
```

2. 模型选择

在选择算法时，会面临"哪个算法更好"的问题。事实上，算法的效果不能脱离实际问题。在某些问题上表现好的算法，在另一个问题上的表现可能不尽如人意。每个算法有其固有的特点，有相匹配的应用场景。

模型选择包含两层含义，一层含义是指机器学习算法众多，对同一个问题，从多种算法中进行选择；另一层含义是，对同一个算法来说，设置不同的参数后，算法效果可能发生很大变化，甚至变成不同的模型。

在解决具体问题时，可以根据模型功能进行模型选择；也可以根据数据特征、问题目标等进行模型选择。

粗略来说，各类机器学习算法的基本任务如下。

- 分类算法——解决"是什么"的问题。即根据一个样本预测出它所属的类别。例如，用户类别、手写数字识别等，都是将目标对象划分到特定的类。
- 回归算法——解决"是多少"的问题。即根据一个样本预测出一个数量值。例如，机票价格预测等，最后得到的结果是某个数值。
- 聚类算法——解决"怎么分"的问题。即保证同一个类的样本相似，不同类的样本之间尽量不同。例如，将送货员的收货区域进行归并，以提高送货效率。
- 强化学习——解决"怎么做"的问题。即根据当前的状态决定执行什么动作，最后得到最大的回报。例如，下棋机器人，根据最终赢的目标决定当前策略。

不过，算法的划分并没有固定界限。举例来说，如果分类问题中的每个类中只有一个对象，且是数值，那么这个分类与回归的功能是相同的。

值得注意的是，除了上面提到的模型功能、数据特征、问题目标等因素，也要考虑模型的泛化能力。

泛化能力是指机器学习算法对新鲜样本的适应能力。为了使模型泛化性能最好，模型的参数/超参数要达到最优。函数参数可以通过各种最优化方法求得。

超参数也可以看作模型的参数，如多项式的次数、学习速率、神经网络的层数等参数。超参数一般在模型训练之前通过手工指定，然后动态调整。确定超参数是模型选择的重要步骤。

3. 模型训练与测试

在初始数据和模型都已确定后，使用数据通过最优化等方法确定模型算法中的参数，这个过程就是**模型训练**。在解决新问题时，就可以将提供的数据代入这个训练好的模型，进行求值。

模型在被应用之前,需要测定模型的准确程度。因此建立模型需要两个数据集——训练用数据集和测试用数据集。这里的训练用数据集称为**训练集**(Training Set),测试用的数据集称为**测试集**(Testing Set)。

然而,如果每次训练都用测试集来评估,那么测试集由于反复参与到了模型训练过程,因而会削弱其测试的效果,影响模型的实际使用。

因此,有时还使用到一个验证集,来进行使用前的验证,如图 4.10 所示。**验证集**(Validation Set)是模型训练过程中单独留出的样本集,可以用于调整模型的超参数和用于对模型的能力进行初步评估。一般在训练集中单独划分出一块作为验证集。使用验证集能减少过拟合。

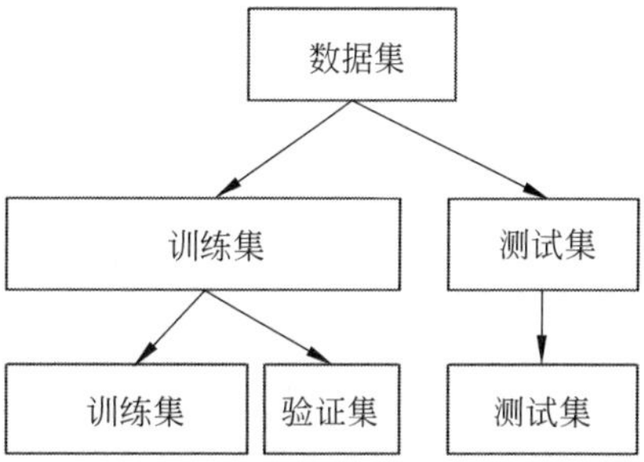

训练集用来训练模型或确定模型参数;验证集用来做模型选择,即参与模型的优化及确定;而测试集是为了测试已经训练好的模型的泛化能力。

数据集
训练集
测试集
训练集
验证集
测试集

图 4.10　训练集、测试集和验证集

可以这样理解,训练集是平时的练习题,验证集是模拟卷,那么测试集就是考试卷。不能把考试卷用于平时练习,因此测试集与训练集需要相互独立。避免将测试数据用于训练,才能有效评估模型解决新问题的性能。

实际处理当中,为了处理方便,有时只拆分为训练集和测试集两部分。

在实际处理中,我们希望模型具有良好的泛化能力,而不是只能判别某些数据特例。如果将样本的数据特征分为局部特征和全局特征——数据都具备的为全局特征,训练样本专有的为局部特征,那么好的模型习得的全局特征会更多。

例如,使用表 4.2 中的猫狗特征数据表(见素材文件 CatDog.csv)。特征 dogorcat 是动物的标记,为 0 时是猫,为 1 时是狗。

表 4.2　猫狗特征数据表

LEar/mm	Weight/g	dogorcat
51	2600	0
41	6500	0
37	4200	0
31	4500	0
40	4800	0
36	7500	0
33	3500	0
60	4500	0

续表

LEar/mm	Weight/g	dogorcat
71	8500	0
30	1980	1
34	2300	1
50	3100	1
56	5310	1
46	3500	1
90	7600	1
75	5800	1
95	9500	1
75	9800	1
68	7000	1

将数据绘制成散点图,分布如图 4.11 所示。

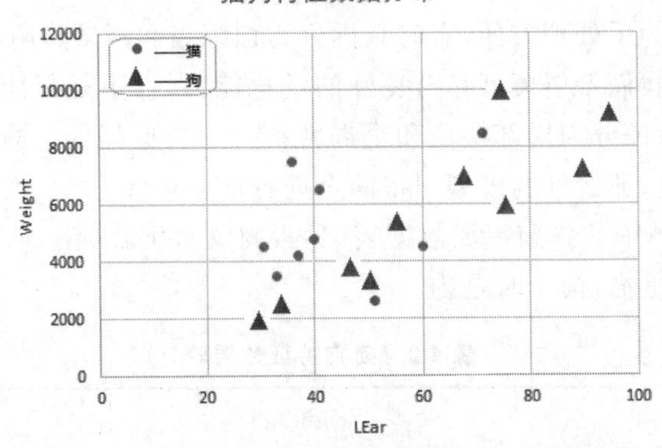

图 4.11 数据特征分布图

可以看出,猫和狗的数据分界线并不是非常清楚。如果想绘制一条线完全把两类数据区分开,有可能要绘制出一条复杂的分类线,如图 4.12 所示。

如图 4.12 所示的分类模型过度学习了训练样本的局部特征,对于普遍规律学习不够。这种把训练样本特有的性质当作一般个体都具有的性质的训练就是过拟合。

过拟合(Overfitting)也称为过学习,指模型过度学习了训练数据的固有关系。它的直观表现是算法在训练集上表现好,但在测试集上表现不好,泛化性能差。出现过拟合主要是因为训练集的数量级和模型的复杂度不匹配等原因。

与此相反的是**欠拟合**(Underfitting),即欠学习,指模型没有学到训练数据的内在关

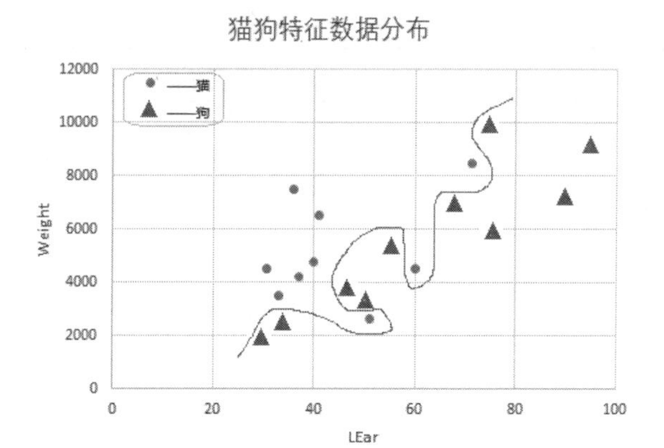

图 4.12　过拟合的分类线示意图

系，对样本的一般性质学习不足。例如，“耳朵长度超过 56mm 的是狗”的判断模型就属于欠拟合。出现欠拟合是因为模型学习不足、模型过于简单等原因。

为避免过拟合，通常采用交叉验证法，使模型对样本进行充分、科学的学习。

交叉验证(Cross Validation)也称作循环估计，是一个统计学的实用方法，即将训练集分成若干个互补的子集，然后模型使用这些子集的不同组合训练，之后用剩下的子集进行验证。

交叉验证将训练集划分为 K 份，每次采用其中 K−1 份作为训练集，另外一份作为测试集。交叉验证法可以避免模型针对特定数据的过拟合问题，也适合数据集过小的情况。

4.2.2 性能评估

视频讲解

模型的“优劣”不仅与算法、数据有关，也要看需要解决的具体问题类型。

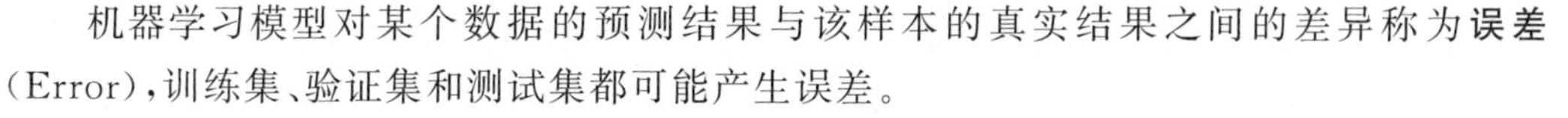

机器学习模型对某个数据的预测结果与该样本的真实结果之间的差异称为**误差**(Error)，训练集、验证集和测试集都可能产生误差。

对模型的评价有很多方法，常用的指标如准确率(Accuracy)、错误率(Error Rate)、精确率(Precision)、召回率(Recall)和均方误差等。不同的测量方法也会产生不同的判断结果。

1. 错误率

在分类任务(分类见第 5 章)中，经常使用错误率与精确率对算法进行评价。分类错误的样本数占样本总数的比例称为错误率。

用 e 代表错误率，其计算方法如下。

$$e = 分类错误的样本数 / 样本总数 \tag{4.4}$$

例如，假设一个动物分类器，使用的数据集中猫、狗、兔各有两个样本，分类模型对样本进行学习分类，分类结果如表 4.3 所示。其中，灰色底纹表示错误的分类结果。

表 4.3 动物分类器的分类结果

真实结果	预测结果/只		
	猫	狗	兔
猫	2	0	0
狗	0	1	1
兔	2	0	0

可以计算模型总的分类错误率 e 为：

$$e=(1+2)/6=0.5 \tag{4.5}$$

模型对猫的分类错误率 ecat 为：

$$ecat=0/2=0 \tag{4.6}$$

模型对狗的分类错误率 edog 为：

$$edog=1/2=0.5 \tag{4.7}$$

模型对兔的分类错误率 erabbit 为：

$$erabbit=2/2=1 \tag{4.8}$$

可见，模型对猫的分类效果最好。

2. 精确率、召回率、F-measure 指数

精确率(Precision)衡量的是查准率，可以表达系统的效用。召回率衡量的是系统的查全率，可以表达系统的完整性。F-measure 指数也称为 f_1 指数，是精确率和召回率的调和平均值。

用公式表达如下。

精确率(p)＝正确识别的个体总数 / 识别出的个体总数 (4.9)

召回率(r)＝正确识别的个体总数 / 测试集中存在的个体总数 (4.10)

调和平均值(f_1)＝$2pr/(p+r)$ (4.11)

【例 4.3】 对表 4.4 中的识别结果数据，分别计算精确率、召回率和 f_1 指数。

表 4.4 动物识别结果数据

真实结果	预测结果/只		
	猫	狗	兔
猫	2	0	0
狗	0	1	1
兔	2	0	0

(1) 对猫进行预测时——实际有 2 只猫；预测结果中有 2 只猫、2 只兔被判断为猫，合计找到 4 只猫。其中，2 只预测正确，2 只预测错误。

精确率 $p=2/4=0.5$，而召回率 $r=2/2=1$，调和均值 $f_1=2pr/(p+r)\approx0.667$。

(2) 对狗进行预测时——实际有 2 条狗;预测结果中有 1 条狗被判断为狗,合计找到 1 条狗。这 1 条狗预测正确,但另 1 条没找到。

精确率 p=1/1=1,而召回率 r=1/2=0.5,调和均值 $f_1=2pr/(p+r)\approx0.667$。

(3) 对兔进行预测时——实际有 2 只兔;预测结果中有 1 条狗被判断为兔,合计找到 1 只兔,但是判断错误。

精确率 p=0/1=0,而召回率 r=0/2=0,调和均值 $f_1=2pr/(p+r)=0$。

整理后,识别率结果如表 4.5 所示。

表 4.5 动物识别的性能指标

类别	精确率 p	召回率 r	f_1 指数
猫	0.5	1	0.667
狗	1	0.5	0.667
兔	0	0	0

3. 均方误差

错误率和精确率适合分类问题。然而,机器学习中还有一些问题,预测出来的结果不是类别,而是具体数值,例如回归问题。这时,可以通过计算误差来评估算法性能。常用的指标有均方误差(Mean Square Error, MSE)、平均绝对误差(Mean Absolute Deviation, MAE)。MSE 是一种较常用的误差衡量方法,可以评价数据的变化程度。MSE 值越小,说明机器学习模型的精确度越高。

另外还有 R2(也称为 R 平方)指标,常用于回归问题。ROC/AUC 指标,适合数据集样本类不平衡的情况,其中,ROC 是接收者操作特征,AUC 是 ROC 曲线下的面积。

4.3 Python 机器学习利器 SKlearn

很多机器学习模型都可以用 Scikit learn 模块实现。Scikit learn 简称 SKlearn,是一个专门用于机器学习的 Python 库(官方网址 http://scikit-learn.org)。

SKlearn 是一个简单高效的数据挖掘和数据分析工具,建立在 NumPy、SciPy 和 Matplotlib 的基础上。SKlearn 包含许多常见的机器学习算法,如分类、回归、聚类、数据降维等方法,每个算法都提供了详细的说明文档。在使用 SKlearn 时,可以参考用户指南和项目开发 API 文档。

SKlearn 使用便捷,其中各个模型的学习模式及调用方式有很强的统一性。例如,机器学习的过程中,数据通常拆分成 train 和 test 两个集合,分别用于训练和测试。模型的预测过程经常用 fit()和 predict()两个函数,不同机器学习方法的调用风格也比较统一。

4.3.1 SKlearn 数据预处理

1. SKlearn 获取数据

首先需要创建数据集,数据可以读取文件、用户输入,也可以使用在线数据。SKlearn

本身就提供了一个强大的数据库可以直接使用，包含很多经典数据集。数据库网址为 http://scikit-learn.org/stable/modules/classes.html#module-sklearn.datasets。

主要数据集如表 4.6 所示。

表 4.6 SKlearn 常用数据集

数据集	描述
datasets.fetch_california_housing	加载加利福尼亚住房数据集
datasets.fetch_lfw_people	加载有标签的人脸数据集
datasets.load_boston	加载波士顿房价数据集
datasets.load_breast_cancer	加载乳腺癌威斯康星州数据集
datasets.load_diabetes	加载糖尿病数据集
datasets.load_iris	加载鸢尾花数据集
datasets.load_wine	加载葡萄酒数据集

在 Python 程序中，可以通过包含 SKlearn 的 datasets 模块来使用这个数据库。

2. SKlearn 数据预处理

前面介绍过，在机器学习模型训练中，数据预处理阶段是不可缺少的一环。SKlearn 中的 preprocessing 模块功能是数据预处理和数据标准化，能完成诸如数据标准化、正则化、二值化、编码以及数据缺失处理等，如表 4.7 所示。

表 4.7 常用的 SKlearn.preprocessing 函数

函数名称	功能
preprocessing.Binarizer	根据阈值对数据进行二值化
preprocessing.Imputer	插值，用于填补缺失值
preprocessing.LabelBinarizer	对标签进行二值化
preprocessing.MinMaxScaler	将数据对象中的每个数据缩放到指定范围
preprocessing.Normalizer	将数据对象中的数据归一化为单位范数
preprocessing.OneHotEncoder	使用 One-Hot 方案对整数特征编码
preprocessing.StandardScaler	通过去除均值并缩放到单位方差来标准化
preprocessing.normalize	将输入向量缩放为单位范数
preprocessing.scale	沿某个轴标准化数据集

【例 4.4】 使用 SKlearn 的 preprocessing 模块对数据进行标准化处理。

说明：使用 preprocessing.scale 函数，将数据转换为标准正态分布。对于函数参数，设置均值为 0、方差为 1。

```
from sklearn import preprocessing
```

```
import numpy as np
x = np.array([[3.0,-2.0,490.0],
              [3.0,0.5,520.0],
              [1.0,2.0,-443.0]])
x_scaled = preprocessing.scale(x)
print(x_scaled)
```

运行结果如下。

```
[[ 0.70710678 -1.31319831  0.67328879]
 [ 0.70710678  0.20203051  0.74039398]
 [-1.41421356  1.1111678  -1.41368277]]
```

【例 4.5】 使用 preprocessing 的 MinMaxScaler 类，将数据缩放到固定区间，默认缩放到区间[0,1]。

```
from sklearn import preprocessing
import numpy as np
x = np.array([[3.0,-2.0,490.0],
              [3.0,0.5,520.0],
              [1.0,2.0,-443.0]])
min_max_scaler = preprocessing.MinMaxScaler()
x_minmax = min_max_scaler.fit_transform(x)
print(x_minmax)
```

运行结果如下。

```
[[1.         0.         0.96884735]
 [1.         0.625      1.        ]
 [0.         1.         0.        ]]
```

【例 4.6】 使用 preprocessing 的 StandardScaler 标准化类。

```
from sklearn import preprocessing
import numpy as np
x = np.array([[3.0,-2.0,490.0],
              [3.0,0.5,520.0],
              [1.0,2.0,-443.0]])
scaler = preprocessing.StandardScaler().fit(x)
scaler.transform(x)
print(x)
```

运行结果如下。

```
[[ 3.00e+00 -2.00e+00  4.90e+02]
 [ 3.00e+00  5.00e-01  5.20e+02]
 [ 1.00e+00  2.00e+00 -4.43e+02]]
```

3. SKlearn 数据集拆分

在处理中，经常会把训练数据集进一步拆分成训练集和验证集，这样有助于模型参数的选取。可以直接使用 SKlearn 提供的 train_test_split()方法，按照比例将数据集分为测试集和训练集。

train_test_split()是交叉验证中常用的函数，功能是从样本中随机地按比例选取训练数据集和测试数据集，格式为：

```
X_train,X_test, y_train, y_test =
cross_validation.train_test_split(train_data,train_target,test_size=0.4,
random_state=0)
```

参数解释如下。

train_data：要划分的样本特征数据。

train_target：要划分的样本结果。

test_size：测试集占比，默认值为 0.3，即预留 30%测试样本。如果是整数，就是测试集的样本数量。

random_state：随机数的种子。随机数种子的实质是该组随机数的编号。在需要重复实验的时候，使用同一编号能够得到同样一组随机数。例如，随机数种子的值为 1，其他参数相同的情况下，每次得到的随机数是相同的。如果每次需要不一样的数据，则 random_state 设置为 None。

【例 4.7】 将猫的数据集拆分成训练集和测试集。

```
import pandas as pd
from sklearn.model_selection import train_test_split
#导入数据
data = pd.read_csv('CatInfo.csv',",")
df=pd.DataFrame(data)
#划分成测试集和训练集
cat_train_X , cat_test_X, cat_train_y ,cat_test_y = train_test_split(df
['Lwsk'], df['LEar'], test_size=0.3,random_state=0)
#依次查看训练数据、训练标签、测试数据、测试标签
print('cat_train_X',cat_train_X)
print('cat_train_y',cat_train_y)
print('cat_test_X',cat_test_X)
print('cat_test_y',cat_test_y)
```

SKlearn 还提供了交叉验证方法 KFold()和留出样本的方法 LeaveOneOut()等，可以更科学地进行交叉验证。

4.3.2 SKlearn 模型选择与算法评价

1. SKlearn 定义模型

模型选择包括选择不同的学习模型来解决问题，也包括为模型选择适合的超参数。

通过分析问题，确定要选择什么模型来处理，就可以在 SKlearn 中定义模型了。SKlearn 主要包含分类(Classification)、回归(Regression)、聚类(Clustering)、降维(Dimensionality Reduction)、模型选择(Model Selection)、预处理(Preprocessing)几大功能模块。

每个功能模块都提供了丰富的算法模型供使用。针对不同的问题，选择合适的模型是非常重要的。SKlearn 提供了算法选择路径地图，显示了面向一个机器学习问题，如何选择适合的 SKlearn 方法。图 3.18 中展示了 SKlearn 解决不同类型问题时，如何确定学习模型的过程，既涉及模型的功能，还需要考虑不同数据量的情况。

选择模型之后需要对模型进行初始化。例如，KNN 算法的模型基于 SKlearn.neighbors 中的 KNeighborsClassifier 类。建立模型需要先使用 KNeighborsClassifier 类建立一个 KNN 分类器对象，然后对参数赋值，完成模型初始化。

2. 使用模型进行训练和预测

模型建立之后，需要使用数据集进行学习，称为训练。SKlearn 的模型中大都提供了 fit()函数可以进行学习训练。

训练之后，就可以使用模型对新的数据集进行预测了。同样，SKlearn 的模型中通常也提供了 predict()函数，可以完成预测任务。

3. SKlearn 的模型评估手段

在机器学习模型中，性能指标是非常关键的一项。性能指标一般是通过测量，计算模型的输出和真值之间的差距而得出。sklearn.metrics 模块中提供了一些计算“差距”的评估方法，如表 4.8 和表 4.9 所示，包括评分函数、性能指标以及距离计算函数等。

表 4.8　常用的 SKlearn 分类指标

函 数 名	功 能
metrics.f1_score()	计算调和均值 f_1 指数
metrics.precision_score()	计算精确度
metrics.recall_score()	计算召回率
metrics.roc_auc_score()	根据预测分数计算接收机工作特性曲线下的计算区域(ROC/AUC)
metrics.precision_recall_fscore_support()	计算每个类的精确度、召回率、f_1 指数和支持
metrics.classification_report()	根据测试标签和预测标签，计算分类的精确度、召回率、f_1 指数和支持指标

表 4.9　常用的 SKlearn 回归指标

函 数 名	功 能
metrics.mean_absolute_error()	平均绝对误差回归损失
metrics.mean_squared_error()	均方误差回归损失
metrics.r2_score()	R^2(确定系数)回归分数函数

SKlearn 还提供了聚类指标，包括常见的兰德指数等，直接使用函数名调用：

```
metrics.adjusted_rand_score(labels_true,…)
```

此外，sklearn.model_selection 模块中也提供了模型验证功能，如表 4.10 所示。

表 4.10 常用的 SKlearn 模型验证功能

函 数 名	功 能
model_selection.cross_validate()	通过交叉验证评估指标，并记录适合度/得分时间
model_selection.cross_val_score()	通过交叉验证评估分数
model_selection.learning_curve()	学习曲线
model_selection.validation_curve()	验证曲线

【例 4.8】 算法精确率评估。

```
from sklearn.metrics import classification_report
y_true = [0, 1, 2, 2, 2]
y_pred = [0, 0, 2, 2, 1]
print(classification_report(y_true, y_pred))
```

算法返回精确率、召回率、F-measure 指数等性能指标，运行结果如下。

```
             precision    recall  f1-score   support

          0       0.50      1.00      0.67         1
          1       0.00      0.00      0.00         1
          2       1.00      0.67      0.80         3

avg / total       0.70      0.60      0.61         5
```

上面的结果中，第一行是对 0 的预测结果——真值中有一个 0，预测结果中有两个 0，其中一个预测正确，因此精确率为 0.5，召回率为 1，计算得到 f_1 均值为 0.67。

第二行是对 1 的预测——真值中有一个 1，预测结果中有一个 1 但是预测错误，因此精确率为 0，召回率为 0，f_1 均值也为 0。

第三行是对 2 的预测——真值中有三个 2，预测结果中有两个 2 且都预测正确，所以精确率为 1，召回率为 2/3，计算得到 f_1 均值为 0.8。

习题

一、选择题

1. 机器学习是研究如何使用计算机(　　)的一门学科。

A. 模拟生物行为　　B. 模拟人类解决问题

C. 模拟人类学习活动　　D. 模拟人类生产活动

2. 机器学习研究的目标有三个，不包括(　　)。

A. 人类学习过程的认知模型　　B. 通用学习算法

C. 构造面向任务的专用学习系统　　D. 制作长相接近人类的机器系统

3. 按学习方式划分，机器学习通常分为(　　)三类。

A. 监督学习、非监督学习、聚类　　B. 监督学习、非监督学习、神经网络

C. 监督学习、非监督学习、强化学习　　D. 监督学习、非监督学习、有教师学习

4. 下面关于非监督学习算法的说法，正确的是(　　)。

A. 数据要是成对的　　B. 算法准确率非常高

C. 没有经验数据可供学习　　D. 需要一定的经验数据

5. 强化学习(　　)。

A. 也称为有教师学习　　B. 需要经验数据

C. 数据要是成对的　　D. 不需要预备知识

6. 机器学习模型包括四个组成部分，不包含(　　)。

A. 模型结构　　B. 知识库　　C. 学习单元　　D. 执行单元

7. 关于机器学习模型中的数据，以下说法正确的是(　　)。

A. 数据越多越好　　B. 数据只要质量好，越少越好

C. 数据的数量和质量都很重要　　D. 模型选择最重要，数据影响不大

8. (　　)是指机器学习算法对新鲜样本的适应能力。

A. 模型测试　　B. 泛化能力　　C. 过拟合　　D. 模型训练

9. 训练集、验证集和测试集在使用过程中的顺序是(　　)。

A. 测试集、训练集、验证集　　B. 训练集、测试集、验证集

C. 验证集、训练集、测试集　　D. 训练集、验证集、测试集

10. 关于过拟合的说法，正确的是(　　)。

A. 指模型学习不足　　B. 会使得模型泛化能力高

C. 会强化欠拟合　　D. 可以通过交叉验证改善

二、填空题

1. 首先要收集大量样本图像，并标明这些图像的类别，这个过程称为________。

2. 把样本和标注送给算法学习的处理称为模型的________。

3. 以多隐层神经网络为代表的深度学习模型近年来得到快速的发展，属于________(浅层/深层)模型。

4. 随机森林是一种________(单一/集成)学习算法。

5. ________学习在学习的时候需要标签，也称为有教师学习。

三、操作题

1. 假设某地某天的时段温度分别为[20,23,24,25,26,27,28,25,24,22,21,20]，编程使用 preprocessing.scale()函数对此数列进行标准化处理。

2. 使用某模型对水果进行预测，真值为[1,0,0,1,1,0,0,1]，预测结果为[0,1,1,1,1,1,0,1]，编程计算该模型的精确率、召回率和 f_1 均值。

第三部分　实　战　篇

第5章

KNN分类算法

本章概要

分类是数据分析中非常重要的方法，是对已有数据进行学习，得到一个分类函数或构造出一个分类模型(即通常所说的分类器(Classifier))。

分类函数或模型能够将数据样本对应某个给定的类别，完成数据的类别预测。分类器是机器学习算法中对数据样本进行分类的方法的统称，包含决策树、SVM、逻辑回归、朴素贝叶斯、神经网络等算法。

本章主要介绍K近邻分类算法的原理、算法的核心要素，并以K近邻算法的实现为例，对算法的数据获取、数据预处理、模型实现以及性能评价做了整体介绍。

学习目标

当完成本章的学习后，要求：

(1) 了解KNN分类算法的基本概念。

(2) 熟悉KNN算法的核心要素。

(3) 熟悉距离的度量方法。

(4) 掌握使用KNN算法解决实际分类问题。

5.1 KNN分类

视频讲解

分类是使用已知类别的数据样本，训练出分类器，使其能够对未知样本进行分类。分类算法是最为常用的机器学习算法之一，属于监督学习算法。

KNN分类(K-Nearest-Neighbors Classification)算法，又叫K近邻算法。它是概念极其简单，而效果又很优秀的分类算法，于1967年由Cover T和Hart P提出。KNN分类算法的核心思想是，如果一个样本在特征空间中的 k 个最相似(即特征空间中最邻近)的样本中的大多数属于某一个类别，则该样本也属于这个类别。

如图 5.1 所示，假设已经获取一些动物的特征，且已知这些动物的类别。现在需要识别一个新动物，判断它是哪类动物。

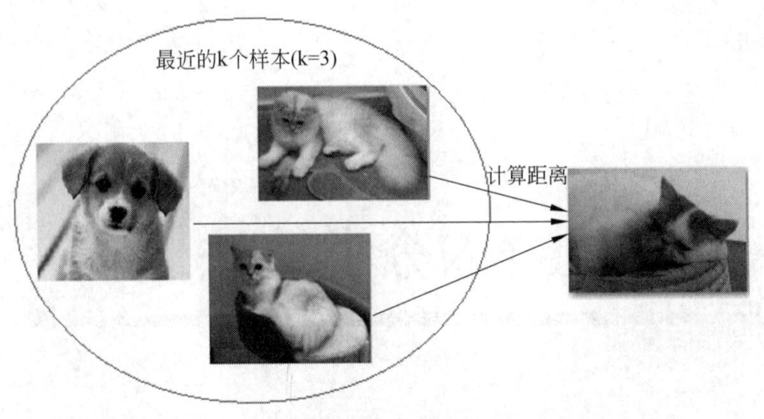

图 5.1 KNN 分类示意图

首先找到与这个物体最接近的 k 个动物。假设 k=3，则可以找到两只猫和一只狗。由于找到的结果中大多数是猫，则把这个新动物划分为猫类。

KNN 没有专门的学习过程，是基于数据实例的一种学习方法。从上面的描述中不难看出，KNN 方法有以下三个核心要素。

1. k 值

k 值也就是选择几个和新动物相邻的已知动物。如果 k 取值太小，好处是近似误差会减小，只有特征与这个新动物很相似的才对预测新动物的类别起作用。但同时预测结果对近邻的样本点非常敏感，仅由非常近的训练样本决定预测结果。因此会使模型变得复杂，容易过拟合。如果 k 值太大，学习的近似误差会增大，导致分类模糊，即欠拟合。

下面举例看 k 值对预测结果的影响。对图 5.2 中的动物进行分类，当 k=3 时，分类结果为"猫：狗=2：1"，所以属于猫；当 k=6 时，表决结果为"猫：狗：熊猫=2：3：1"，所以判断目标动物为狗。

那么 k 值到底怎么选取呢？这就涉及距离的度量问题。

2. 距离的度量

距离决定了哪些是邻居哪些不是。度量距离有很多种方法，不同的距离所确定的近邻点不同。平面上比较常用的是欧式距离。此外，还有曼哈顿距离、余弦距离、球面距离等。例如，图 5.3 中的四个点为训练样本点，对于新的点 new(3,3)进行预测。其中，cat1、cat2、dog1、dog2、dog3 为训练数据，new 为测试数据。

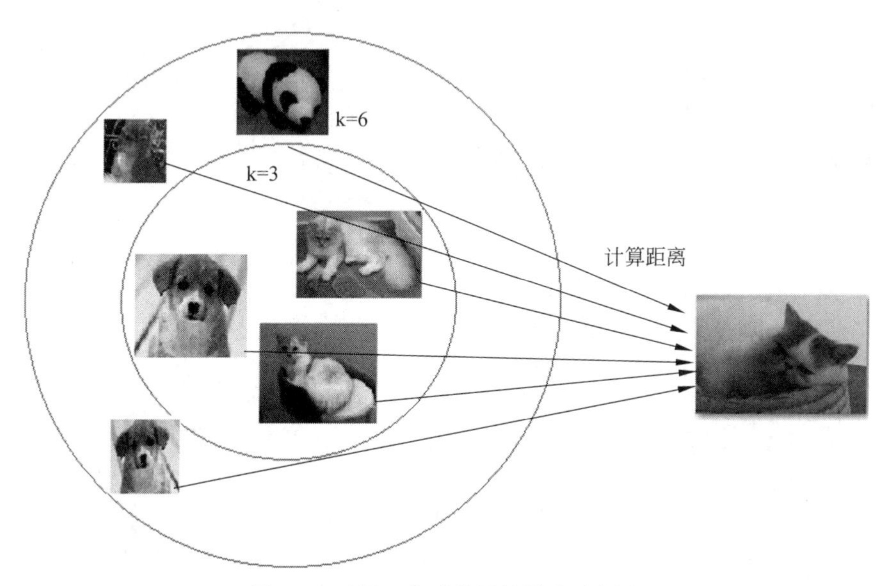

图 5.2　不同 k 值对结果的影响示意图

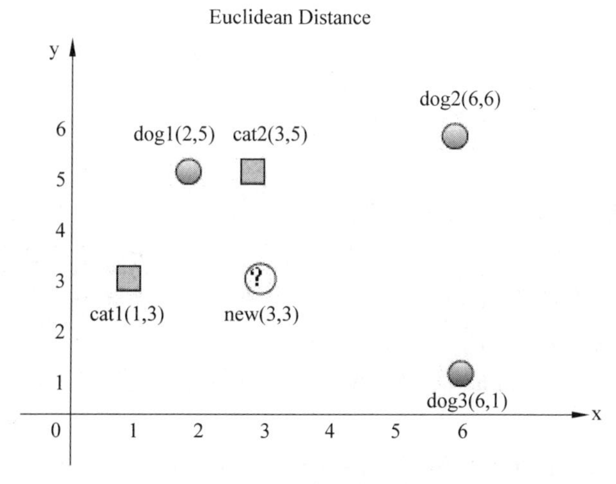

图 5.3　KNN 中距离的度量

通过坐标计算 new(3,3)到各个点的欧氏距离，根据二维平面上的欧式距离公式

$$\rho=\sqrt{(x_2-x_1)^2+(y_2-y_1)^2} \tag{5.1}$$

可以得到距离如图 5.4 所示。

3. 分类决策规则

分类结果的确定往往采用多数表决原则，即由输入实例的 k 个最邻近的训练实例中的多数类决定输入实例的类别。

KNN 算法是一个简单高效的分类算法，可用于多个类别的分类，还可以用于回归。

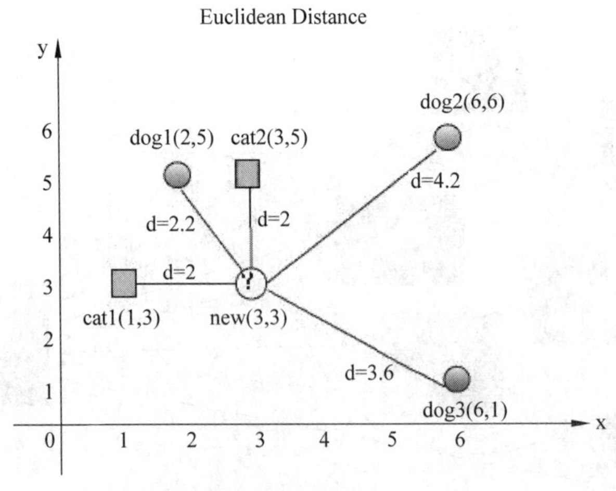

图 5.4　欧式距离计算结果

视频讲解

5.2　初识 KNN——鸢尾花分类

本节使用 KNN 算法对 SKlearn 的鸢尾花数据集进行分类。

鸢尾花数据集：鸢尾花(iris)是单子叶百合目花卉，鸢尾花数据集最初由科学家 Anderson 测量收集而来。1936 年因用于公开发表的 Fisher 线性判别分析的示例，在机器学习领域广为人知。

数据集中的鸢尾花数据主要收集自加拿大加斯帕半岛，是一份经典数据集。鸢尾花数据集共收集了三类鸢尾花，即 Setosa 山鸢尾花、Versicolour 杂色鸢尾花和 Virginica 弗吉尼亚鸢尾花，每类鸢尾花有 50 条记录，共 150 条数据。数据集包括 4 个属性特征，分别是花瓣长度、花瓣宽度、花萼长度和花萼宽度。

在对鸢尾花数据集进行操作之前，先对数据进行详细观察。SKlearn 中的 iris 数据集有 5 个 key，分别如下。

(1) target_names：分类名称，包括 setosa、versicolor 和 virginica 类。

(2) data：特征数据值。

(3) target：分类(150 个)。

(4) DESCR：数据集的简介。

(5) feature_names：特征名称。

1. 查看数据

【例 5.1】　对鸢尾花 iris 数据集进行调用，查看数据的各方面特征。

```
from sklearn.datasets import load_iris
iris_dataset = load_iris()
#下面是查看数据的各项属性
```

```
print("数据集的 Keys:\n",iris_dataset.keys())                  #查看数据集的 keys
print("特征名:\n",iris_dataset['feature_names'])               #查看数据集的特征名称
print("数据类型:\n",type(iris_dataset['data']))                #查看数据类型
print("数据维度:\n",iris_dataset['data'].shape)                #查看数据的结构
print("前五条数据:\n{}".format(iris_dataset['data'][:5]))#查看前 5 条数据
#查看分类信息
print("标记名:\n",iris_dataset['target_names'])
print("标记类型:\n",type(iris_dataset['target']))
print("标记维度:\n",iris_dataset['target'].shape)
print("标记值:\n",iris_dataset['target'])
#查看数据集的简介
print('数据集简介:\n',iris_dataset['DESCR'][:20] + "\n.......")
                                                              #数据集简介前 20 个字符
```

```
数据集的Keys:
 dict_keys(['data', 'target', 'target_names', 'DESCR', 'feature_names'])
特征名:
 ['sepal length (cm)', 'sepal width (cm)', 'petal length (cm)', 'petal width (cm)']
数据类型:
 <class 'numpy.ndarray'>
数据维度:
 (150, 4)
前五条数据:
[[5.1 3.5 1.4 0.2]
 [4.9 3.  1.4 0.2]
 [4.7 3.2 1.3 0.2]
 [4.6 3.1 1.5 0.2]
 [5.  3.6 1.4 0.2]]
标记名:
 ['setosa' 'versicolor' 'virginica']
标记类型:
 <class 'numpy.ndarray'>
标记维度:
 (150,)
标记值:
 [0 0 0 0 0 0 0 0 0 0 0 0 0 0 0 0 0 0 0 0 0 0 0 0 0 0 0 0 0 0 0 0 0 0 0 0 0
 0 0 0 0 0 0 0 0 0 0 0 0 0 1 1 1 1 1 1 1 1 1 1 1 1 1 1 1 1 1 1 1 1 1 1 1 1
 1 1 1 1 1 1 1 1 1 1 1 1 1 1 1 1 1 1 1 1 1 1 1 1 1 2 2 2 2 2 2 2 2 2 2 2 2
 2 2 2 2 2 2 2 2 2 2 2 2 2 2 2 2 2 2 2 2 2 2 2 2 2 2 2 2 2 2 2 2 2 2 2 2 2
 2 2]
数据集简介:
 Iris Plants Database
.......
```

2. 数据集拆分

对鸢尾花数据集进行训练集和测试集的拆分操作，可以使用 train_test_split()函数。train_test_split()函数属于 sklearn.model_selection 类中的交叉验证功能，能随机地将样本数据集合拆分成训练集和测试集。其格式为：

```
X_train,X_test, y_train, y_test =
cross_validation.train_test_split(train_data,train_target,test_size=0.4,
random_state=0)
```

【例 5.2】 对 iris 数据集进行拆分,并查看拆分结果。

```
from sklearn.datasets import load_iris
from sklearn.model_selection import train_test_split
iris_dataset = load_iris()
X_train, X_test, y_train, y_test = train_test_split( iris_dataset['data'], iris
_dataset['target'], random_state=2)
print("X_train",X_train)
print("y_train",y_train)
print("X_test",X_test)
print("y_test",y_test)
print("X_train shape: {}".format(X_train.shape))
print("X_test shape: {}".format(X_test.shape))
```

运行结果中,X_train 和 X_test 的维度分别为:

```
X_train shape: (112, 4)
X_test shape: (38, 4)
```

3. 使用散点矩阵查看数据特征关系

在数据分析中,同时观察一组变量的多个散点图是很有意义的,这也被称为散点图矩阵。创建这样的图表工作量巨大,可以使用 scatter_matrix()函数。scatter_matrix()函数是 Pandas 提供的一个能从 DataFrame 创建散点图矩阵的函数。

函数格式:

```
scatter_matrix(frame, alpha=0.5, c, figsize=None, ax=None, diagonal='hist',
marker='.', density_kwds=None,hist_kwds=None, range_padding=0.05, **kwds)
```

主要参数如下。

frame: Pandas DataFrame 对象。

alpha: 图像透明度,一般取(0,1)的小数。

figsize: 以英寸为单位的图像大小,一般以元组(width, height)形式设置。

diagonal: 必须且只能在{'hist','kde'}中选择一个,'hist'表示直方图(Histogram Plot),'kde'表示核密度估计(Kernel Density Estimation)。该参数是 scatter_matrix()函数的关键参数。

marker: Matplotlib 可用的标记类型,如'.'','o'等。

【例 5.3】 对例 5.2 的数据结果,使用 scatter_matrix()显示训练集与测试集。

可以在例 5.2 的基础上添加如下语句。

```
import pandas as pd
iris_dataframe = pd.DataFrame(X_train, columns=iris_dataset.feature_names)
#创建一个 scatter matrix,颜色值来自 y_train
pd.plotting.scatter_matrix(iris_dataframe, c=y_train, figsize=(15, 15),
marker='o', hist_kwds={'bins': 20}, s=60, alpha=.8)
```

运行结果如图 5.5 所示。可以看到,散点矩阵图呈对称结构,除对角上的密度函数图之外,其他子图分别显示了不同特征列之间的关联关系。例如,petal length 与 petal width 之间近似成线性关系,说明这对特征关联性很强。相反,有些特征列之间的散布状态比较杂乱,基本无规律可循,说明特征间的关联性不强。

因此,在训练模型时,要优先选择关联明显的特征对进行学习。

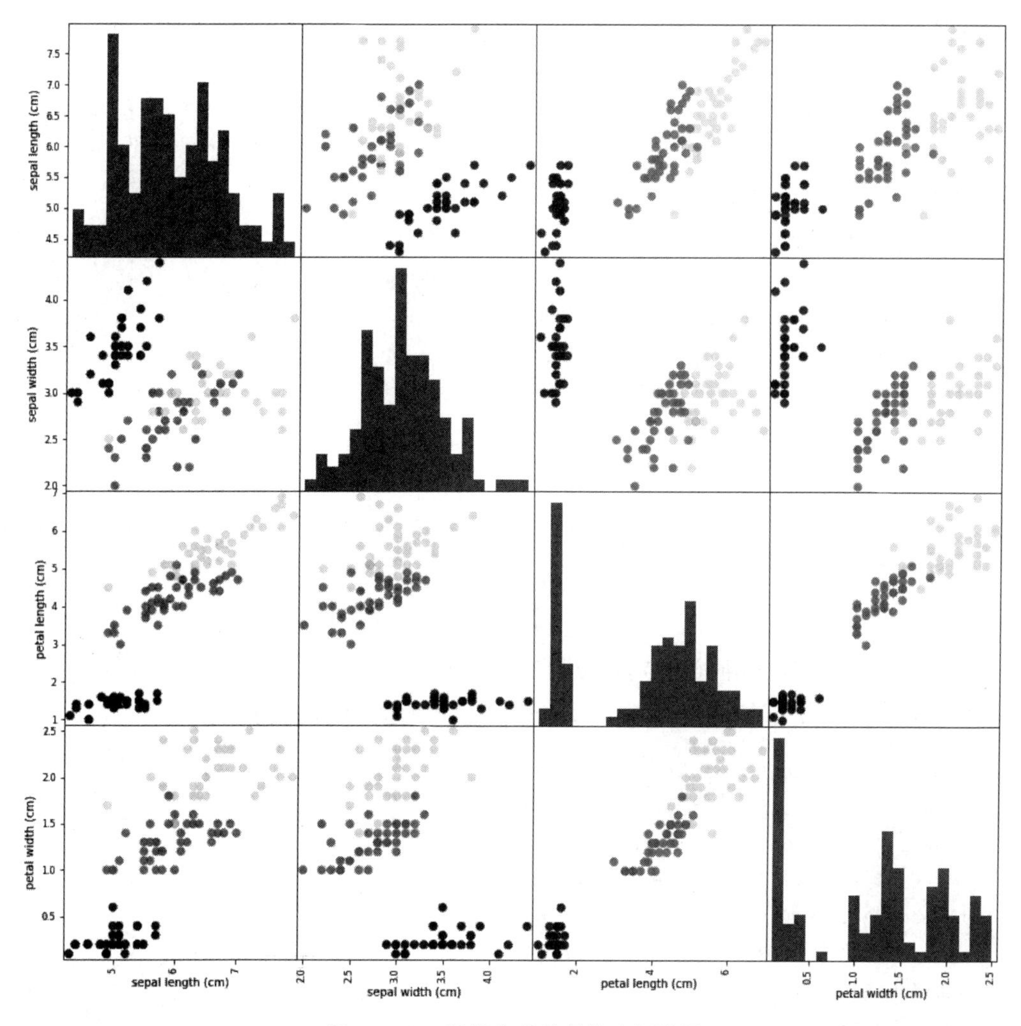

图 5.5　iris 数据集的特征散点矩阵图

4. 建立 KNN 模型

初步对数据集了解后,选取合适的模型并对模型进行初始化。然后对数据集进行分类学习,得到训练好的模型。

在 Python 中,实现 KNN 方法使用的是 KNeighborsClassifier 类,KNeighborsClassifier 类属于 Scikit learn 的 neighbors 包。

KNeighborsClassifier 使用很简单,核心操作包括以下三步。

(1) 创建 KNeighborsClassifier 对象，并进行初始化。

基本格式：

```
sklearn.neighbors.KNeighborsClassifier(n_neighbors=5, weights='uniform',
algorithm='auto', leaf_size=30,p=2, metric='minkowski', metric_params=None,
n_jobs=None, **kwargs)
```

主要参数如下。

n_neighbors：int 型，可选，默认值是 5，代表 KNN 中的近邻数量 k 值。

weights：计算距离时使用的权重，默认值是"uniform"，表示平等权重。也可以取值"distance"，则表示按照距离的远近设置不同权重。还可以自主设计加权方式，并以函数形式调用。

metric：距离的计算，默认值是"minkowski"。当 p=2，metric='minkowski'时，使用的是欧式距离。p=1，metric='minkowski'时为曼哈顿距离。

(2) 调用 fit()方法，对数据集进行训练。

函数格式：

```
fit(X, y)
```

说明：以 X 为训练集，以 y 为测试集对模型进行训练。

(3) 调用 predict()函数，对测试集进行预测。

函数格式：

```
predict(X)
```

说明：根据给定的数据预测其所属的类别标签。

【例 5.4】 使用 KNN 对鸢尾花 iris 数据集进行分类的完整代码实现。

```
from sklearn import datasets
from sklearn.neighbors import KNeighborsClassifier
from sklearn.model_selection import train_test_split
#导入鸢尾花数据并查看数据特征
iris = datasets.load_iris()
print('数据集结构:',iris.data.shape)
#获取属性
iris_X = iris.data
#获取类别
iris_y = iris.target
#划分成测试集和训练集
iris_train_X,iris_test_X,iris_train_y,iris_test_y=train_test_split(iris_X,
iris_y,test_size=0.2, random_state=0)
#分类器初始化
knn = KNeighborsClassifier()
#对训练集进行训练
knn.fit(iris_train_X, iris_train_y)
```

```
#对测试集数据的鸢尾花类型进行预测
predict_result = knn.predict(iris_test_X)
print('测试集大小:',iris_test_X.shape)
print('真实结果:',iris_test_y)
print('预测结果:',predict_result)
#显示预测精确率
print('预测精确率:',knn.score(iris_test_X, iris_test_y))
```

程序运行结果如下。

```
数据集结构： (150, 4)
测试集大小： (30, 4)
真实结果：  [2 1 0 2 0 2 0 1 1 1 2 1 1 1 1 0 1 1 0 0 2 1 0 0 2 0 0 1 1 0]
预测结果：  [2 1 0 2 0 2 0 1 1 1 2 1 1 1 2 0 1 1 0 0 2 1 0 0 2 0 0 1 1 0]
预测精确率：  0.9666666666666667
```

从结果可以看出，拆分的测试集中有30个样本，其中有一个判断错误，总体精确率约96.7%，精度较高。主要原因在于数据集中的数据比较好，数据辨识度较高。

也可以将KNN用于图像等分类场合，通过对目标图像进行归类，能够解决类似图像识别等问题。

5.3 KNN手写数字识别

图像识别是模式识别研究中一个重要的领域，通过对图像进行分析和理解，识别出不同模式的目标对象。图像识别包括文字识别、图像识别与物体识别。文字识别是常见的图像识别问题，目的是分析并识别图片中包含的文字。

文字识别中难度较高的是手写文字识别，因为手写体与印刷体相比，个人风格迥异、图片大小不一。手写数字识别的目标相对简单，是从图像中识别出数字0～9，经常用于自动邮件分拣等生产领域。在机器学习中，有时将识别问题转换为分类问题。

本实验使用的数据集修改自“手写数字光学识别数据集”①，共保留了1600张图片。通过拆分，其中1068张作为训练集，其余的532张为测试集。图片为长宽都是32px的二值图，为方便处理，将图片预存为文本文件(过程省略，参考3.6.3节)。

【例5.5】 使用KNN方法实现手写数字识别。

视频讲解

本例的素材文件夹为HWdigits，子目录trainSet下存放训练数据，子目录testSet存放测试数据。数据为文本文件形式，每个文件表示一个手写数字。

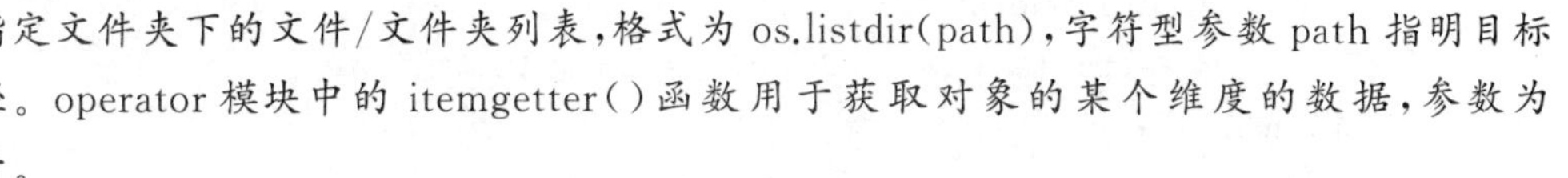

在对文件系统进行操作时，可以使用模块os提供的listdir()方法。listdir()方法返回指定文件夹下的文件/文件夹列表，格式为os.listdir(path)，字符型参数path指明目标路径。operator模块中的itemgetter()函数用于获取对象的某个维度的数据，参数为序号。

① 来源：http://archive.ics.uci.edu/ml/datasets，Alpaydin与Kaynak提供，1998-07-01发布。

```
#coding=utf-8
import numpy as np
from os import listdir

def loadDataSet():                                        #加载数据集
    #获取训练数据集
    print("1.Loading trainSet...")
    trainFileList = listdir('HWdigits/trainSet')
    trainNum = len(trainFileList)

    trainX = np.zeros((trainNum, 32 * 32))
    trainY = []
    for i in range(trainNum):
        trainFile = trainFileList[i]
        #将训练数据集向量化
        trainX[i, :] = img2vector('HWdigits/trainSet/%s' % trainFile,32,32)
        label = int(trainFile.split('_')[0]) #读取文件名的第一位作为标记
        trainY.append(label)
    #获取测试数据集
    print("2.Loading testSet...")
    testFileList = listdir('HWdigits/testSet')
    testNum = len(testFileList)
    testX = np.zeros((testNum, 32 * 32))
    testY = []
    for i in range(testNum):
        testFile = testFileList[i]
        #将测试数据集向量化
        testX[i, :] = img2vector('HWdigits/testSet/%s' % testFile,32,32)
        label = int(testFile.split('_')[0])  #读取文件名的第一位作为标记
        testY.append(label)
    return trainX, trainY, testX, testY
def img2vector(filename,h,w):                             #将32*32的文本转换为向量
    imgVector = np.zeros((1, h * w))
    fileIn = open(filename)
    for row in range(h):
        lineStr = fileIn.readline()
        for col in range(w):
            imgVector[0, row * 32 + col] = int(lineStr[col])
    return imgVector
def myKNN(testDigit, trainX, trainY, k):
    numSamples = trainX.shape[0]         #shape[0]代表行,每行一个图片,得到样本个数
    #1.计算欧式距离
```

```
    diff=[]
    for n in range(numSamples):
        diff.append(testDigit-trainX[n])     #每个个体差
    diff=np.array(diff)                      #转变为 ndarray
    #对差求平方和,然后取和的平方根
    squaredDiff = diff ** 2
    squaredDist = np.sum(squaredDiff, axis = 1)
    distance = squaredDist ** 0.5
    #2.按距离进行排序
    sortedDistIndices = np.argsort(distance)
    classCount = {}                          #存放各类别的个体数量
    for i in range(k):
        #3.按顺序读取标签
        voteLabel = trainY[sortedDistIndices[i]]
        #4.计算该标签次数
        classCount[voteLabel] = classCount.get(voteLabel, 0) + 1

    #5.查找出现次数最多的类别,作为分类结果
    maxCount = 0
    for key, value in classCount.items():
        if value > maxCount:
            maxCount = value
            maxIndex = key
    return maxIndex

train_x, train_y, test_x, test_y = loadDataSet()
numTestSamples = test_x.shape[0]
matchCount = 0
print("3.Find the most frequent label in k-nearest...")
print("4.Show the result...")
for i in range(numTestSamples):
    predict = myKNN(test_x[i], train_x, train_y, 3)
    print("result is: %d, real answer is: %d" % (predict,test_y[i]))
    if predict == test_y[i]:
        matchCount += 1
accuracy = float(matchCount) / numTestSamples
#5.输出结果
print("5.Show the accuracy...")
print("  The total number of errors is: %d" % (numTestSamples-matchCount))
print('  The classify accuracy is: %.2f%%' % (accuracy * 100))
```

```
1.Loading trainSet...
2.Loading testSet...
3.Find the most frequent label in k-nearest...
4.Show the result...
result is: 0, real answer is: 0
result is: 0, real answer is: 0
result is: 0, real answer is: 0
result is: 0, real answer is: 0
```

……

```
result is: 9, real answer is: 9
result is: 9, real answer is: 9
result is: 9, real answer is: 9
5.Show the accuracy...
  The total number of errors is: 11
  The classify accuracy is: 97.93%
```

从结果可以看出，识别率达到97.93%，效果还是比较理想的。

实验

实验 5-1 使用 KNN 进行水果分类

在水果自动分类系统中，对于待处理的目标，智能设备需要对测量得到的数据（如颜色、重量、尺寸等）进行处理，自动判别出目标的类别。

水果数据集由爱丁堡大学的 Iain Murray 博士创建。他买了几十个不同种类的橘子、橙子、柠檬和苹果，并把它们的尺寸记录在一张表格中。

本实验对水果数据进行了简单预处理，存为素材文件 fruit_data.txt。文件中包含59个水果的测量数据。每行表示一个待测定水果，每列为一个特征。特征从左到右依次如下。

fruit_label：标记值，表示水果的类别，1-苹果，2-橘子，3-橙子，4-柠檬。

mass：水果的重量。

width：测量出的宽度。

height：测量出的高度。

color_score：颜色值。

本实验要求使用 SKlearn 的 neighbors 模块，对水果数据进行 KNN 分类，然后预测表5.1中 A、B 两种水果的类别。

表 5.1 待预测的水果数据

样本	mass	width	height	color_score
A	192	8.4	7.3	0.55
B	200	7.3	10.5	0.72

实验 5-2 绘制 KNN 分类器图

描述：使用 SKlearn 的 KNeighborsClassifier 功能，对鸢尾花数据集进行 KNN 分类，将分类结果以分类图的形式显示。

本实验使用的主要函数如下。

1. meshgrid (x,y)函数

函数描述：由 NumPy 模块提供，能够根据参数 x、y 坐标返回坐标矩阵。如果使用 Matplotlib 进行可视化，可以查看函数结果中的网格化数据的分布情况。

参数：x 和 y 均为 ndarray 类型的数组。

返回值：由参数 x、y 坐标构造的网格矩阵。

2. ListedColormap(colors, name='from_list', N=None)函数

函数描述：由 matplotlib.colors 模块提供，从 colors 列表数据生成 Colormap 对象。

参数：

colors：为列表或数组，可以是 Matplotlib 标准颜色列表，也可以是等效的 RGB 或 RGBA 浮点数组。

name：可选，为 string 类型，用来标记 Colormap 对象。

N：可选，整数类型，表示 Colormap 的通道数。

返回值：Colormap 对象。

3. pcolormesh(*args, alpha=None, norm=None, cmap=None, vmin=None, vmax=None, shading='flat', antialiased=False, data=None, **kwargs)函数

函数描述：由 matplotlib.pyplot 模块提供，能够使用非规则矩形网格创建伪色图。

主要参数如下。

*args：包括 X、Y 参数，以及 C 参数。其中，参数 C 是一个二维数组，可以映射为 Colormap。参数 X、Y 为参数 C 所填充区域的四个端点的坐标的集合。

cmap：可选，是 Colormap 类型或是 string 类型。如是 string 字符串，则是已建立的 Colormap 对象的名称。

shading：可选，指填充样式。取值“flat”或“gouraud”。

4. ravel([order])函数

函数描述：由 numpy.ndarray 模块提供，返回扁平化的一维数组。

参数 order：可选，指索引顺序。可以取值“C”“F”等，“C”代表以行为主进行 C 语言风格的索引，“F”代表以列为主进行 FORTRAN 语言风格的索引。

返回值：为一维数组。

实验完整代码如下。

```
import numpy as np
```

```
from sklearn import neighbors, datasets
import matplotlib.pyplot as plt
from matplotlib.colors import ListedColormap

#建立 KNN 模型,使用前两个特征
iris = datasets.load_iris()
irisData = iris.data[:, :2]                          #Petal length、Petal width 特征
irisTarget = iris.target
clf = neighbors.KNeighborsClassifier(5) #K=5
clf.fit(irisData, irisTarget)

#绘制 plot
ColorMp = ListedColormap(['#005500', '#00AA00', '#00FF00'])
X_min, X_max = irisData[:, 0].min(), irisData[:, 0].max()
Y_min, Y_max = irisData[:, 1].min(), irisData[:, 1].max()
X, Y = np.meshgrid(np.arange(X_min, X_max, 1/50),np.arange(Y_min, Y_max,1/50))
#预测
label = clf.predict(np.c_[X.ravel(), Y.ravel()])  #将扁平化的 X、Y 按列组合
label = label.reshape(X.shape)
#绘图并显示
plt.figure()
plt.pcolormesh(X,Y,label,cmap=ColorMp)
plt.show()
```

程序运行结果如图 5.6 所示。

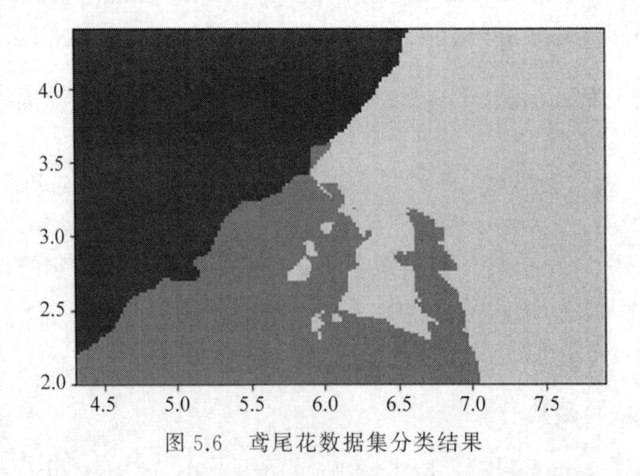

图 5.6　鸢尾花数据集分类结果

根据鸢尾花数据集的特点,实验中只使用了数据集的花瓣长度、花瓣宽度两个特征,就可以将三类鸢尾花进行划分。程序使用 k=5 的 KNN 模型进行预测,预测结果 label 为 0、1、2。使用三个类别预测结果作为索引,用对应的 Colormap 颜色将三个类别的样本分别显示。

第 6 章

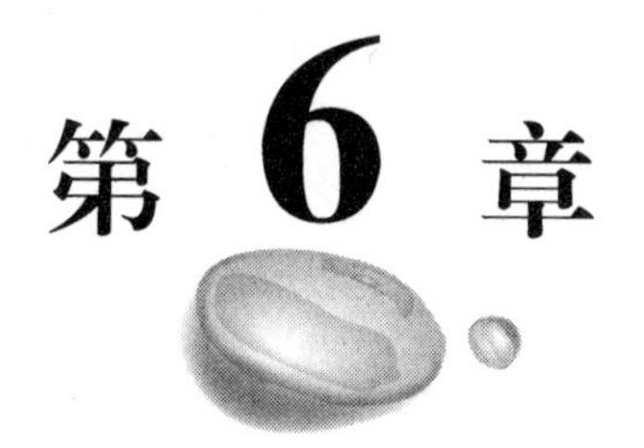

K-Means聚类算法

本章概要

聚类是一类机器学习基础算法的总称。聚类的典型应用包括为市场分析人员发现不同的客户群，刻画不同客户群的特征。将聚类应用于房屋价格数据集，可以发现房屋的地段位置、面积、建筑年份等对房价的影响。聚类能够帮助人们发现基因相近的动植物，辅助研究人员划分生物种群。聚类算法也可以用于 Web 文档内容的发现。

聚类的核心计算过程是将数据对象集合按相似程度划分成多个类。划分得到的每个类称为聚类的簇。

聚类分析起源于分类学，也可以看成是研究分类问题的一种方法。但是聚类不等于分类。聚类与分类的主要区别在于，聚类所面对的目标类别是未知的。

本章主要介绍聚类算法的概念和 K-Means 聚类算法，并通过综合案例进行算法的剖析。

学习目标

当完成本章的学习后，要求：

(1) 理解聚类算法。

(2) 理解 K-Means 聚类算法的概念。

(3) 掌握 K-Means 算法的步骤。

(4) 掌握使用 K-Means 算法解决实际聚类问题。

(5) 理解 K-Means 算法的特点。

6.1 K-Means 聚类算法概述

夫鸟同翼者而聚居，兽同足者而俱行。

——《战国策》

目前为止，我们关心的都还是监督学习问题，所处理的对象包含标签。但有时，我们得到的对象是无标签的，即训练样本的标记信息是未知的。这时，需要对无标记训练样本进行学习。分析这类无标签数据需要使用非监督学习技术。

非监督学习可以揭示数据的内在性质或分布规律，为进一步的数据分析提供基础。本章介绍非监督学习的一种基本方法——聚类算法。

6.1.1 聚类

聚类(Clustering)是指将不同的对象划分成由多个对象组成的多个类的过程。由聚类产生的数据分组，同一组内的对象具有相似性，不同组的对象具有相异性。聚类时待划分的类别未知，即训练数据没有标签。

簇(Cluster)是由距离邻近的对象组合而成的集合。聚类的最终目标是获得紧凑、独立的簇集合。一般采用相似度作为聚类的依据，两个对象的距离越近，其相似度就越大。

由于缺乏先验知识，一般而言，聚类没有分类的准确率高。不过聚类的优点是可以发现新知识、新规律。当我们对观察对象具有了一定的了解之后，可以再使用分类方法。因此，聚类也是了解未知世界的一种重要手段。聚类可以单独实现，通过划分寻找数据内在分布规律，也可以作为其他学习任务的前驱过程。

由于聚类使用的数据是无标记的，因此聚类属于非监督学习。

聚类本质上仍然是类别的划分问题。但由于没有固定的类别标准，因此聚类的核心问题是如何定义簇。通常可以依据样本间距离、样本的空间分布密度等来确定。

按照簇的定义和聚类的方式，聚类大致分为以下几种：K-Means 为代表的簇中心聚类、基于连通性的层次聚类、以 EM 算法为代表的概率分布聚类、以 DBSCAN 为代表的基于网格密度的聚类，以及高斯混合聚类等。

下面以 K-Means 聚类为例介绍聚类算法的基本概念和具体实现。

视频讲解

6.1.2 K-Means 聚类

K-Means 聚类算法也称为 K 均值聚类算法，是典型的聚类算法。对于给定的数据集和需要划分的类数 k，算法根据距离函数进行迭代处理，动态地把数据划分成 k 个簇(即类别)，直到收敛为止。簇中心也称为聚类中心。

K-Means 聚类的优点是算法简单、运算速度快，即便数据集很大计算起来也较便捷。不足之处是如果数据集较大，容易获得局部最优的分类结果，而且所产生的类的大小相近，对噪声数据也比较敏感。

K-Means 算法的实现很简单，首先选取 k 个数据点作为初始的簇中心，即聚类中心。初始的聚类中心也被称作种子。然后，逐个计算各数据点到各聚类中心的距离，把数据点分配到离它最近的簇。一次迭代之后，所有的数据点都会分配给某个簇。再根据分配结果计算出新的聚类中心，并重新计算各数据点到各种子的距离，根据距离重新进行分配。不断重复计算和重新分配的步骤，直到分配不再发生变化或满足终止条件。

算法设计如下。

```
随机选择 k 个数据点 -> 起始簇中心
```

```
While 数据点的分配结果发生改变:
    for 数据集中的每个数据点 p:
        for 循环访问每个簇中心 c:
            computer_distance(p,c)
            将数据点 p 分配到最近的簇
    for 每个簇:
        簇中心更新为簇内数据点的均值
```

聚类是一个反复迭代的过程，理想的终止条件是簇的分配和各簇中心不再改变。此外，也可以设置循环次数、变化误差作为终止条件。

聚类的运算流程可以简单示意为图 6.1 所示。

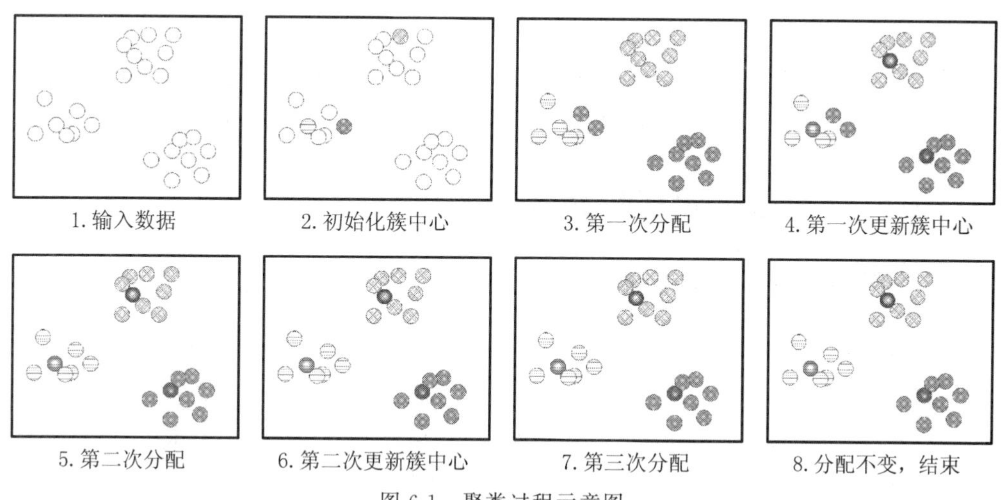

图 6.1　聚类过程示意图

在上面的示意图中，第三次迭代之后，分配方案和簇中心保持不变，算法结束。

K-Means 算法的类别划分依赖于样本之间的距离。距离的度量手段有很多种，如常用的欧氏距离、曼哈顿距离等。

6.1.3　聚类算法的性能评估

K-Means 聚类是非监督算法，算法的性能通常比分类算法低。因此，在聚类结束后，对算法的结果进行评价在实际使用中是很必要的。

1. 聚类算法的评价指标

由于聚类对划分的类别没有固定的定义，因此也没有固定的评价指标。可以尝试使用聚类结果对算法进行评价。

常见的聚类评价方法有 3 类：外部有效性评价、内部有效性评价和相关性测试评价。

外部有效性评价可以反映聚类结果的整体直观效果，常用的指标有前面介绍的 F-measure 指数，以及 Rand 指数和 Jaccard 系数等。

内部有效性评价是利用数据集的内部特征来评价，包括 Dunn 指数、轮廓系数等指标。

相关性测试评价是选定某个评价指标,然后为聚类算法设置不同的参数进行测试,根据测试结果选取最优的算法参数和聚类模式等,例如改进的 Dunn 指数等。

2. K-Means 目标函数

聚类算法的理想目标是类内距离最小,类间的距离最大。因此,通常依此目标建立 K-Means 聚类的目标函数。

假设数据集 X 包含 n 个数据点,需要划分到 k 个类。聚类中心用集合 U 表示。聚类后所有数据点到各自聚类中心的差的平方和为聚类平方和,用 J 表示,即 J 值为:

$$J = \sum_{c=1}^{k} \sum_{i=1}^{n} \| x_i - u_c \|^2 \tag{6.1}$$

聚类的目标就是使 J 值最小化。如果在某次迭代前后,J 值没有发生变化,则说明簇的分配不再发生变化,算法已经收敛。

6.2 使用 K-Means 实现数据聚类

6.2.1 使用 SKlearn 实现 K-Means 聚类

SKlearn 的 cluster 模块中提供的 KMeans 类可以实现 K-Means 聚类,构造函数如下。

```
sklearn.cluster.KMeans(n_clusters=8, init='k-means++', n_init=10, max_iter=
300, tol=0.0001, precompute_distances='auto', verbose=0, random_state=None,
copy_x=True, n_jobs=None, algorithm='auto')
```

主要参数如下。

n_clusters:可选,默认为 8。要形成的簇的数目,即类的数量。

n_init:默认为 10,用不同种子运行 K-Means 算法的次数。

max_iter:默认 300,单次运行的 K-Means 算法的最大迭代次数。

返回 KMeans 对象的属性如下。

cluster_centers_:数组类型,各个簇中心的坐标。

labels_:每个数据点的标签。

inertia_:浮点型,数据样本到它们最接近的聚类中心的距离平方和。

n_iter_:运行的迭代次数。

KMeans 类主要提供了三个方法,见表 6.1。

表 6.1 KMeans 类的主要方法

方　法	功　能
fit(X[,y,sample_weight])	进行 K-Means 聚类计算
predict(X[,sample_weight])	预测 X 中的每个样本所属的最近簇
fit_predict(X[,y,sample_weight])	计算簇中心,并预测每个样本的所属簇

【例 6.1】 使用 sklearn.cluster.KMeans 进行 K-Means 聚类。

视频讲解

数据中包含 6 个数据点，依次是[1, 2]，[1, 4]，[1, 0]，[4, 2]，[4, 4]和[4, 0]。构建一个 K-Means 聚类模型进行划分，并使用训练好的模型预测[0,0]，[4, 4]两个数据点的类别。

```
from sklearn.cluster import KMeans
import numpy as np
X = np.array([[1, 2], [1, 4], [1, 0], [4, 2], [4, 4], [4, 0]])
kmeans = KMeans(n_clusters=2, random_state=0).fit(X)
#显示类别标签
print('k labels are:',kmeans.labels_)
#预测结果
print('predict results are:',kmeans.predict([[0, 0], [4, 4]]))
#显示簇中心
print('cluster centers are:',kmeans.cluster_centers_)
```

运行结果如下。

```
k labels are: [0 0 0 1 1 1]
predict results are: [0 1]
cluster centers are: [[1. 2.]
 [4. 2.]]
```

对于前面的鸢尾花数据集，也可以进行聚类分析。与分类不同，聚类算法不使用数据集中的标签列。但可以通过预测结果与标签进行对比，查看算法的效率。

【例 6.2】 对鸢尾花数据进行聚类。

视频讲解

```
from sklearn import datasets
from sklearn.cluster import KMeans
iris = datasets.load_iris()
X = iris.data
y = iris.target                                    #保留标签
clf=KMeans(n_clusters=3)
model=clf.fit(X)
predicted=model.predict(X)
#将预测值与标签真值进行对比
print('the predicted result:\n',predicted)
print("the real answer:\n",y)
```

运行结果如下。

```
the predicted result:
 [1 1 1 1 1 1 1 1 1 1 1 1 1 1 1 1 1 1 1 1 1 1 1 1 1 1 1 1 1 1 1 1 1 1 1 1 1
 1 1 1 1 1 1 1 1 1 1 1 1 1 2 2 0 2 2 2 2 2 2 2 2 2 2 2 2 2 2 2 2 2 2 2
 2 2 2 0 2 2 2 2 2 2 2 2 2 2 2 2 2 2 2 2 2 2 2 2 2 2 0 2 0 0 0 0 2 0 0 0 0
 0 0 2 2 0 0 0 0 2 0 2 0 2 0 0 2 2 0 0 0 0 0 2 0 0 0 0 2 0 0 0 2 0 0 0 2 0
 0 2]
the real answer:
 [0 0 0 0 0 0 0 0 0 0 0 0 0 0 0 0 0 0 0 0 0 0 0 0 0 0 0 0 0 0 0 0 0 0 0 0 0
 0 0 0 0 0 0 0 0 0 0 0 0 0 1 1 1 1 1 1 1 1 1 1 1 1 1 1 1 1 1 1 1 1 1 1 1 1
 1 1 1 1 1 1 1 1 1 1 1 1 1 1 1 1 1 1 1 1 1 1 1 1 1 1 2 2 2 2 2 2 2 2 2 2 2
 2 2 2 2 2 2 2 2 2 2 2 2 2 2 2 2 2 2 2 2 2 2 2 2 2 2 2 2 2 2 2 2 2 2 2 2 2
 2 2]
```

从程序的运行结果可以看出算法的准确率；也可以看出，聚类算法生成的类别不是原始数据集中的标签，是系统自动生成的。

聚类还可以用于文本分析领域。文本分析的主要对象是中文或英文的文本信息，目的是通过对文字进行分析、挖掘，找出文章关键词、提炼文章摘要，或者分析文章倾向性等。

例6.3先使用前面介绍过的Jieba中文分词模块将中文句子划分成单词；再使用feature_extraction模块对文字进行预处理，其中的TfidfVectorizer类能将文档转换为TF-IDF特性矩阵；再对返回的向量结果进行K-Means聚类分析，得到每段文字的聚类结果。

【例6.3】 K-Means算法文本聚类算法实例——文本情感分析。

```
#-*- coding: utf-8 -*-
import jieba
from sklearn.feature_extraction.text import TfidfVectorizer
from sklearn.cluster import KMeans

def jieba_tokenize(text):
    return jieba.lcut(text)

tfidf_vect = TfidfVectorizer(tokenizer=jieba_tokenize, lowercase=False)
text_list = ["中国的小朋友高兴地跳了起来", "今年经济情况很好", \
"小明看起来很不舒服", "李小龙武功真厉害","他很高兴去中国工作","真是一个高兴的周末","这件衣服太不舒服啦"]

#聚类的文本集
tfidf_matrix = tfidf_vect.fit(text_list)                    #训练
print(tfidf_matrix.vocabulary_)                             #打印字典
tfidf_matrix = tfidf_vect.transform(text_list)              #转换
arr=tfidf_matrix.toarray()                                  #tfidf 数组
print('tfidf array:\n',arr)
num_clusters = 4
km = KMeans(n_clusters=num_clusters, max_iter=300, random_state=3)

km.fit(tfidf_matrix)
prt=km.predict(tfidf_matrix)
print("Predicting result: ", prt)
```

运行结果如下。

```
{'中国': 2, '的': 20, '小朋友': 14, '高兴': 30, '地': 10, '跳': 28, '了': 3, '起来': 2
7, '今年': 4, '经济': 24, '情况': 17, '很': 16, '好': 12, '小明': 13, '看起来': 21,
'不': 1, '舒服': 25, '李小龙': 18, '武功': 19, '真': 22, '厉害': 6, '他': 5, '去': 7,
'工作': 15, '真是': 23, '一个': 0, '周末': 8, '这件': 29, '衣服': 26, '太': 11, '啦':
9}
tfidf array:
 [[0.         0.         0.31643237 0.38120438 0.         0.
  0.         0.         0.         0.         0.38120438 0.
  0.         0.         0.38120438 0.         0.         0.
  0.         0.         0.31643237 0.         0.         0.
  0.         0.         0.         0.38120438 0.38120438 0.
  0.2704759 ]
 [0.         0.         0.         0.         0.47122483 0.
  0.         0.         0.         0.         0.         0.
```

……

```
 0.3465257 ]
 [0.         0.35793914 0.         0.         0.         0.
  0.         0.         0.         0.43120736 0.         0.43120736
  0.         0.         0.         0.         0.         0.
  0.         0.         0.         0.         0.         0.
  0.         0.35793914 0.43120736 0.         0.         0.43120736
  0.        ]]
Predicting result:  [1 3 0 2 1 1 0]
```

从结果可以看出，Jieba 模块的 lcut()函数将 7 个句子划分成了 31 个单词，之后的 TFIDF 词频矩阵结果给出了每个句子对这 31 个单词的词频统计结果，最后使用 K-Means 聚类对矩阵的 7 行数据进行聚类并预测，得到各句的聚类结果。

6.2.2 Python 实现 K-Means 聚类

K-Means 聚类算法广泛应用于人群分类、图像分割、物种聚类、地理位置聚类等场景。为了更好地理解 K-Means 算法及其内在结构，在下面的物流配送问题中，使用 Python 代码具体实现 K-Means 算法。

【例 6.4】 物流配送问题。

视频讲解

问题描述：“双十一”期间，物流公司要给 M 城市的 50 个客户配送货物。假设公司只有 5 辆货车，客户的地理坐标在 testSet.txt 文件中，如何配送效率最高？

问题分析：可以使用 K-Means 算法，将文件内的地址数据聚成 5 类。由于每类的客户地址相近，可以分配给同一辆货车。

```
#coding=utf-8
from numpy import *
from matplotlib import pyplot as plt
#计算两个向量的欧式距离
def distEclud(vecA, vecB):
    return sqrt(sum(power(vecA - vecB, 2)))
#选 k 个点作为种子
def initCenter(dataSet, k):
    print('2.initialize cluster center...')
    shape=dataSet.shape
    n = shape[1]                                      #列数
    classCenter = array(zeros((k,n)))
    #取前 k 个数据点作为初始聚类中心
    for j in range(n):
        firstK=dataSet[:k,j]
        classCenter[:,j] = firstK
    return classCenter
#实现 K-Means 算法
def myKMeans(dataSet,k):
    m = len(dataSet)                                  #行数
    clusterPoints = array(zeros((m,2)))               #各簇中的数据点
```

```
    classCenter = initCenter(dataSet, k)            #各簇中心
    clusterChanged = True
    print('3.recompute and reallocated...')
    while clusterChanged:                           #重复计算,直到簇分配不再变化
        clusterChanged = False
        #将每个数据点分配到最近的簇
        for i in range(m):
            minDist = inf
            minIndex = -1
            for j in range(k):
                distJI = distEclud(classCenter[j,:],dataSet[i,:])
                if distJI < minDist:
                    minDist = distJI; minIndex = j
            if clusterPoints[i,0] != minIndex:
                clusterChanged = True
            clusterPoints[i,:] = minIndex,minDist**2
        #重新计算簇中心
        for cent in range(k):
            ptsInClust = dataSet[nonzero(clusterPoints[:,0]==cent)[0]]
            classCenter[cent,:] = mean(ptsInClust, axis=0)
    return classCenter, clusterPoints
#显示聚类结果
def show(dataSet, k, classCenter, clusterPoints):
    print('4.load the map...')
    fig = plt.figure()
    rect=[0.1,0.1,1.0,1.0]
    axprops = dict(xticks=[], yticks=[])
    ax0=fig.add_axes(rect, label='ax0', **axprops)
    imgP = plt.imread('city.png')
    ax0.imshow(imgP)
    ax1=fig.add_axes(rect, label='ax1', frameon=False)
    print('5.show the clusters...')
    numSamples = len(dataSet)                       #对象数量
    mark = ['ok', '^b', 'om', 'og', 'sc']
    #根据每个对象的坐标绘制点
    for i in range(numSamples):
        markIndex = int(clusterPoints[i, 0])%k
        ax1.plot(dataSet[i, 0], dataSet[i, 1], mark[markIndex])
    #标记每个簇的中心点
    for i in range(k):
        markIndex = int(clusterPoints[i, 0])%k
        ax1.plot(classCenter[i, 0], classCenter[i, 1], '^r', markersize = 12)
    plt.show()

print('1.load dataset...')
dataSet=loadtxt('testSet.txt')
K=5                                                 #类的数量
```

```
classCenter,classPoints= myKMeans(dataSet,K)
show(dataSet,K,classCenter,classPoints)
```

运行结果如图 6.2 所示。

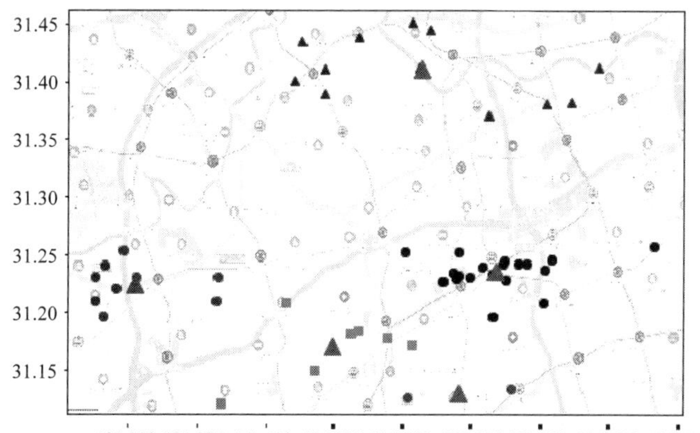

图 6.2 物流公司配送区域划分结果

6.3 K-Means 算法存在的问题

6.3.1 K-Means 算法的不足

K-Means 算法过程简单，实现便捷，能够满足很多实际应用。然而该算法也存在一定的问题，比如有下面几点不足。

1. k 值的选定比较难

大多时候，用户并不知道数据集应该分成多少类。实际使用时，类的数量可以是经验值，也可以多次处理选取其中最优的值，或者通过类的合并或分裂得到。

2. 初始聚类中心的选择对聚类结果有较大影响

例如前面物流配送的例子，如果将初始聚类中心修改为中间 k 个、后 k 个或者任意的 k 个值，所得到的结果是不同的。也就是说，初始值选择的好坏是关键性的因素，这也是 K-Means 算法的一个主要问题。

3. K-Means 算法的时间开销比较大

由于算法需要重复进行计算和样本归类，又反复调整聚类中心，因此算法的时间复杂度较高。尤其当数据量比较大时，将耗费很多时间。

4. K-Means 算法的功能具有局限性

由于算法是基于距离进行分配的，当数据包含明确分开的几部分时，可以良好地划分。然而，如果数据集形状复杂，比如是狭长形状的，或是相互存在环绕的数据集，K-Means 算法就无法处理了。

总的来说，K-Means 算法是一个经典的基础算法，能够轻松地解决很多实际问题，对新领域的研究也起到了很大的发掘信息的作用。但也需要注意，K-Means 算法有不适合的场景。

视频讲解

【例 6.5】 对半环形数据集进行 K-Means 聚类。

问题描述：SKlearn 中的半环形数据集 make_moons 是一个二维数据集，对某些算法来说具有挑战性。数据集中的数据有两类，其分布为两个交错的半圆，而且还包含随机的噪声。

```
import matplotlib.pyplot as plt
from sklearn.cluster import KMeans
from sklearn.datasets import make_moons

#生成环形数据集
X, Y = make_moons(n_samples=200, noise=0.05, random_state=0)

#使用 K-Means 聚成两类
kmeans = KMeans(n_clusters=2)
kmeans.fit(X)
Y_pred = kmeans.predict(X)

#绘制聚类结果图
plt.scatter(X[:, 0], X[:, 1], c=Y_pred, s=60, edgecolor='b')
plt.scatter(kmeans.cluster_centers_[:, 0], kmeans.cluster_centers_[:, 1],
            marker='x',  s=100, linewidth=2, edgecolor='k')

plt.xlabel("X")
plt.ylabel("Y")
```

对于半环形数据集，理想的分类结果是相互环绕的两个半圆形。但使用 K-Means 算法聚类的结果如图 6.3 所示，划分出来的效果较差。

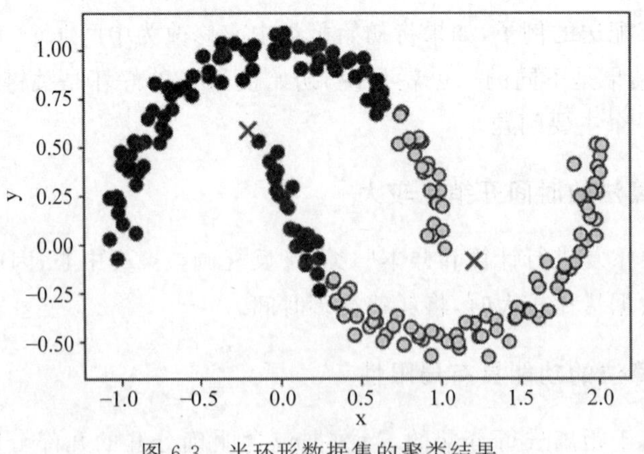

图 6.3 半环形数据集的聚类结果

使用 K-Means 聚类无法区分出半环形数据集中的两个半圆形，想一想为什么。我们将在第 9 章和第 11 章给出半环形数据分类的解决方案。

6.3.2 科学确定 k 值

选择合适的 k 值对聚类算法非常重要，一般可以通过预先观察数据来选取认为合适的簇个数，也可以使用经验值或者尝试的方法。

研究人员提出了很多确定 k 值的方法，常见的如下面几个。

1. 经验值

在很多场合，我们发现人们习惯使用 k=3、k=5 等经验值进行尝试。这主要根据解决问题的经验而来。因为在实际问题中，样本通常只划分成数量较少的、明确的类别。

2. 观测值

在聚类之前，可以用绘图方法将数据集可视化，然后通过观察，人工决定将样本聚成几类。

3. 肘部方法

肘部方法(Elbow Method)是将不同的模型参数与得到的结果可视化，例如拟合出折线，帮助数据分析人员选择最佳参数。

如果不同的参数对算法结果有影响，则折线图会发生变化。例如，折线图会出现拐点，类似于手臂上的“肘部”，则表示拐点位置为模型参数的关键。

例如图 6.4 中，随着 k 的变化，误差平方和(SSE)值呈下降趋势。拐点出现在 k=4 位置，即当 k>4 后，k 值的变化对结果影响较小。

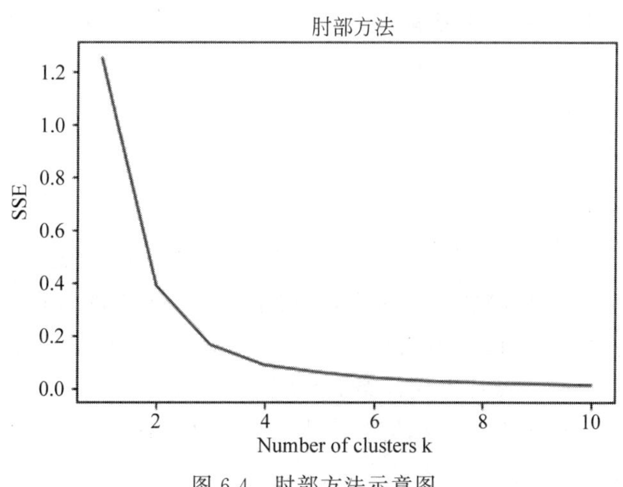

图 6.4 肘部方法示意图

需要注意的是，如果数据不是很聚集的话，肘部方法的效果会变差。不聚集的数据会生成一条平滑的曲线，k 的最佳值将不清楚。

4. 性能指标法

通过性能指标来确定 k 值，例如，选取能使轮廓系数最大的 k 值。

6.3.3 使用后处理提高聚类效果

K-Means 算法有自身特有的不足，k 值的选择和初始值的选取都影响最终的聚类结果。为了进一步提高聚类效果，也可以在聚类之后再进行后期处理。例如，可以对聚类结果进行评估，根据评估进行类的划分或合并。

评价聚类算法可以使用误差值，常用的评价聚类效果的指标是误差平方和 SSE。SSE 的计算比较简单，统计每个点到所属的簇中心的距离的平方和。假设 n 代表该簇内的数据点的个数，$\bar{y}$ 表示该簇数据点的平均值，簇的误差平方和 SSE 的计算公式如下。

$$SSE = \sum_{i=1}^{n} (y_i - \bar{y})^2 \tag{6.2}$$

SSE 值越小，表明该簇的离散程度越低，聚类效果越好。可以根据 SSE 值对生成的簇进行后处理，例如，将 SSE 值偏大的簇进行再次划分。

在 K-Means 算法中，由于算法收敛到局部最优，因此不同的初始值会产生不同的聚类结果。针对这个问题，使用误差值进行后处理后，离散程度高的类被拆分，得到的聚类结果更为理想。

除了在聚类之后进行处理，也可以在聚类的主过程中使用误差进行簇划分，比如常用的二分 K-Means 聚类算法。

二分 K-Means 聚类：首先将所有数据点看作一个簇，然后将该簇一分为二。计算每个簇内的误差指标(如 SSE 值)，将误差最大的簇再划分成两个簇，降低聚类误差。不断重复进行，直到簇的个数等于用户指定的 k 值为止。

可以看出，二分 K-Means 算法能够在一定程度上解决 K-Means 收敛于局部最优的问题。

实验

实验 6-1 银行客户分组画像

问题描述：银行对客户信息进行采集，获得了 200 位客户的数据。客户特征包括以下 4 个：社保号码(Profile Id)、姓名(Name)、年龄(age)和存款数量(deposit)。使用 K-Means 算法对客户进行分组，生成各类型客户的特点画像。

素材文件见 Customer_Info.csv，完整的程序代码见步骤 1～步骤 3。

步骤 1：获得数据。

```
#-*- coding: utf-8 -*-
import numpy as np
import matplotlib.pyplot as plt
```

```
import pandas as pd

#客户存款、年龄数据集
dataset=pd.read_csv('Customer_Info.csv')
X=dataset.iloc[: , [4,3]].values
```

步骤 2：使用肘部方法找到最优的簇数。

```
from sklearn.cluster import KMeans
sumDS = []
for i in range(1, 11):
  kmeans=KMeans(n_clusters=i)
  kmeans.fit(X)
  sumDS.append(kmeans.inertia_)                     #样本到簇中心的距离平方和
  #print(kmeans.inertia_)                           #数值逐步下降到约为 10 的 10 次方
plt.plot(range(1, 11),sumDS)
plt.title('The Elbow Method')
plt.xlabel('Number of clusters K')
plt.ylabel('SSE')
plt.show()
```

实验结果如图 6.5 所示。

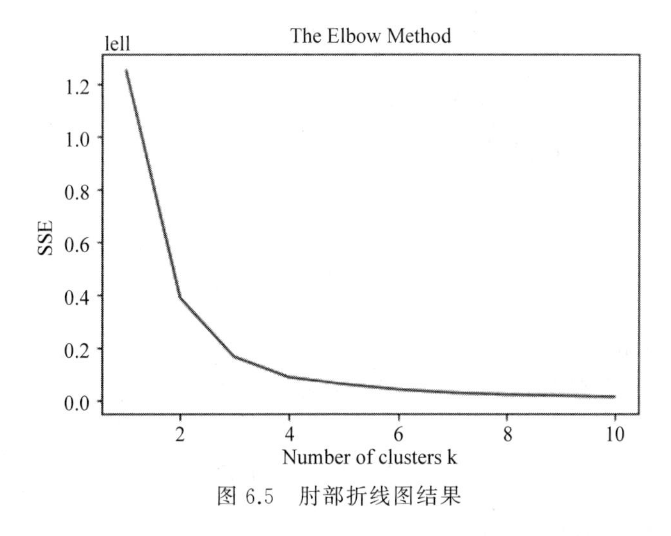

图 6.5　肘部折线图结果

从上面的肘部折线图中可看出，k 取 3 或 4 合适。

步骤 3：在数据集上使用 k=3 进行聚类。

```
kmeans=KMeans(n_clusters=3, init='k-means++', max_iter=300, n_init=10,
random_state=0)
y_kmeans=kmeans.fit_predict(X)

#集群可视化
```

```
plt.scatter(X[y_kmeans == 0, 0], X[y_kmeans == 0, 1], s = 100, marker='^', c =
'red', label='Not very rich')
plt.scatter(X[y_kmeans == 2, 0], X[y_kmeans == 2, 1], s = 100, marker='o', c =
'green', label='Middle')
plt.scatter(X[y_kmeans == 1, 0], X[y_kmeans == 1, 1], s = 100, marker='*', c =
'blue', label='Rich')
plt.scatter(kmeans.cluster_centers_[:, 0], kmeans.cluster_centers_[:, 1], s =
250, c = 'yellow', label='Centroids')
plt.title('Clusters of customer Info')
plt.xlabel('Deposit  ')
plt.ylabel('Age')
plt.legend()
plt.show()
```

实验结果如图6.6所示。

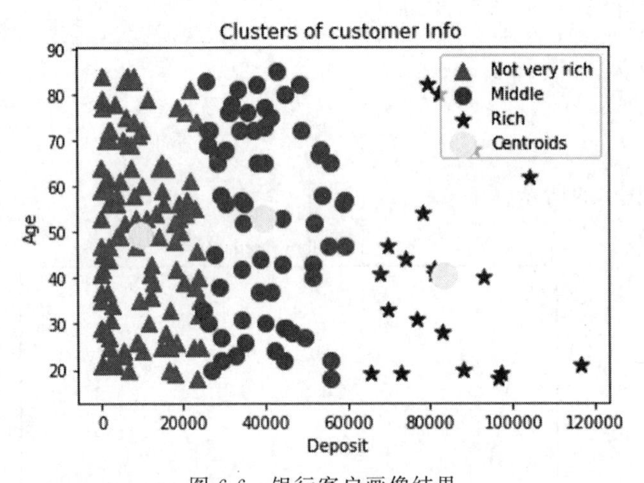

图6.6　银行客户画像结果

从如图6.6所示的聚类结果可以看出，三角形▲的为存款较少的客户类型，圆形●的为中等存款客户，星形★的为存款数量较多的客户类型。三个簇的簇中心为灰色圆点●代表的数据样本。

请动手修改上面的程序，查看k为4时的聚类结果。

实验6-2　对图像进行聚类

在图像处理领域，也可以使用K-Means算法，例如，对图像进行矢量量化处理。

矢量量化简单来说就是将数据表示为某些分量之和，是用一个有限子集来表示整体数据的方法。因为是用比原始图像少的数据来存储图像，所以可以实现图像的压缩。这项技术广泛地用在信号处理以及数据压缩等领域。

例如，将一幅256色(8位)的灰度图映射到16色(4位)。如果简单处理，可以对颜色值x使用x×15/255计算。但如果图像的颜色不均匀，这种直接映射压缩可能导致某些颜色大量丢失，例如，如果这幅 256 色图只有 12、26、51 三种颜色，那么映射之后会变成全黑。

一个解决方案是使用聚类来选取代表性的点，因此可以使用 K-Means 算法对图像进行矢量量化处理。下面采用聚类对 LFW 数据集中的人像图片进行矢量量化处理。

1. LFW 数据集简介

人脸数据集（Labeled Faces in the Wild，LFW）是一个带标签的人物脸部图片数据集，目前公开的版本有很多，可以在 http://archive.ics.uci.edu 的公开数据集中下载。在 uci 的公开数据集中下载的数据集包含 5749 个类，共 13 233 张彩色照片，每张图片大小为 250×250 像素。下面对其中的一张照片进行矢量量化处理。

http://archive.ics.uci.edu 的公开数据集中的照片如图 6.7 所示。

图 6.7　人脸数据集

也可以使用 fetch_lfw_people()获取 SKlearn 提供的 LFW 数据集。目前，使用函数 fetch_lfw_people()获取的数据集为字典类型，包含键值 target、image、target_names，有 3023 张单色照片，每张图片大小为 65×87 像素，属于 62 个类。

步骤 1：查看 lfw_people 数据集。

```
from sklearn.datasets import fetch_lfw_people
people=fetch_lfw_people(min_faces_per_person=20,resize=0.7)
print(people.target)                                    #人物标记
print(people.target_names)                              #人物名
print(people['data'].shape)                             #数据形状
print(people['target'].shape)                           #标记形状
```

运行结果如下。

```
[61 25  9 ... 14 15 14]
['Alejandro Toledo' 'Alvaro Uribe' 'Amelie Mauresmo' 'Andre Agassi'
 'Angelina Jolie' 'Ariel Sharon' 'Arnold Schwarzenegger'
 'Atal Bihari Vajpayee' 'Bill Clinton' 'Carlos Menem' 'Colin Powell'
 'David Beckham' 'Donald Rumsfeld' 'George Robertson' 'George W Bush'
 'Gerhard Schroeder' 'Gloria Macapagal Arroyo' 'Gray Davis'
 'Guillermo Coria' 'Hamid Karzai' 'Hans Blix' 'Hugo Chavez' 'Igor Ivanov'
 'Jack Straw' 'Jacques Chirac' 'Jean Chretien' 'Jennifer Aniston'
 'Jennifer Capriati' 'Jennifer Lopez' 'Jeremy Greenstock' 'Jiang Zemin'
 'John Ashcroft' 'John Negroponte' 'Jose Maria Aznar'
 'Juan Carlos Ferrero' 'Junichiro Koizumi' 'Kofi Annan' 'Laura Bush'
 'Lindsay Davenport' 'Lleyton Hewitt' 'Luiz Inacio Lula da Silva'
 'Mahmoud Abbas' 'Megawati Sukarnoputri' 'Michael Bloomberg' 'Naomi Watts'
 'Nestor Kirchner' 'Paul Bremer' 'Pete Sampras' 'Recep Tayyip Erdogan'
 'Ricardo Lagos' 'Roh Moo-hyun' 'Rudolph Giuliani' 'Saddam Hussein'
 'Serena Williams' 'Silvio Berlusconi' 'Tiger Woods' 'Tom Daschle'
 'Tom Ridge' 'Tony Blair' 'Vicente Fox' 'Vladimir Putin' 'Winona Ryder']
(3023, 5655)
(3023,)
```

步骤2：查看并显示人脸图像。

这里用到了zip()函数，其参数是任意个可迭代的对象，功能是将对象中对应的元素组合成一个个元组，然后返回这些元组组成的列表。

在步骤1的基础上添加如下代码。

```
import matplotlib
import matplotlib.pyplot as plt

image_shape = people.images[0].shape
print(image_shape)
print("Number of classes:",len(people.target_names))
print("shape of targetss:",people.target.shape)

fig, axes = plt.subplots(2, 5, figsize=(15, 8))
for target, image, ax in zip(people.target, people.images, axes.ravel()):
    ax.imshow(image)
    ax.set_title(people.target_names[target])
```

运行结果如图6.8所示。

步骤3：查看每个人物的图像总数。

在步骤2的基础上添加如下代码。

```
import numpy as np
#统计每个标记数量
counts = np.bincount(people.target)
for i, (count, name) in enumerate(zip(counts, people.target_names)):
    print("{0:25} {1:3}".format(name, count), end='   ')
```

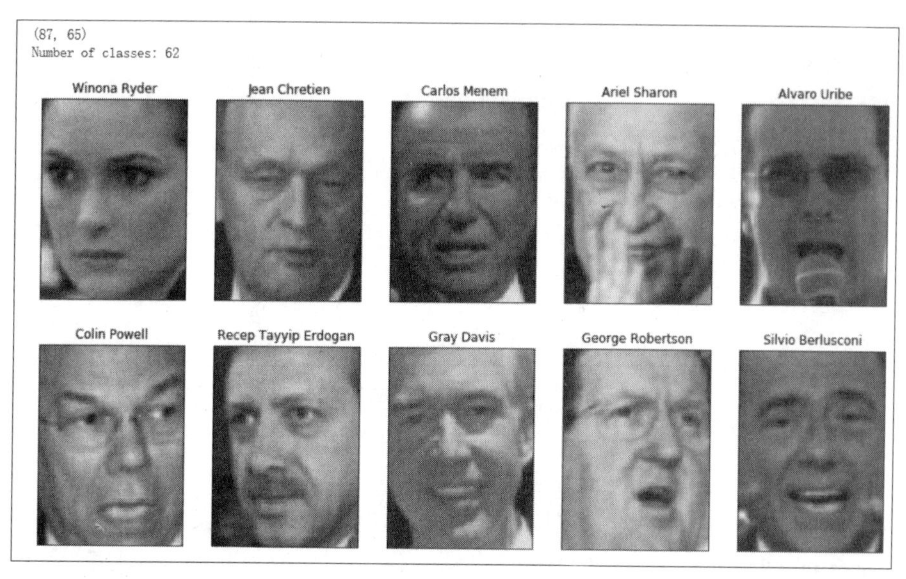

图 6.8 查看人脸图像

```
    if (i + 1) % 4 == 0:
        print()
```

显示结果如下。

```
Alejandro Toledo            39   Alvaro Uribe          35   Amelie Mauresmo           21   Andre Agassi            36
Angelina Jolie              20   Ariel Sharon          77   Arnold Schwarzenegger     42   Atal Bihari Vajpayee    24
Bill Clinton                29   Carlos Menem          21   Colin Powell             236   David Beckham           31
Donald Rumsfeld            121   George Robertson      22   George W Bush            530   Gerhard Schroeder      109
Gloria Macapagal Arroyo     44   Gray Davis            26   Guillermo Coria           30   Hamid Karzai            22
Hans Blix                   39   Hugo Chavez           71   Igor Ivanov               20   Jack Straw              28
Jacques Chirac              52   Jean Chretien         55   Jennifer Aniston          21   Jennifer Capriati       42
Jennifer Lopez              21   Jeremy Greenstock     24   Jiang Zemin               20   John Ashcroft           53
John Negroponte             31   Jose Maria Aznar      23   Juan Carlos Ferrero       28   Junichiro Koizumi       60
Kofi Annan                  32   Laura Bush            41   Lindsay Davenport         22   Lleyton Hewitt          41
Luiz Inacio Lula da Silva   48   Mahmoud Abbas         29   Megawati Sukarnoputri     33   Michael Bloomberg       20
Naomi Watts                 22   Nestor Kirchner       37   Paul Bremer               20   Pete Sampras            22
Recep Tayyip Erdogan        30   Ricardo Lagos         27   Roh Moo-hyun              32   Rudolph Giuliani        26
Saddam Hussein              23   Serena Williams       52   Silvio Berlusconi         33   Tiger Woods             23
Tom Daschle                 25   Tom Ridge             33   Tony Blair               144   Vicente Fox             32
Vladimir Putin              49   Winona Ryder          24
```

2. 聚类实现图像的矢量量化

将图像处理成一维数组形式,每个图像当作一个数据。使用 K-Means 对数据进行处理得到 k 个簇中心,即提取到的分量。使用这些分类来表示图像,实现压缩、重建的功能。

对图像数据进行聚类的代码如下。

```
#-*- coding: utf-8 -*-
from PIL import Image
import numpy as np
from sklearn.cluster import KMeans
import matplotlib
import matplotlib.pyplot as plt
```

```
def restore_image(cb, cluster, shape):
    row, col, dummy = shape
    image = np.empty((row, col, dummy))
    for r in range(row):
        for c in range(col):
            image[r, c] = cb[cluster[r * col + c]]
    return image

if __name__ == '__main__':
    matplotlib.rcParams['font.sans-serif'] = [u'SimHei']
    matplotlib.rcParams['axes.unicode_minus'] = False
    #聚类数 2,6,30
    num_vq = 2
    im = Image.open('Tiger_Woods_0023.jpg')
    image = np.array(im).astype(np.float) / 255
    image = image[:, :, :3]
    image_v = image.reshape((-1, 3))
    kmeans = KMeans(n_clusters=num_vq, init='k-means++')

    N = image_v.shape[0]                                #图像像素总数
    #选择样本,计算聚类中心
    idx = np.random.randint(0, N, size=int(N * 0.7))
    image_sample = image_v[idx]
    kmeans.fit(image_sample)
    result = kmeans.predict(image_v)                    #聚类结果
    print('聚类结果:\n', result)
    print('聚类中心:\n', kmeans.cluster_centers_)

    plt.figure(figsize=(15, 8), facecolor='w')
    plt.subplot(211)
    plt.axis('off')
    plt.title(u'原始图片', fontsize=18)
    plt.imshow(image)
    #可以使用 plt.savefig('原始图片.png'),保存原始图片并对比

    plt.subplot(212)
    vq_image = restore_image(kmeans.cluster_centers_, result, image.shape)
    plt.axis('off')
    plt.title(u'聚类个数:%d' % num_vq, fontsize=20)
    plt.imshow(vq_image)
    #可以使用 plt.savefig('矢量化图片.png'),保存处理后的图片并对比

    plt.tight_layout(1.2)
    plt.show()
```

程序使用两个分量重建了图像，还可以将重建分量数 num_vq 修改为 6 和 30。图 6.9 显示的是原图以及使用 2、6、30 个分量重建图像的结果。

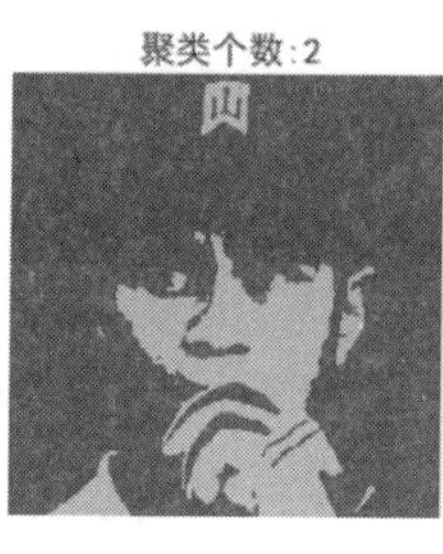

图 6.9　分别用 2、6、30 个分量重建的图像

第 7 章

推荐算法

本章概要

随着互联网的飞速发展,网络中的信息资源呈爆炸性增长。计算机、移动终端及多媒体技术的更新,也极大提升了人们获取想要的信息资源的便捷性。

丰富的资源为人们带来了极大的便利,但也使用户产生了困扰。用户很难从网络中及时准确地获取自己想要的信息,产生了信息过载问题。程序如何能帮助用户高效地找到所需信息,成为重要的研究问题。

推荐系统就是分析用户的需求特征,将与用户相匹配的信息推荐给用户的软件系统。在电子商务、网络新闻、电子音乐、社交平台等领域广泛应用。

本章介绍推荐系统的基本概念及常见的几种推荐算法,在此基础上讲解推荐系统的设计和实现。

学习目标

当完成本章的学习后,要求:

(1) 了解推荐算法的基本概念。

(2) 掌握推荐算法的类别。

(3) 掌握基于协同过滤的推荐算法。

(4) 了解其他常见的推荐算法。

7.1 推荐系统

早期的互联网提供给用户的功能和信息都有限。近年来,随着云计算、物联网、大数据等信息技术的迅速发展,互联网空间中各类应用引发了数据规模的爆炸式增长。人们从信息匮乏时代走入了信息过载的时代。在这个时代下，信息消费者与信息生产者都遇到了极大的挑战。对于信息消费者，面临的问题是如何在繁多的信息中收集到自己感兴趣的信息。而对于信息生产者来说，要高效地把信息推送给感兴趣的信息消费者，而不是淹没在信息互联网的海洋之中，也非常困难。

如何从大量的数据信息中获取有价值的信息成为关键问题。如果用户有明确的需求，面对大量的物品信息，可以通过搜索引擎找到所需要的物品。当用户没有明确需求时，比如某人今天想看电影或者电视剧，但面对电影网站上繁多的电影会觉得手足无措。另一方面，资源提供方也苦于没有良好的推广途径，投放的影片市场效果不理想。

由此，推荐系统便应运而生。一方面，推荐系统可以为信息消费者提供服务，帮助筛选他们潜在可能感兴趣的信息。另一方面，推荐系统同时也给信息生产者提供了途径去挖掘潜在的消费者，帮助他们实现更有效率的信息推送。

举例来说，影视网站的推荐系统可以收集用户的观看历史，对用户进行特征提取，为用户提供量身定制的个性化推荐。它也可以对网站上的电影内容以及相关信息进行分析，然后推荐给可能感兴趣的受众。

推荐系统作为解决“信息过载”问题的有效方法，已经成为学术界和工业界的关注热点，得到了广泛的应用。

7.1.1　推荐算法概述

推荐算法出现得很早，最早的推荐系统是卡耐基·梅隆大学推出的 Web Watcher 浏览器导航系统，可以根据当前的搜索目标和用户信息，突出显示对用户有用的超链接。斯坦福大学则推出了个性化推荐系统 LIRA。AT&T 实验室于 1997 年提出基于协作过滤的个性化推荐系统，通过了解用户的喜好和需求，能更精确地呈现相关内容。

在 Facebook 自 2006 年开始引领互联网社交新潮流之后，推荐系统真正与互联网产品相结合。加之亚马逊、淘宝等主营电商的互联网产品改变了网民的社交生活方式，推荐算法在社交、电商等产品中被运用得风生水起。

根据亚马逊网站的数据统计，在已购买的网站用户中，原本就有明确购买意向的仅占 6%。如果商家能够把满足客户模糊需求的商品主动推荐给客户，就有可能将客户的潜在需求转化为实际购买需求。因此，根据用户的兴趣、爱好、购买行为等特征进行商品推荐的推荐系统应运而生，并被广泛使用。推荐系统的流程如图 7.1 所示。

目前，大型电子商务网站（如 Amazon、淘宝）、音乐播放软件（如网易云音乐、虾米音乐）以及大型视频网站等都有内置的推荐系统。在购物网站上，当用户浏览或购买了某些物品后，经常会弹出新的物品供选择。如图 7.2 所示，一位客户刚在 Amazon 上浏览了乐高积木，马上看到系统推荐给他相关产品。顾客在淘宝网站收藏了一张实木书桌，平台会推荐一系列相关的设备。为什么电子商务平台那么了解你？你总是很容易看到感兴趣的新闻，听到符合自己风格的音乐呢？

这背后就是推荐系统平台在工作。推荐系统首先收集、处理客户的数据，通过分析客户的特征，为客户推荐最合适的商品。

推荐系统的核心工作是使用特定的信息分析技术，将项目推荐给可能感兴趣的用户。

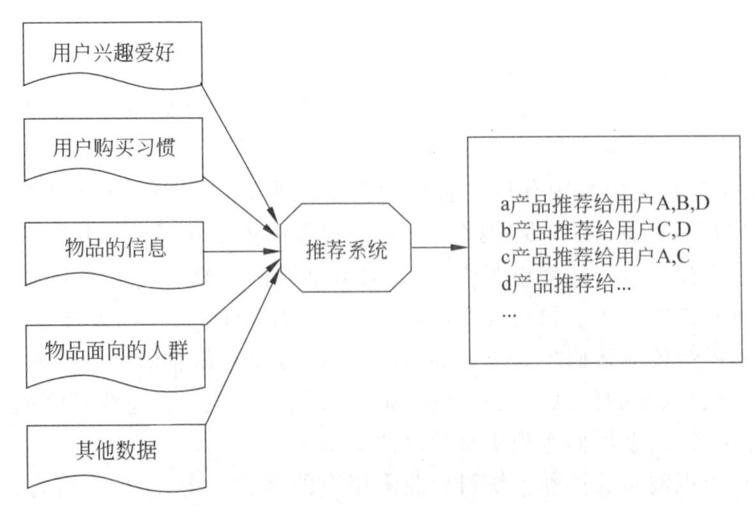

图 7.1　推荐流程示意图

(a) 在www.amazon.cn，把乐高积木加入购物车后，推荐的物品

(b) 在taobao.com，把实木书桌加入购物车后的推荐物品

(c) 虾米音乐的智能推荐功能

图 7.2　电子商务网站上的自动推荐

了解用户的兴趣爱好是推荐系统最重要的一个环节。如何把用户的行为进行量化，得到每个用户的特征偏好，也是一个难题。各商业模式下，用户偏好都是一个比较复杂的指标，不同的企业有自己统计用户偏好的方法，计算也各不相同。IBM 在研究中提到了一些可以参考的用户偏好统计方法，如表 7.1 所示。

表 7.1　用户行为和用户偏好（摘选自 IBM《探索推荐引擎内部的秘密》系列）

用户行为	类型	特　征	作　用
评分	显式	偏好，整数，可能的取值是[0,n]，n 一般为 5 或 10	通过用户对物品的评分，可以精确地得到用户的偏好
投票	显式	偏好，布尔值，取值 0 或 1	通过用户对物品的投票，可以较精确地得到用户的偏好
转发	显式	偏好，布尔值，取值 0 或 1	通过用户对物品的转发，可以精确地得到用户的偏好。也可以（不精确地）推理到被转发人的偏好

续表

用户行为	类型	特　征	作　用
标记标签	显式	一些单词，需要对单词进行分析，得到偏好	通过分析用户的标签，可以得到用户对项目的理解，同时可以分析出用户的情感：喜欢还是讨厌
评论	显式	一段文字，需要进行文本分析，得到偏好	通过分析用户的评论，可以得到用户的情感：喜欢还是讨厌
单击、查看	隐式	一组用户的单击，用户对物品感兴趣，需要进行分析，得到偏好	用户的单击一定程度上反映了用户的注意力，所以它也可以从一定程度上反映用户的喜好
页面停留时间	隐式	时间信息，噪声大，需要进行去噪，分析得到偏好	用户的页面停留时间一定程度上反映了用户的注意力和喜好，但噪声偏大，不易利用
购买	隐式	偏好，布尔值，取值 0 或 1	用户的购买能明确地说明他对这个项目感兴趣

以上列举的用户行为都是比较通用的，推荐引擎设计人员会根据应用的特点添加特殊的用户行为。

7.1.2　推荐系统的评价指标

由于推荐所针对的需求是潜在的、隐性的，所以如何评价推荐系统的性能是比较复杂的问题。在推荐系统进行推荐后，用户进行了购买，是否就能判断它是一个效能良好的推荐系统？答案是不一定。因为用户的购买行为受很多因素影响，可能来自商家广告、搜索引擎，以及推荐系统没有发现的用户实际需求。

此外，好的推荐系统不仅要准确预测用户的喜好，而且要能扩展用户视野，帮助用户发现那些他们可能感兴趣，但不那么容易被发现的物品。同时，推荐系统要将那些被埋没的长尾商品，推荐给可能会感兴趣的用户。推荐系统可以提高长尾商品的销售，这是搜索引擎无法办到的。

长尾商品(Long Tail Product)的概念由 Chris Anderson 在 2004 年《长尾》一文中提出，用来描述诸如亚马逊之类的网站的积沙成塔式的经济模式。

长尾商品是指那些原来不受到重视的销量小但种类多的产品或服务。由于长尾商品总量巨大，累积起来的总收益会超过主流产品，这种现象称为长尾现象。

如果从正态分布来看，正态曲线中间的突起部分叫“头”；两边相对平缓的部分叫“尾”。人群大多数的频繁的需求集中在头部，这部分一般称为流行。而分布在尾部的需求是个性化的、零散的、小量的需求，这部分差异化的、少量的需求会在正态曲线上形成一条长长的“尾巴”。由于尾的数量大，若将所有非流行的市场累加起来，会形成一个比流行市场还大的市场。

推荐系统比较复杂，对系统性能的评价可以从多方面进行考虑。下面列举出几种评估方法。此外，还可以依据实际应用场景，设计符合实际的评价指标，作为算法模型优化的依据。

1. 用户信任度

测量用户对推荐系统的信任程度非常关键,只有用户充分信任推荐系统,才会增加与推荐系统的互动,从而获得更好的个性化推荐。可以通过下面三个渠道提高用户信任度。

(1) 通过调查问卷,统计用户满意度,询问用户是否信任推荐系统的推荐结果。或统计在线点击率、用户停留时间和转化率等指标进行度量。根据调查结果进行模式改进。

(2) 提供推荐理由,增加推荐系统的透明度。

(3) 可以通过好友进行基于社交关系的推荐。

2. 预测准确度

预测准确度度量一个推荐系统或者推荐算法预测用户行为的能力,这个指标是最重要的推荐系统评测指标。预测的准确度可以通过用户对物品的预测值与用户实际的评分、购买等行为之间的误差进行计算。

3. 覆盖率

覆盖率是指推荐出来的结果能不能很好地覆盖所有的商品,是不是所有的商品都有被推荐的机会。描述一个推荐系统对长尾商品的发掘能力,最简单的依据是被推荐的商品占物品总数的比例。

4. 多样性

良好的推荐系统不但要捕捉用户的喜好,还要能扩展用户视野,帮助用户发现那些他们可能会感兴趣的物品。

例如,你看过了一部电影《哪吒》,你每次登录这个网站它都给你推荐《哪吒》或类似的动画片,这对用户来说就很疲劳。一个更优的策略是推荐出来的大部分物品是用户可能感兴趣的,再用小比例去试探新的兴趣,使用户能够获得那些他们没听说过的物品。此外,还要把用户之前已经接触过的物品从推荐列表中过滤掉,即删除用户观赏过、购买过的商品。

惊喜度也是近几年推荐系统领域最热门的话题。在提高多样性、新颖性的基础上,如果推荐结果和用户的历史兴趣不相似,但却让用户觉得满意,则推荐结果的惊喜度就非常可观。

5. 实时性

有些物品比如新闻、微博等,具有很强的时效性,需要在物品还具有时效性时就将它们推荐给用户。推荐系统的实时性包括两方面:一是实时更新推荐列表满足用户新的行为变化;二是需要将新加入系统的物品推荐给用户。

以上只是常见的几种评价手段。在实际应用中,需要结合实际需求进行分析,设定符合实际的指标,多方面来考量推荐系统的性能。

7.1.3 推荐系统面临的挑战

由于推荐要解决的是非确定性的复杂问题，所以推荐系统面临着很多挑战。一般来说，系统在运行中会遇到如下几个常见困难。

1. 冷启动问题

冷启动问题是推荐系统最突出的问题。冷启动是指推荐系统在没有足够历史数据的情况下进行推荐。推荐系统开始运行时缺乏必要的数据，这时要求推荐系统得出让用户满意的推荐结果比较困难。

冷启动问题主要分为以下三类。

(1) 用户冷启动：指新用户情况下，如何给新用户做个性化推荐的问题。

(2) 系统冷启动：指新系统情况下，只有物品的信息没有用户及行为，如何进行推荐。

(3) 物品冷启动：指新物品情况下，如何将新推出的物品推荐给可能感兴趣的用户。

对于不同的冷启动问题，有不同的解决方案。如下解决方法可以作为参考。

(1) 对新用户或不活跃用户，提供标准化的推荐，例如推荐热门产品。等收集足够多的用户数据后，再更换为个性化推荐。

(2) 对新注册用户，在注册时要求提供年龄、性别等个人信息。或进一步要求用户在首次登录时选择一些兴趣标签；或者请用户对一些物品进行评价。根据用户的个人信息、兴趣标签、对物品的打分，给用户推荐相关物品。

(3) 对于新访问用户，可以根据用户关联的社交网络账号，在授权的情况下导入用户在社交网站上的好友，然后给用户推荐其好友感兴趣的物品。

(4) 对于新物品，可以利用物品的名称、标签、描述等信息，将它们推荐给对相似物品感兴趣的用户。

(5) 对于系统冷启动问题，可以引入经验模型，根据已有的知识预先建立相关性矩阵。

2. 多目标优化问题

影响推荐系统性能的因素非常多，因此推荐系统可以看作一个多目标优化问题。怎样能综合考虑这些繁杂的影响因素，达到理想的推荐效果，也是一个有挑战的问题。

3. 多源的异构数据

推荐系统的数据来自于各种数据源、各种格式，例如用户信息、物品信息、用户和用户的关系，以及用户和物品的关系。数据源还经常是异构的，存在文字、网页、图片、声音、视频等丰富的格式。内容的多源和异构性都是需要解决的问题。

4. 时效问题

像新闻这样的产品，有时效性要求。另一方面，用户的兴趣会改变，要进行跟踪更新。

用户已经消费过的类似商品不需要再次推荐。因此推荐的结果需要保证实时性,要及时、准确,并且会依据最新的数据进行迭代更新。

除了上述挑战外,推荐系统在实际应用中也可能会遇到其他各方面的问题,需要根据实际情况去解决。

7.1.4 常见的推荐算法

自首次提出协同过滤技术以来,推荐系统成为一门独立的学科并受到广泛关注。推荐系统的核心是推荐算法,它认为用户的行为并不是随机的,而是蕴含着很多模式。因此,通过分析用户与项目之间的二元关系,基于用户历史行为或相似性关系能够发现用户可能感兴趣的项目。

推荐系统通常将用户的历史行为,比如将物品购买行为或者电影评分行为,通过数据处理,转换为一个用户对物品的行为矩阵。行为矩阵能够表示用户集合与物品集合之间的关联关系。推荐算法收集并分析用户和物品的行为矩阵,预测用户对未评分过的物品的评分值,为用户推荐预测评分值最大的物品列表,以尽可能实现对用户的准确推荐。

随着推荐系统的广泛应用,推荐算法也不断发展。目前来说,推荐算法可以粗略分为几个大类:协同过滤推荐算法、基于内容的推荐算法、基于图结构的推荐算法和混合推荐算法。

视频讲解

7.2 协同过滤推荐算法

协同过滤(Collaborative Filtering,CF)的概念是1992年提出的,并被GroupLens在1994年应用在新闻过滤中。目前的协同过滤推荐算法可以按数据维度分为两类:基于用户的协同过滤算法和基于物品的协同过滤算法。

7.2.1 基于用户的协同过滤算法

1. 基于用户的协同过滤

在日常交往中,可以观察一个人的朋友们的喜好,借此推测这个人的兴趣偏好,从而为他推荐他可能喜欢的内容。基于协同过滤的算法就是基于这个想法。首先使用特定的方式找到与一个用户相似的用户集合,即他的"朋友们"。分析这些相似用户的喜好,将这些"朋友们"喜欢的东西推荐给该用户。算法基于如下假设:如果两个用户对一些项目的评分相似,则他们对其他项目的评分也具有相似性。例如,经过调查,小明惊奇地发现有5个同学和他看过的电影大部分相同,那么这5个同学推荐给他的电影就很可能是他喜欢的。

算法的流程示意图如图7.3所示。推荐系统根据用户对项目的历史评分矩阵,计算出用户之间的相似程度,再根据相似用户对项目的评分,推测出当前用户U对项目的可能评分,即对项目的喜爱程度。

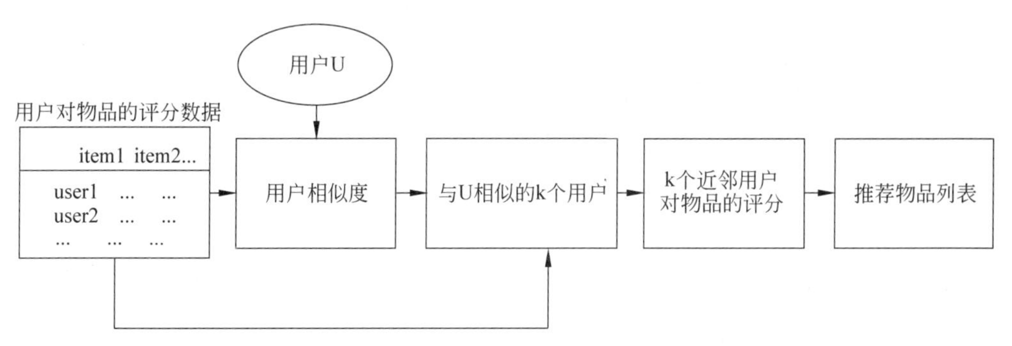

图 7.3 基于用户的协同过滤推荐算法流程

下面对算法流程进行详细介绍。

首先，系统需要采集用户、项目的相关数据，构建一个用户-物品评分矩阵，例如如表 7.2 所示的信息矩阵。

表 7.2 用户-物品评分矩阵

Item	Item1	Item2	…	ItemN
User1	e11	e12	…	e1N
…	…	…	…	…
UserU	eU1	eU2	…	eUN
…	…	…	…	…
UserV	eV1	eV2	…	eVN
…	…	…	…	…
UserM	eM1	eM2	…	eMN

接下来，要计算用户和用户之间的相似度。相似度根据距离计算，如欧式距离、余弦距离等。假设用户数据为 N 维的，则用户 U 和用户 V 两个向量的欧式距离为：

$$d(U,V)=\sqrt{\sum_{i=1}^{N}(U_i-V_i)^2}=\sqrt{(eU1-eV1)^2+\cdots+(eUN-eVN)^2} \tag{7.1}$$

欧式距离得到的结果是一个非负数，最大值是正无穷。显然，距离越大相似度越小，即相似度与距离负相关。另外，为方便使用，通常希望相似度值是在某个具体范围内。所以，可以将上面的欧氏距离进行如下变换，转换到(0,1]。

$$sim(U,V)=\frac{1}{1+d(U,V)} \tag{7.2}$$

余弦相似度也是经常使用的相似度度量方法，它计算的是两个向量之间夹角的余弦值。余弦相似度的结果范围为[-1,1]。仍然使用上面假设的 N 维的用户数据，则用户 U 和用户 V 两个向量的余弦相似度如下。

$$\text{sim}(U,V)=\cos\theta=\frac{U\cdot V}{\|U\|\times\|V\|}=\frac{\sum_{i=1}^{N}(U_i\times V_i)}{\sqrt{\sum_{i=1}^{N}(U_i)^2}\times\sqrt{\sum_{i=1}^{N}(V_i)^2}} \tag{7.3}$$

其中，$\|U\|$、$\|V\|$表示向量U、V的二范数(向量的二范数是向量中各个元素平方之和再开根号)。

除了上面介绍的基于欧式距离的相似度、余弦相似度之外，还有很多种相似度的度量方法，例如皮尔逊相似度等，不再一一介绍。

例如，对于用户U进行推荐，要先计算用户U与其他用户的相似度。进行排序，找出与用户U最相似的k个用户，用集合P(u,k)表示。对于其中的每个相似用户V，可以很方便地从矩阵中提取出V喜欢过的物品。

对于每个候选物品i，用户U对它感兴趣的程度f(u,i)可以通过其他用户的喜欢程度与用户间的相似度来计算，公式如下。

$$f(u,i)=\sum_{v\in P(u,k)\cap N(i)}\text{sim}_{uv}\times r_{v_i} \tag{7.4}$$

其中：

P(u,k)：与用户U最相似的前k个用户的集合。

N(i)：喜欢物品i的用户集合(i一般为用户U未喜欢过的物品)。

v：与用户U最相似的前k个用户集合中，喜欢过物品i的用户。

sim_{uv}：用户U和用户V的相似度。

r_{v_i}：用户V对物品i的喜欢程度。

实际应用中，希望计算结果最好与r_{v_i}的取值范围相同，所以经常把上面求得的喜欢程度取平均值。用户U对物品i的喜欢程度r_{u_i}计算如下。

$$r_{u_i}=\frac{f(u,i)}{\sum_{v\in P(u,k)\cap N(i)}\text{sim}_{uv}}=\frac{\sum_{v\in P(u,k)\cap N(i)}\text{sim}_{uv}\times r_{v_i}}{\sum_{v\in P(u,k)\cap N(i)}\text{sim}_{uv}} \tag{7.5}$$

基于用户的CF的基本思想非常简单：基于用户对物品的偏好找到邻居用户，然后将邻居用户喜欢的推荐给当前用户。

下面使用例子进行详细讲解。在某个电子商务平台上，收集到的用户对物品的评价结果数据如表7.3所示。下面对用户U1，提取两个相邻用户(k=2)的历史偏好，预测用户U1对I2物品的评分。

表7.3 用户对物品的评价结果

用户	物品			
	I1	I2	I3	I4
U1	5	—	4	4
U2	3	2	3	3
U3	2	5	2	1
U4	4	3	5	4

首先计算 U1 与各个用户的相似度，使用欧式距离：

$$d(U1,U2)=\sqrt{(5-3)^2+(4-3)^2+(4-3)^2}=\sqrt{6}$$

$$d(U1,U3)=\sqrt{(5-2)^2+(4-2)^2+(4-1)^2}=\sqrt{22}$$

$$d(U1,U4)=\sqrt{(5-4)^2+(4-5)^2+(4-4)^2}=\sqrt{2}$$

$$sim(U1,U2)=\frac{1}{1+\sqrt{6}}\approx 0.29$$

$$sim(U1,U3)=\frac{1}{1+\sqrt{22}}\approx 0.18$$

$$sim(U1,U4)=\frac{1}{1+\sqrt{2}}\approx 0.41$$

根据排序，与 U1 最相似的两个用户是 U2、U4。接着使用 U2、U4 对物品 I2 的评分，预测 U1 对物品 I2 的评分：

$$r(U1,I2)=\frac{(0.29\times 2)+(0.41\times 3)}{0.29+0.41}\approx 2.59$$

通过结果可以看出，用户 U1 对物品 I2 的喜欢程度的预测值为 2.59。可以使用同样的方法，对所有 U1 未评价过的物品进行预测。然后将预测值进行排序，将评分最高的一些物品推荐给 U1。

不过值得注意的是，每个用户的打分习惯有所不同，例如，有人喜欢打高分，有人的打分习惯偏低。为了使计算结果更精确，在实际操作中，可以用评分减去用户打分的平均值，以减少用户评分的高低习惯对结果的影响。

经过改进，预测某个用户 U 对某个项目 i 的评分 r_{u_i} 的计算如下。

$$r_{u_i}=\overline{r_u}+\frac{\sum\limits_{v\in P(u,k)\cap N(i)} sim_{uv}\times(r_{v_i}-\overline{r_v})}{\sum\limits_{v\in P(u,k)\cap N(i)} sim_{uv}} \tag{7.6}$$

其中，$\overline{r_u}$和$\overline{r_v}$分别是用户 U、用户 V 对物品的评价均值。很容易计算出用户 U1、U2、U3、U4 的评分均值：

$$\overline{r_{u1}}=\frac{5+4+4}{3}=4.33$$

$$\overline{r_{u2}}=\frac{3+2+3+3}{4}=2.75$$

$$\overline{r_{u3}}=\frac{2+5+2+1}{4}=2.5$$

$$\overline{r_{u4}}=\frac{4+3+5+4}{4}=4$$

可以自己动手计算一下，使用均值进行了改进后，计算出来的结果。

基于用户的协同过滤算法原理简单，实现便捷。不过它虽然已经在理论和实际应用中取得了很大的成就，但还存在一些问题。

1）稀疏的用户评分数据

大型电子商务系统中的物品非常多，每个用户买过的物品只占极少的比例，因此不同用户之间买的物品重叠性较低，算法很难为当前用户匹配到偏好相似的邻居用户。评分矩阵中大部分数据都为空，因而评分矩阵都是稀疏的，难以处理。

2）系统扩展遇到的问题

仅计算相似度的过程来说，运算量就很大。而且随着系统的影响力增加，用户的持续增加会存在突然的激增，相似性运算的复杂度会越来越高。运算时间变长使得对用户的响应时间慢，系统的扩展性受到制约。

对比来看，物品之间的相似性相对固定，同时有些网站物品数量不多且增长缓慢。这时通过计算不同物品之间的相似度进行推荐，可以解决上面的问题。也就是说，可以使用基于物品的协同过滤算法。

2. 基于物品的协同过滤算法

算法基于以下假设：同一个用户对相似项目的评分存在相似性。当测算用户对某个项目的评分时，可以根据用户对若干相似项目的评分进行估计。

例如，喜欢看电影的小明，对影片《少林寺》《醉拳》《新龙门客栈》和《一代宗师》的评价比较高，由于电影《叶问》与上述电影的相似度较高，那么影片《叶问》很可能是他感兴趣的。

基于物品的协同过滤算法的想法本质上与基于用户的协同过滤算法类似，可以使用前文介绍的用户相似度公式计算项目间的相似度。相似度与预测的计算过程都类似。预测某个用户 U 对某个项目 i 的评分 r_{u_i} 的计算如下。

$$r_{u_i}=\frac{\sum\limits_{j\in G(i,k)\cap N(u)} sim_{ij}\times r_{v_i}}{\sum\limits_{j\in G(i,k)\cap N(u)} sim_{ij}} \tag{7.7}$$

参数如下。

r_{v_i}：用户 V 对物品 i 的喜欢程度。

G(i,k)：与物品 i 最相似的前 k 个物品集合。

N(u)：U 喜欢过的物品集合。

j：与物品 i 最相似的前 k 个物品集合中，用户喜欢过的物品。

sim_{ij}：物品 i 和物品 j 的相似度。

基于物品的协同过滤推荐算法原理上和基于用户的协同过滤推荐算法类似，只是在计算邻居时采用物品作为对象，而不是从用户的维度。将所有用户对某个物品的喜欢程度作为一个向量，计算物品之间的相似度，得到某物品的相似物品。然后，根据用户历史的评价数据，预测当前用户对没评价过的物品的评分，对物品排序后作为推荐。

基于表 7.4 中的数据，使用基于物品的协同过滤推荐算法，计算用户 U2 对物品 I2 的评分。

表 7.4　用户对物品的评价结果

用户	物品			
	I1	I2	I3	I4
U1	5	—	4	4
U2	3	0	3	3
U3	2	5	2	1
U4	4	3	5	4

首先计算 I2 与各个物品的相似度，使用欧式距离：

$$d(I2,I1)=\sqrt{(0-3)^2+(5-2)^2+(3-4)^2}=\sqrt{19}$$

$$d(I2,I3)=\sqrt{(0-3)^2+(5-2)^2+(3-5)^2}=\sqrt{22}$$

$$d(I2,I4)=\sqrt{(0-3)^2+(5-1)^2+(3-4)^2}=\sqrt{26}$$

于是得到相似度：

$$\mathrm{sim}(I2,I1)=\frac{1}{1+\sqrt{19}}\approx 0.19$$

$$\mathrm{sim}(I2,I3)=\frac{1}{1+\sqrt{22}}\approx 0.18$$

$$\mathrm{sim}(I2,I4)=\frac{1}{1+\sqrt{26}}\approx 0.16$$

通过排序，可知与 I2 最相似的两个物品是 I1、I3。所以使用用户对 I1、I3 物品的评分，预测用户 U1 对物品 I2 的评分。

$$r(U1,I2)=\frac{(0.19\times 5)+(0.18\times 4)}{0.19+0.18}\approx 4.51$$

通过结果可以看出，用户 U1 对物品 I2 的喜欢程度的预测值为 4.51。可以使用同样的方法，对所有 U1 未评价过的物品进行预测。然后将预测值进行排序，将评分最高的一些物品推荐给 U1。

那么遇到具体问题时，是采用基于用户的相似度还是基于物品的相似度呢？具体要看用户、项目的各自数量。如果物品数据很多，物品之间的相似度计算量就会很大；同样地，基于用户的相似度计算量也会随着用户数而增加。在很多产品推荐系统中，用户的数量会大于产品的种类数。一个简单的方案是比较用户和物品的数量，取数量较少、增长较缓慢的进行计算。

协同过滤推荐算法是最常用的推荐策略。但在大数据量时，不论是基于用户还是基于项目的计算量都比较大，运行效率是一个值得注意的问题。

7.2.2　基于内容的推荐算法

基于内容的模式起源于信息检索领域，这种模式是以物品的内容为基础。推荐的原理是分析系统的历史数据，提取对象的内容特征和用户的兴趣偏好。对被推荐对象，先和用户的兴趣偏好相匹配，再根据内容之间的关联程度，将关联度高的内容推荐给用户。

这里关键的环节是计算被推荐对象的内容特征和用户模型的兴趣特征二者之间的相似性。与协同过滤算法不同的地方在于，基于内容的推荐算法不需要大量用户、物品数据作为评分的基础，而是对用户评过分的物品进行文档整理，列出这些物品的标记或关键词列表。目前基于内容的推荐算法大多使用在大量文本信息的场合，如新闻推荐。

推荐时会把这些产品的文本信息关键字提取出来形成一个标签列表，并将之前对用户喜欢过的物品进行整理得到的标签与新物品标签进行比对。

例如，对微博用户进行广告推荐，首先要通过用户发言提炼出用户的兴趣关键字。接下来对广告内容进行分析，提取出广告内容的关键词。二者相匹配的话则进行推荐。对于这样的文本数据，可以配合使用 TF-IDF 频率数据。

例如图 7.4，首先整理用户喜欢过的物品，分析出物品的标签，然后搜索出关联的产品。例如，整理“乡村教师代言人——马云”的微博信息并进行数据分析，可以筛选出部分兴趣关键词为“数据，创业，服务，乡村，体验，利润”，就可以投放与这些词相关度高的创业服务类广告。

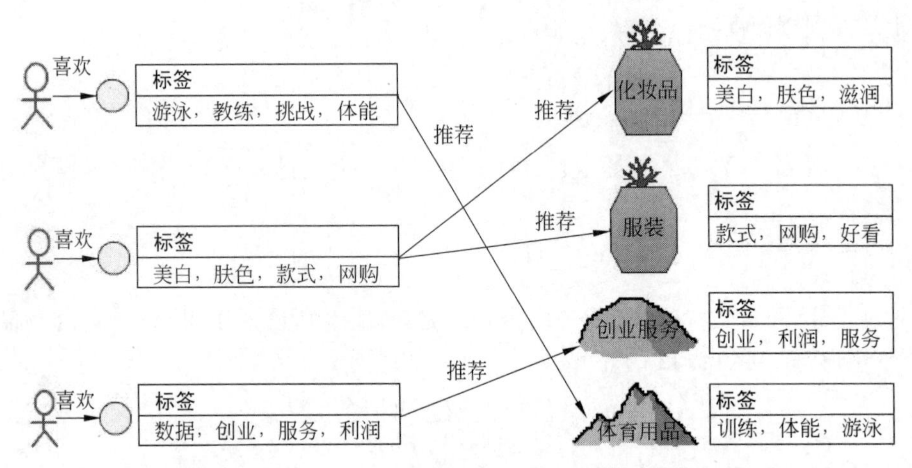

图 7.4 基于内容的推荐算法示意图

基于内容的推荐算法的主要优势如下。

(1) 不需要大量数据。只要用户产生了初始的历史数据，就可以开始进行推荐的计算，而且可以期待准确性。

(2) 方法简单、有效，推荐结果直观，容易理解，不需要领域知识。

(3) 不存在稀疏问题。

基于内容的推荐算法的缺点如下。

(1) 对物品内容进行解析时，受到对象特征提取能力的限制。例如，图像、视频、音频等产品资源没有有效的特征提取方法。即使是文本资源，提取到的特征也只能反映资源的一部分内容。

(2) 推荐结果相对固化，难发现新内容。只有推荐对象的内容特征和用户的兴趣偏好匹配才能获得推荐。用户仅获得跟以前类似的推荐结果，很难为用户发现新的感兴趣的信息。

（3）用户兴趣模型与推荐对象模型之间的兼容问题，比如模式、语言等是否一致对信息匹配非常关键。

7.2.3　基于图结构的推荐算法

图结构主要基于复杂网络理论，最为出名的是1999年推出的基于二部图的推荐算法。

二部图即二分图，是一种特殊的图模型。二部图G的定义是：G=（V，E）是一个无向图，如果顶点V可分割为两个互不相交的子集（A，B），并且图中的每条边（i，j）所关联的两个顶点i和j分别属于这两个不同的顶点集（i∈A，j∈B），如图7.5所示。

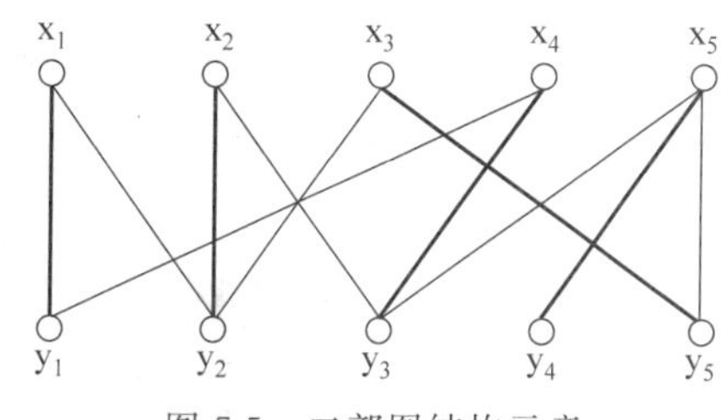

图7.5　二部图结构示意

二部图网络中的节点分为两个集合（X，Y），而节点间的连接只能发生在两个集合之间。向用户进行推荐的任务转变为预测用户与项目间的相关性问题。相关性越大，被推荐的可能性越大。基于图结构的推荐算法中还有三部图推荐算法等。

7.2.4　其他推荐算法

1. 基于关联规则

根据用户的历史数据，为用户推荐相似行为的人的其他项目。很可能会推荐毫无关联的项目，但却能够获得意想不到的效果。例如，著名的沃尔玛的“啤酒+尿布”推荐。

2. 基于知识网络

在推荐之前，先构建知识网络，例如知识图谱。采用领域的知识或规则进行推理，分析用户与已有的知识和需求的知识之间的关联，不仅能产生推荐，还能较好地解释推荐原因。

3. 基于模型的推荐算法

把推荐问题看成分类或预测问题。可以采用机器学习模型，根据已有的用户行为训练出一个预测用户喜好的模型，从而对以后的用户进行推荐。例如，基于朴素贝叶斯、线性回归、K-Means、KNN等机器学习算法的推荐模型。另外，还有基于矩阵的奇异值分解模型，通过降低矩阵的维度，进行相似度计算及推荐。

4. 混合推荐算法

每个推荐算法各有其适合的应用场合。有时候，单一的推荐算法无法满足实际要求，这时可以考虑使用混合推荐。混合推荐是将若干种推荐算法通过某种方式进行结合，如叠加、加权、变换、特征组合等，以提高最终的推荐准确度。

7.3 基于内容的推荐算法案例

【例 7.1】 麻辣香锅菜品推荐。

问题描述：小明经常到一家店去吃麻辣香锅，如图 7.6 所示。最近，这家店的老板开发了一个菜品推荐程序。老板先整理出店里各种菜的口味特点，如脆的、甜的、辣的等记录到数据文件中。在小明点菜时，程序分析小明的历史评价得知小明喜欢的菜品，并据此推荐他可能喜欢的其他菜品。

图 7.6 麻辣香锅菜品

实验素材文件见 hot-spicy pot.csv。

问题分析：推荐算法使用的是各个菜品的口味特征(taste)，为文本类型。可以考虑构建 taste 特征的 tfidf 矩阵，对文本信息向量化处理。然后使用距离度量方法，计算相似度，进行推荐。

实验步骤如下。

步骤 1：读取数据。

```
import pandas as pd
from numpy import *
food=pd.read_csv('hot-spicy pot.csv')
food.head(10)
```

得到结果如下。

	name	taste
0	celery	crispy|spice|green vegetable
1	spinach	soft|green vegetable
2	meat ball	soft|round|meat
3	fish ball	soft|round|meat
4	lotus root	crispy|sweet |round|rice
5	beef	soft|meat
6	green pepper	crispy|spicy|green vegetable
7	coriander	soft|spice|green vegetable
8	ginger	crispy|spicy|spice
9	sweet potato	crispy|sweet |round|rice

步骤 2：查看特征。

其中，taste 属性是要用到的特征，查看前 5 个特征：

```
food['taste'].head(5)
```

```
0    crispy|spice|green vegetable
1           soft|green vegetable
2              soft|round|meat
3              soft|round|meat
4       crispy|sweet |round|rice
Name: taste, dtype: object
```

步骤 3：计算距离。

接下来使用 SKlearn 提供的 pairwise_distances()函数计算向量间的距离。

```
from sklearn.metrics.pairwise import pairwise_distances
cosine_sim=pairwise_distances(tfidf_matrix,metric="cosine")
tfidf_matrix.shape
```

结果生成一个 18 行 10 列的相似距离矩阵 tfidf_matrix。

步骤 4：进行推荐。

最后根据相似距离矩阵，对目标菜品，推荐距离相近的相似菜品。

完整程序如下。

```
import pandas as pd
from numpy import *
from sklearn.feature_extraction.text import TfidfVectorizer

#推荐函数,输出与其最相似的 10 个菜品
def content_based_recommendation(name,consine_sim=cosine_sim):
    idx=indices[name]
    sim_scores=list(enumerate(cosine_sim[idx]))
    sim_scores=sorted(sim_scores,key=lambda x:x[1])
    sim_scores=sim_scores[1:11]
    food_indices=[i[0]for i in sim_scores]
    return food['name'].iloc[food_indices]

#1.读取数据
print('Step1:read data...')
food=pd.read_csv('hot-spicy pot.csv')
food.head(10)

#2.将菜品的描述构造成 TF-IDF 向量
print('Step2:make TD-IDF...')
tfidf=TfidfVectorizer(stop_words='english')
tfidf_matrix=tfidf.fit_transform(food['taste'])
```

```
tfidf_matrix.shape

#3.计算两个菜品的余弦相似度
print('Step3:compute similarity...')
from sklearn.metrics.pairwise import pairwise_distances
cosine_sim=pairwise_distances(tfidf_matrix,metric="cosine")

#4.根据菜名及特点进行推荐
print('Step4:recommend by name...')
#5.建立索引,方便使用菜名进行数据访问
indices=pd.Series(food.index,index=food['name']).drop_duplicates()
result=content_based_recommendation("celery")
result
```

运行结果如下。

```
Step1:read data...
Step2:make TD-IDF...
Step3:compute similarity...
Step4:recommend by name...

7        coriander
16           onion
6     green pepper
1          spinach
8           ginger
15         cabbage
13          potato
4       lotus root
9     sweet potato
2        meat ball
Name: name, dtype: object
```

可以看出,对于小明评分较高的"芹菜",系统能够推荐出相似度较高的菜品。

7.4 协同过滤算法实现电影推荐

推荐算法可以挖掘人群中存在的共同喜好,找出兴趣相投的用户,为用户提供潜在的喜好物品。在下面的例子中,使用协同过滤算法对用户进行电影推荐。

视频讲解

【例 7.2】 查看 MovieLens 电影数据集。

说明:本例中使用的是著名的电影数据集 MovieLens-100k 数据集,如图 7.7 所示,数据来自著名的电影网站 IMDB 网站。IMDB 电影网站是著名且权威的电影、电视和名人内容网站,网址为 http://us.imdb.com。用户可以在其中查找最新电影和电视的收视率和评论等专业的电影信息。

MovieLens 数据集是实现和测试电影推荐最常用的数据集之一。它包含 943 个用户为精选的 1682 部电影给出的 100 000 个电影评分。数据集见\ml-100k\文件夹下的素材,数据集中的数据文件可以很方便地使用记事本等文本编辑软件查看。

图 7.7　来自 IMDB 网站的 *Toy Story* 电影信息

主要数据文件及内容如下。

u.data 文件：列数据依次为 user_id，movie_id，rating，unix_timestamp，数据列以 tab 分隔。

u.item 文件：列数据依次为 movie_id，title，release_date，video_release_date，imdb_url(即电影 ID、片名、上映时间和 IMDB 链接)。此外，用布尔值的组合标识每部电影的类型，包括动作、探险、动画等，详见数据集的说明文件 readme.txt。数据以"|"符号分隔。

u.user：列数据依次为 user_id，age，occupation，zip_code。

查看用户/电影排名信息的代码如下。

```
import pandas as pd
#读入数据集-u.data 文件，查看用户/项目排名信息
heads = ['user_id', 'item_id', 'rating', 'timestamp']
ratings = pd.read_csv('ml-100k/u.data', sep='\t', names=heads)
print(ratings)
```

运行结果如下。

	user_id	item_id	rating	timestamp
0	196	242	3	881250949
1	186	302	3	891717742
2	22	377	1	878887116
3	244	51	2	880606923
4	166	346	1	886397596
5	298	474	4	884182806
6	115	265	2	881171488
7	253	465	5	891628467
8	305	451	3	886324817
9	6	86	3	883603013
10	62	257	2	879372434
11	286	1014	5	879781125

【例 7.3】 获取用户数量。

```
print("len of users:",len(ratings))
```

运行结果如下。

```
len of ratings: 100000
```

【例 7.4】 查看导入的电影数据表。

这里需要注意,由于 u.item 与 u.user 中的数据类型更为复杂,包含特殊的符号,所以增加"encoding='latin-1'"参数。具体代码如下,运行结果如图 7.8～图 7.10 所示。

```
import pandas as pd
#读入数据
u_cols = ['user_id', 'age', 'sex', 'occupation', 'zip_code']
users = pd.read_csv('ml-100k/u.user', sep='|', names=u_cols,encoding='latin
-1')
print(users)
r_cols = ['user_id', 'movie_id', 'rating', 'unix_timestamp']
ratings = pd.read_csv('ml-100k/u.data', sep='\t', names=r_cols,encoding='
latin-1')
print(ratings)

m_cols = ['movie_id', 'title', 'release_date', 'video_release_date', 'imdb_url']
movies = pd.read_csv('ml-100k/u.item', sep='|', names=m_cols, usecols=range
(5),encoding='latin-1')
print(movies)
```

```
user list:==================================
    user_id  age sex     occupation zip_code
0         1   24   M     technician    85711
1         2   53   F          other    94043
2         3   23   M         writer    32067
3         4   24   M     technician    43537
4         5   33   F          other    15213
5         6   42   M      executive    98101
6         7   57   M  administrator    91344
7         8   36   M  administrator    05201
8         9   29   M        student    01002
9        10   53   M         lawyer    90703
10       11   39   F          other    30329
11       12   28   F          other    06405
12       13   47   M       educator    29206
```

图 7.8 u.user 结果 [943 rows x 5 columns]

```
rating list:==================================
     user_id  movie_id  rating  unix_timestamp
0        196       242       3       881250949
1        186       302       3       891717742
2         22       377       1       878887116
3        244        51       2       880606923
4        166       346       1       886397596
5        298       474       4       884182806
6        115       265       2       881171488
7        253       465       5       891628467
8        305       451       3       886324817
9          6        86       3       883603013
10        62       257       2       879372434
11       286      1014       5       879781125
12       200       222       5       876042340
```

图 7.9　u.data 结果 [100000 rows x 4 columns]

```
movies list:==================================
     movie_id                                              title
0           1                                   Toy Story (1995)
1           2                                   GoldenEye (1995)
2           3                                  Four Rooms (1995)
3           4                                  Get Shorty (1995)
4           5                                     Copycat (1995)
5           6  Shanghai Triad (Yao a yao yao dao waipo qiao) ...
6           7                              Twelve Monkeys (1995)
7           8                                        Babe (1995)
8           9                           Dead Man Walking (1995)
9          10                                 Richard III (1995)
10         11                               Seven (Se7en) (1995)
11         12                         Usual Suspects, The (1995)
```

```
   release_date  video_release_date
0   01-Jan-1995                 NaN
1   01-Jan-1995                 NaN
2   01-Jan-1995                 NaN
3   01-Jan-1995                 NaN
4   01-Jan-1995                 NaN
5   01-Jan-1995                 NaN
6   01-Jan-1995                 NaN
7   01-Jan-1995                 NaN
8   01-Jan-1995                 NaN
9   22-Jan-1996                 NaN
10  01-Jan-1995                 NaN
11  14-Aug-1995                 NaN
12  30-Oct-1995                 NaN
13  01-Jan-1994                 NaN
```

```
                                              imdb_url
http://us.imdb.com/M/title-exact?Toy%20Story%2...
http://us.imdb.com/M/title-exact?GoldenEye%20(...
http://us.imdb.com/M/title-exact?Four%20Rooms%...
http://us.imdb.com/M/title-exact?Get%20Shorty%...
http://us.imdb.com/M/title-exact?Copycat%20(1995)
http://us.imdb.com/Title?Yao+a+yao+yao+dao+wai...
http://us.imdb.com/M/title-exact?Twelve%20Monk...
   http://us.imdb.com/M/title-exact?Babe%20(1995)
http://us.imdb.com/M/title-exact?Dead%20Man%20...
http://us.imdb.com/M/title-exact?Richard%20III...
  http://us.imdb.com/M/title-exact?Se7en%20(1995)
http://us.imdb.com/M/title-exact?Usual%20Suspe...
```

图 7.10　u.item 结果 [1682 rows x 5 columns]

【例 7.5】 用协同过滤推荐算法进行电影推荐。

说明：分别使用基于用户的协同过滤算法、基于电影项目的协同过滤算法进行电影推荐，并对算法效率进行评估。

代码如下。

```
#-*- coding: utf-8 -*-
import pandas as pd
import numpy as np
from sklearn.metrics.pairwise import pairwise_distances

#user-based/item-based 预测函数
def predict(scoreData, similarity, type='user'):
    #1. 基于物品的推荐
    if type == 'item':
        #评分矩阵 scoreData 乘以相似度矩阵 similarity,再除以相似度之和
        predt_Mat = scoreData.dot(similarity) / np.array([np.abs(similarity).
sum(axis=1)])
    elif type == 'user':
    #2. 基于用户的推荐
        #计算用户评分均值,减少用户评分高低习惯影响
        user_meanScore = scoreData.mean(axis=1)
        score_diff = (scoreData - user_meanScore.reshape(-1,1))  #获得评分差值
        #推荐结果 predt_Mat: 等于相似度矩阵 similarity 乘以评分差值矩阵
        #score_diff,再除以相似度之和,最后加上用户评分均值 user_meanScore
        predt_Mat = user_meanScore.reshape(-1,1) + similarity.dot(score_diff)
/ np.array([np.abs(similarity).sum(axis=1)]).T
    return predt_Mat

#步骤 1.读数据文件
print('step1.Loading dataset...')
r_cols = ['user_id', 'movie_id', 'rating', 'unix_timestamp']
scoreData = pd.read_csv('ml-100k/u.data', sep='\t', names=r_cols,encoding=
'latin-1')
print('  scoreData shape:',scoreData.shape)

#步骤 2.生成用户-物品评分矩阵
print('step2.Make user-item matrix...')
n_users = 943
n_items = 1682
data_matrix = np.zeros((n_users, n_items))
for line in range(np.shape(scoreData)[0]):
    row=scoreData['user_id'][line]-1
    col=scoreData['movie_id'][line]-1
    score=scoreData['rating'][line]
```

```
    data_matrix[row,col] = score
print('  user-item matrix shape:',data_matrix.shape)

#步骤 3.计算相似度
print('step3.Computing similarity...')
#使用 pairwise_distances 函数,简单计算余弦相似度
user_similarity = pairwise_distances(data_matrix, metric='cosine')
item_similarity = pairwise_distances(data_matrix.T, metric='cosine')
                                                        #T 转置转变计算方向
print('  user_similarity matrix shape:',user_similarity.shape)
print('  item_similarity matrix shape:',item_similarity.shape)

#步骤 4.使用相似度进行预测
print('step4.Predict...')
user_prediction = predict(data_matrix, user_similarity, type='user')
item_prediction = predict(data_matrix, item_similarity, type='item')
print('ok.')
```

显示结果如下。

```
step1.Loading dataset...
  scoreData shape: (100000, 4)
step2.Make user-item matrix...
  user-item matrix shape: (943, 1682)
step3.Computing similarity...
  user_similarity matrix shape: (943, 943)
  item_similarity matrix shape: (1682, 1682)
step4.Predict...
ok.
```

以上四个步骤进行了相似度计算和推荐。下面的步骤用来显示推荐结果。

程序运行后得到两个预测结果矩阵,其中,user_prediction 是基于用户的协同过滤的推荐结果,item_prediction 是基于物品的协同过滤推荐结果。使用下面程序显示结果矩阵的部分信息。

【例 7.6】 显示电影推荐结果。

```
#步骤 5. 显示推荐结果
print('step5.Display result...')
print('------------------------')
print('(1)UBCF predict shape',user_prediction.shape)
print('  real answer is:\n',data_matrix[:5,:5])
print('  predict result is:\n',user_prediction[:5,:5])
print('(2)IBCF predict shape',item_prediction.shape)
print('  real answer is:\n',data_matrix[:5,:5])
print('  predict result is:\n',item_prediction[:5,:5])
```

运行结果如下。

```
step5.Display result...
------------------------
(1)UBCF predict shape (943, 1682)
 real answer is:
 [[5. 3. 4. 3. 3.]
 [4. 0. 0. 0. 0.]
 [0. 0. 0. 0. 0.]
 [0. 0. 0. 0. 0.]
 [4. 3. 0. 0. 0.]]
 predict result is:
 [[2.06532606 0.73430275 0.62992381 1.01066899 0.64068612]
 [1.76308836 0.38404019 0.19617889 0.73153786 0.22564301]
 [1.79590398 0.32904733 0.15882885 0.68415371 0.17327745]
 [1.72995146 0.29391256 0.12774053 0.64493162 0.14214286]
 [1.7966507  0.45447388 0.35442233 0.76313037 0.35953865]]
(2)IBCF predict shape (943, 1682)
 real answer is:
 [[5. 3. 4. 3. 3.]
 [4. 0. 0. 0. 0.]
 [0. 0. 0. 0. 0.]
 [0. 0. 0. 0. 0.]
 [4. 3. 0. 0. 0.]]
 predict result is:
 [[0.44627765 0.475473   0.50593755 0.44363276 0.51266723]
 [0.10854432 0.13295661 0.12558851 0.12493197 0.13117761]
 [0.08568497 0.09169006 0.08764343 0.08996596 0.08965759]
 [0.05369279 0.05960427 0.05811366 0.05836369 0.05935563]
 [0.22473914 0.22917071 0.26328037 0.22638673 0.25997313]]
```

推荐完成后，接下来的步骤是对准确率进行评价。

方便起见，这里使用 SKlearn 模块提供的 mean_square_error()函数计算 MSE，函数返回 MSE 误差值。为提高准确率，计算 MSE 之前去除了数据矩阵中的 0 值。使用的测试数据集是真值 data_matrix 矩阵。最终 rmse()函数返回 MSE 误差的平方根。

MSE：指参数估计值与参数真值之差的平方的期望值，采用拟合数据和原始数据对应点的误差平方和计算。

【例 7.7】 电影推荐算法的性能评价。

```
#步骤 6. 性能评估
print('step6.Performance evaluation...')
from sklearn.metrics import mean_squared_error
from math import sqrt
#计算算法的 MSE
def rmse(predct, realNum):
    #去除无效的 0 值
    predct = predct[realNum.nonzero()].flatten()
    realNum = realNum[realNum.nonzero()].flatten()
    return sqrt(mean_squared_error(predct, realNum))
print('U-based MSE = ', str(rmse(user_prediction, data_matrix)))
print('M-based MSE= ', str(rmse(item_prediction, data_matrix)))
```

运行结果如下。

```
step6.Performance evaluation...
U-based MSE =  2.963475328997318
M-based MSE=  3.392143861739501
```

从结果可以看出，基于用户的协同过滤算法的 MSE 值约为 2.96，基于物品的协同过滤算法的 MSE 值约为 3.39。MSE 较高主要是因为数据的稀疏性导致的。

如果想进一步降低 MSE，一个可以使用的方法是对数据进行过滤。例如，在对某个用户进行推荐时，只使用与他最相似的 k 个用户的数据，这样可能会获得更理想的推荐结果。

实验

实验 7-1 使用 KNN 进行图书推荐

问题提出：表 7.5 是一个图书网站的数据，有 6 位用户对 4 本图书进行了评分。详细评分的值越大表示喜好越强烈。使用 KNN 模型找出与用户 F 最相似的用户。

表 7.5 用户图书评分表

用户编号	图书 1	图书 2	图书 3	图书 4
A	1.1	1.5	1.4	0.2
B	1.9	1.0	1.4	0.2
C	1.7	1.2	1.3	0.2
D	2.6	2.1	1.5	0.2
E	2.0	2.6	1.4	0.2
F	1.6	1.5	1.2	0.1

这里需要构建一个基于 KNN 模型的推荐引擎，计算用户 F 与用户 A～E 五人中哪个用户喜好相似，从而把相似用户喜欢的图书向用户 F 进行推荐。

实验 7-2 基于用户的产品推荐

问题提出：根据用户的特征找到相似的用户，并且把相似用户的喜爱产品推荐给当前用户。例如，客户 A 与 B 相似，则将客户 A 所购买过的产品推荐给客户 B，反之亦然。

本实验中使用的数据存放于两个数据文件中。文件 UserInfo.csv 中存放的是用户的基本信息，根据用户的基本信息计算用户相似度；文件 userFavorit.csv 中存放的是用户喜爱的产品，可以推荐给相似的用户。

第8章

回归算法

本章概要

回归分析是确定变量间依赖关系的一种统计分析方法，属于监督学习方法。前面介绍的分类问题的目标是预测类别，而回归任务的目标是预测一个值。区分分类任务和回归任务有一个简单方法，就是问一个问题：输出是否具有某种连续性。

回归分析的方法有很多种，按照变量的个数，可以分为一元回归分析和多元回归分析；按照自变量和因变量之间的关系，可以分为线性回归分析和非线性回归分析。

在机器学习中，回归分析作为一种预测模型，常用于对问题结果或结论的预测分析。例如，出行日期与机票价格之间的关系。

有各种各样的回归技术用于预测，包括线性回归、逻辑回归、多项式回归和岭回归等。

学习目标

当完成本章的学习后，要求：

(1) 了解回归算法的基本概念。

(2) 掌握一元线性回归算法的使用。

(3) 掌握多元线性回归算法。

(4) 熟悉逻辑回归概念。

(5) 理解逻辑回归的过程。

(6) 掌握逻辑回归的使用。

8.1 线性回归

回归分析(Regression Analysis)是确定两种或两种以上变量间相互依赖的定量关系的一种统计分析方法。回归属于监督学习方法。

回归分析的方法有很多种,按照变量的个数,可以分为一元回归分析和多元回归分析;按照自变量和因变量之间的关系,可以分为线性回归分析和非线性回归分析。

在机器学习中,回归分析经常作为一种预测模型,例如,预测分析出行日期与机票价格之间的关系、股票市场价格等。

回归一词是由达尔文(Charles Darwin)的表弟高尔顿(Francis Galton)提出的。高尔顿被誉为现代回归和相关技术的创始人。

高尔顿使用豌豆实验来确定尺寸的遗传规律。通过把原始的豌豆种子(父代)与新长的豌豆种子(子代)进行比较,发现豌豆在尺寸上具有一定的遗传规律。高尔顿进一步研究人类的身高,发现父辈与子代的身高也具有一定的对应关系和倾向性。这一现象被命名为回归现象。

有各种各样的回归技术用于预测,包括线性回归、逻辑回归、多项式回归和岭回归等。

8.1.1 一元线性回归

利用回归分析来确定多个变量的依赖关系的方程称为回归方程。如果回归方程所呈现的图形为一条直线,则称为线性回归方程。

线性回归(Linear Regression)算法的核心是线性回归方程,通过在输入数据和输出数据之间建立一种直线的相关关系,完成预测的任务。即将输入数据乘以一些常量,经过基本处理就可以得到输出数据。线性回归方程的参数可以有一个或多个,经常用于实际的预测问题,例如,预测机票价格、股票市场走势预测等,是一个广受关注的算法。

由于能够用一条直线描述数据之间的关系,因此对于新出现的数据,将输入数据乘以一些常量,经过基本处理可以得到输出数据。

假设输入的数据 $X=(x_1,x_2,\cdots,x_n)$,线性回归的最简单模型是输入变量的线性组合:

$$y=w_1x_1+\cdots+w_nx_n+b \tag{8.1}$$

如果 X 只有一个数值,则线性回归为 $y=WX+b$ 称为一元线性回归,其中,X 表示输入数据,W 是模型的参数,就是高中数学里的直线方程,W 就是斜率,b 是 y 轴偏移。如果 X 为一组数据 $x=(x_1,x_2,\cdots,x_n)$,则为多元线性回归。

一元线性回归方程比较容易求解,多元线性回归模型的求解则比较复杂,经常使用最小二乘算法逼近从而进行拟合。除了最小二乘法,也可以使用其他的数学方法进行拟合。

最小二乘法是一种数学优化方法,也称最小平方法。它通过最小化误差的平方和寻找最佳结果。利用最小二乘法可以简便地求得未知的数据,并使得这些求得的数据与实际数据之间误差的平方和为最小。

视频讲解

【例 8.1】 一元线性回归预测电影的票房收入。

说明：光明电影公司投资拍摄了五部电影，并且整理了各部影片的投资金额（百万元）和票房收入（百万元）。电影的投入和票房收入的数据见表 8.1。接下来要拍一部投资两千万的电影，使用一元线性回归预测新电影的票房收入。

表 8.1 光明电影公司投资收入表

No	Cost	Income
1	6	9
2	9	12
3	12	29
4	14	35
5	16	59

步骤 1：使用数据绘制图，发现数据分布规律，结果如图 8.1 所示。

```
import matplotlib.pyplot as plt
def drawplt():
    plt.figure()
    plt.title('Cost and Income Of a Film')
    plt.xlabel('Cost(Million Yuan)')
    plt.ylabel('Income(Million Yuan)')
    plt.axis([0, 25, 0, 60])
    plt.grid(True)
X = [[6], [9], [12], [14], [16]]
y = [[9], [12], [29], [35], [59]]
drawplt()
plt.plot(X, y, 'k.')
plt.show()
```

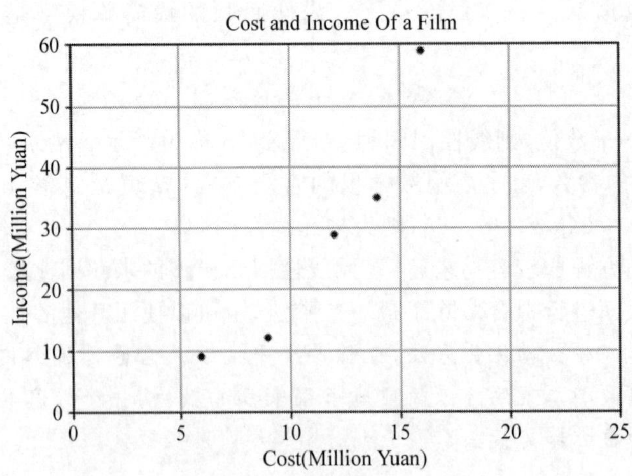

图 8.1 数据分布图

步骤 2：线性回归预测电影票房收入。

前面绘制了电影的数据分布图，如果要预测某部电影的票房收入，可以使用 SKlearn 的 linear_model 模块，其中的 LinearRegression()函数能实现线性回归。

格式：

```
class sklearn.linear_model.LinearRegression(fit_intercept = True,normalize =
False,copy_X = True,n_jobs = None )
```

主要参数如下。

normalize：布尔值，可选，默认为 False。如果为 True，则回归向量 X 将在回归之前进行归一化处理。

属性：

coef_：线性回归问题的估计系数。

intercept_：回归方程的截距。

在上面程序的基础上进行修改，电影票房完整的预测代码如下。

```
from sklearn import linear_model
import matplotlib.pyplot as plt
def drawplt():
    plt.figure()
    plt.title('Cost and Income Of a Film')
    plt.xlabel('Cost(Million Yuan)')
    plt.ylabel('Income(Million Yuan)')
    plt.axis([0, 25, 0, 60])
    plt.grid(True)

X = [[6], [9], [12], [14], [16]]
y = [[9], [12], [29], [35], [59]]
model = linear_model.LinearRegression()
model.fit(X, y)
a = model.predict([[20]])
w=model.coef_
b=model.intercept_
print("投资 2 千万的电影预计票房收入为:{:.2f}百万元".format(model.predict
([[20]])[0][0]))
print("回归模型的系数是:",w)
print("回归模型的截距是:",b)
print("最佳拟合线: y = ",int(b),"+", int(w),"× x")
drawplt()
plt.plot(X, y, 'k.')
plt.plot([0,25],[b,25 * w+b])
plt.show()
```

运行结果如下。

```
投资2千万的电影预计票房收入为：69.95百万元
回归模型的系数是： [[4.78481013]]
回归模型的截距是： [-25.74683544]
最佳拟合线：y =  -25 + 4 × x
```

绘制出的结果图如图 8.2 所示。

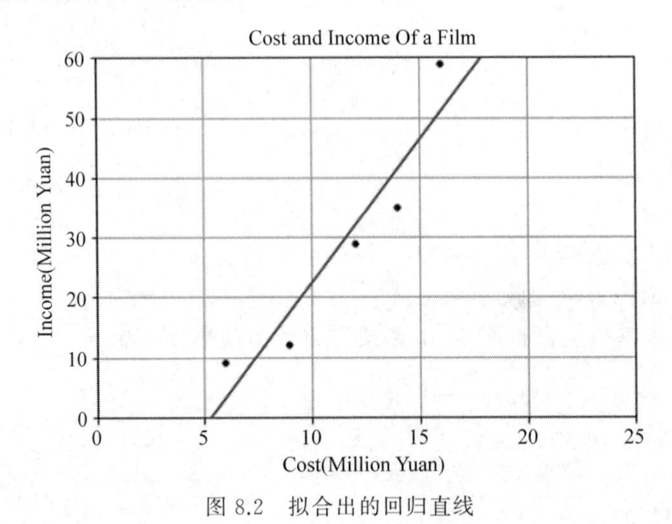

图 8.2　拟合出的回归直线

由图可见，我们使用一元线性回归拟合出了一条趋势直线，确定了直线的斜率参数为 4，在 y 轴上的截距参数为 −25，投资和回报呈线性相关的关系。

8.1.2　多元线性回归

当待确定的变量超过一个时，就需要使用多元线性回归算法。下面介绍多变量问题中的多元线性回归方法。

【例 8.2】 多元线性回归预测电影票房。

光明电影公司在运行过程中发现，电影票房除了拍摄投资之外，还与广告推广的费用相关。于是在上面的数据基础上，又搜集到了每部电影的广告费用，整理成表 8.2。使用多元回归算法，预测投资 1 千万、广告推广费用 3 百万的电影的票房收入。

表 8.2　光明电影公司投资收入表

No	Cost	AD	Income
1	6	1	9
2	9	3	12
3	12	2	29
4	14	3	35
5	16	4	59

程序如下。

```
import numpy as np
from sklearn import datasets,linear_model


x = np.array([[6,1,9],[9,3,12],[12,2,29],
              [14,3,35],[16,4,59]])
X = x[:,:-1]
Y = x[:,-1]
print('X:',X)
print('Y:',Y)

#训练数据
regr = linear_model.LinearRegression()
regr.fit(X,Y)
print('系数(w1,w2)为:',regr.coef_)
print('截距(b)为:',regr.intercept_)
#预测
y_predict = regr.predict(np.array([[10,3]]))
print('投资 1 千万,推广 3 百万的电影票房预测为:',y_predict,'百万')
```

运行结果如下。

```
X: [[ 6  1]
 [ 9  3]
 [12  2]
 [14  3]
 [16  4]]
Y: [ 9 12 29 35 59]
系数(w1,w2)为: [ 4.94890511 -0.70072993]
截距(b)为: -25.79562043795624
投资1千万，推广3百万的电影票房预测为： [21.59124088] 百万
```

线性回归算法原理简单，实现起来非常方便。然而，由于是线性模型，只能拟合结果与变量的线性关系，具有很大局限性，所以也发展出了局部加权回归、岭回归等多种回归处理方法，以便处理更加复杂的问题。

8.2　逻辑回归

对于简单的线性相关问题，可以使用线性回归，将数据点拟合成一条直线。线性回归的假设是所有的数据都精确或粗略地分布在这条直线上，因此可以完成基本的预测任务。

有时人们只想知道待判定的数据点位于直线的上边还是下边、左侧还是右侧，以便得知当前数据的归属或类型。针对这项任务，本节介绍一种特殊的回归算法——逻辑回归，它能够完成这种分类任务。

8.2.1 线性回归存在的问题

我们已经看到线性回归的表达式为：

$$y = w_1 x_1 + \cdots + w_n x_n + b \tag{8.2}$$

在分类问题中，希望函数的值不是连续的，而是分段的。例如，二分类问题中，希望某些范围的值返回0，其他的值返回1。例如，如图8.3所示，在判断客户是否信用良好的问题中，首先通过拟合数据得到线性回归方程和一个阈值(threshold，表示分界值)，高于0.5阈值的为信用良好，低于0.5阈值的判定是信用不好。

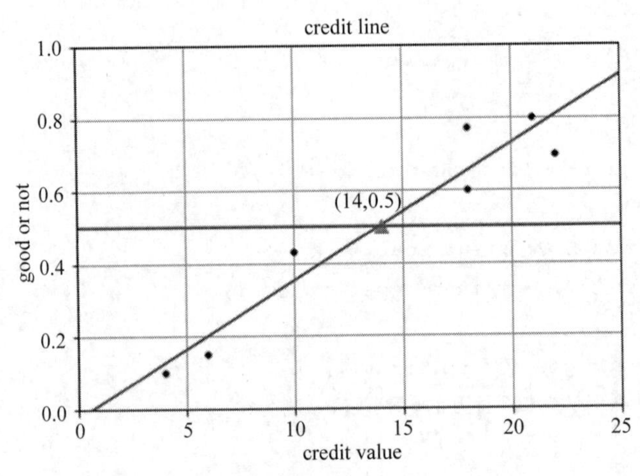

图8.3 原始数据拟合出的信用评价线

从图8.3中可以看出信用判定与信用评分是线性相关的。从拟合出的直线与阈值线的交点可以看出，信用评分高于14的用户可以判定为信用良好。

接下来如图8.4所示，假设采集的数据中出现了两个特殊数据A和B，这两个数据点相对其他数据点是比较偏离的，对线性方程的结果影响较大。重新拟合后，可以看出在A和B的影响下，根据新拟合出的回归线，所有样本的计算数值都发生了一些变化。

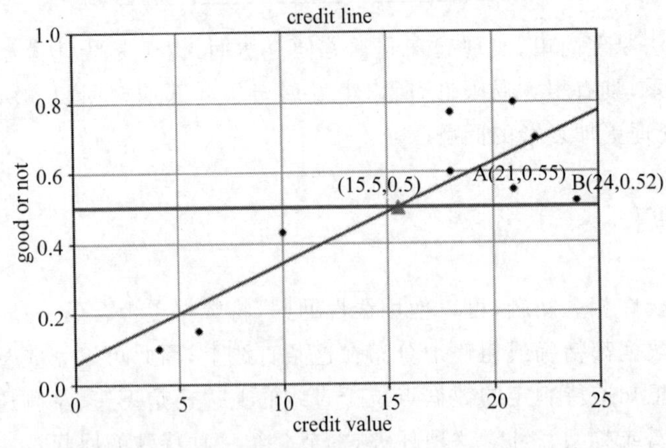

图8.4 新增噪点后重新拟合的信用线

增加了 A 和 B 两个噪点后，评价信用良好的阈值提高到 15.5，直接影响了算法性能。从图 8.4 中能看出 A 和 B 都是高于阈值的，应该属于信用良好。使用线性回归解决这类问题，会发现结果频繁改变，不够稳定。事实上，这类判定问题本质上是分类问题，需要的是一个基于条件的判别方法，根据合理边界进行类型预测。研究者通过对回归算法进行修改，引入了逻辑函数 Sigmoid 函数进行判别。

8.2.2 逻辑函数 Sigmoid

Sigmoid 函数是一种 Logistic 函数，起源于 Logistic 模型。顾名思义，Sigmoid 函数属于逻辑函数。

1. 逻辑(Logistic)函数

逻辑(Logistic)模型，也称为 Verhulst 模型或逻辑增长曲线，是一个早期的人口分布研究模型，由 Pierre-François Verhulst 在 1845 年提出，描述系统中人口的增长率和当下的人口数目成正比，还受到系统容量的限制。Logistic 模型是由微分方程形式描述的，求解后可以得到 Logistic 函数。Logistic 函数的简单形式为：

$$h(x)=\frac{1}{1+e^{-x}} \tag{8.3}$$

其中，x 的取值范围是$(-\infty,+\infty)$，而值域为(0，1)。

2. Sigmoid 函数

由于 Logistic 函数的图形外形看起来像 S 形，因此 Logistic 函数经常被称为 Sigmoid 函数(S 形函数)。在机器学习中，人们经常把 Sigmoid 函数和 Logistic 函数看作同一个函数的两个名称。Sigmoid 逻辑函数的图形如图 8.5 所示。

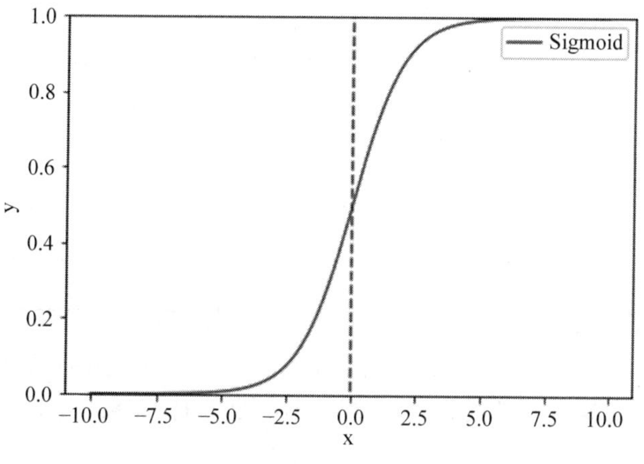

图 8.5 Sigmoid 函数曲线

由图 8.5 可见，当 x 趋于$+\infty$时，函数值趋近于 1；当 x 趋向$-\infty$时，函数值趋近于 0。可以使用中间轴将函数划分，右边大于 0.5 的判断为 1(比如信用良好)，左边小于 0.5 的判断为 0(例如信用不佳)，就可以完成二分类的判断。

基于 Sigmoid 函数的分类器适合于解决分类问题,还有个优点是函数曲线比较平滑、易于求导。

视频讲解

8.2.3 逻辑回归的概念

逻辑回归(Logistics Regression)是根据现有数据对分类边界线建立回归公式,以此进行分类。逻辑回归在线性回归模型的基础上,通过引入 Sigmoid 函数,将线性回归的输出值映射到(0,1)。接下来使用阈值将结果转换成 0 或 1,就能够完成两类问题的预测。由线性回归变换为逻辑回归的过程如下。

首先,已知线性回归的表达式为:

$$y = w_1 x_1 + \cdots + w_n x_n + b \tag{8.4}$$

将 y 代入 Sigmoid 公式:

$$h(x) = \frac{1}{1 + e^{-x}} \tag{8.5}$$

可以得到逻辑回归方程:

$$h(y) = \frac{1}{1 + e^{-y}} = \frac{1}{1 + e^{-(w_1 x_1 + \cdots + w_n x_n + b)}} \tag{8.6}$$

下面尝试使用逻辑回归算法解决实际的类别判断问题。

【例 8.3】 用逻辑回归预判信用卡逾期情况。

问题描述:前进银行搜集了贷款用户的数据,包括用户年龄、欠款额(元)、月收入(元)和是否逾期的信息,数据在表 8.3 中。使用 5 个用户的数据建立一个逻辑回归模型。通过 6 号用户的个人信息,判断用户贷款 20 万元后是否会逾期。

表 8.3 银行贷款用户信息表

编号	年龄	欠款额/元	收入/元	逾期否
1	20	7000	800	Yes
2	35	2000	2500	No
3	27	5000	3000	Yes
4	32	4000	4000	No
5	45	2000	3800	No
6	30	3500	3500	?

问题分析:与线性回归类似,需要拟合出 w_1、w_2、…、w_n、b 这几个系数,其中,w_1 是年龄的系数,w_2 是欠款额的系数,w_3 是收入的系数,b 是偏移向量,“逾期否”特征作为分类使用的标签。

当根据前 5 位用户的数据构造出模型之后,可以判断出编号 6 的用户的逾期情况,具体程序实现参见本章实验。

确定参数的主要目标是最小化损失函数,可以使用最大似然法构造损失函数,再使用梯度下降法进行求解(本教材不对优化算法做详细介绍)。逻辑回归常用来处理二分类问题，也可以使用 Softmax()方法处理多分类问题，使用 Softmax()方法的逻辑回归也称为 Softmax 回归。

8.2.4 线性回归与逻辑回归的区别

线性回归输出的是一个值，且为连续的，而逻辑回归则将值映射到(0,1)集合。

例如，要通过一个人信用卡欠款的数额预测一个人的还款时长，在预测模型中还款时长的值是连续的。因此，最后的预测结果是一个数值，这类问题就是线性回归能解决的问题。而如果要通过信用卡欠款数额预测还款是按期还是逾期，在预测模型中，结果应该是某种可能性(类别)，预测对象属于哪个类别，这样的问题就是逻辑回归能解决的分类问题。所以逻辑回归也叫逻辑分类。

也就是说，线性回归经常用来预测一个具体数值，如预测房价、未来的天气情况等。逻辑回归经常用于将事物归类，例如，判断一幅 X 光片上的肿瘤是良性的还是恶性的，判断一个动物是猫还是狗等。所以，区分分类和回归问题主要看输出是否是连续的。如果结果具有连续性，就是回归问题。

例如，从“云青青兮欲雨”这句话中可以知道，此刻的天空中有云，云的颜色特点是“青青”，由此可以预测即将要下雨了。输入数据是“云青青”，“青青”就是云的特征，而“雨”就是输出的预测结果。

把这个问题的输出分成两种：一种是预测天气类别；另一种是预测降雨的概率。在第一种情况下，我们期望的输出是天气类别，值包括晴天、雨天两个类别，属于分类问题。而第二种情况下，我们想得到的是降雨概率，是从 0%到 100%的一个连续值，就是回归问题。

8.2.5 逻辑回归参数的确定

视频讲解

1. 逻辑回归的损失函数

损失是真实模型与假设模型之间差异的度量。机器学习或者统计机器学习常见的损失函数有 0-1 损失函数、平方损失函数、绝对值损失函数和对数损失函数，逻辑回归中采用的则是对数损失函数。如果损失函数越小，表示模型越好。

对数损失函数也称为对数似然损失函数，是在概率估计上定义的，可用于评估分类器的概率输出。对数损失函数形式如下。

$$L(Y,P(Y \mid X)) = -\log(P(Y \mid X)) \tag{8.7}$$

其中，$P(Y|X)$代表正确分类的概率，损失函数是其对数取反。再代入前面的逻辑回归函数 h(y)。假设待确定的参数为 $\theta=(\theta_1,\theta_2,\cdots,\theta_n)$，可以得到基于对数损失函数的逻辑回归损失函数如下。

$$\text{cost}(h_\theta(x),y)=\begin{cases}-\log(h_\theta(x)), & y=1\\ -\log(1-h_\theta(x)), & y=0\end{cases} \tag{8.8}$$

将以上两个表达式合并为一个，则单个样本的损失函数可以描述为：

$$\text{cost}(h_\theta(x),y) = -y_i\log(h_\theta(x)) - (1-y_i)\log(1-h_\theta(x)) \tag{8.9}$$

观察这个式子，$y_i=1$ 时，公式取前半段，值为 $-\log(h_\theta(x))$；当 $y_i=0$ 时，公式取后半段，值为 $-\log(1-h_\theta(x))$。刚好可以分离出上面两个表达式。

在实际计算中，有时是使用各个样本分布计算损失再取平均值；有时使用全部样本 $\text{cost}(h_\theta(x),y)$ 的总和。

2. 确定参数 θ

在一般的线性回归中，可以使用最小二乘法确定参数。不过对于逻辑回归的参数 θ 来说，比较好的一个方法是梯度下降法，即利用迭代的方式求解 θ。

梯度下降法首先对 θ 赋初始值，然后改变 θ 的值，使 θ 按梯度下降的方向逐渐减少。利用梯度下降法，逐步最小化损失函数，找准梯度下降方向，即偏导数的反方向，每次前进一小步，直到结果收敛或到达结束条件。

已知向量的整体代价函数为：

$$J(\theta)=\frac{1}{m}\sum_{i=1}^{m}\text{cost}(h_\theta(x^{(i)}),y^{(i)}) \tag{8.10}$$

因此，这个迭代的流程也可以使用公式表示：

$$\theta_j:=\theta_j-\alpha\frac{\partial}{\partial\theta_j}J(\theta)=\theta_j-\alpha\frac{1}{m}\sum_{i=1}^{m}(h_\theta(x^{(i)})-y^{(i)})x_j^{(i)} \tag{8.11}$$

其中，α 为自定义的更新系数，也称为学习率。

式(8.11)看起来比较复杂，用 Python 中的矩阵计算比较方便。假设 X、Y 为输入数据，H 为 Sigmoid 函数的结果，可以把上式简写成：

$$\theta=\theta-\alpha\times(((H-Y)\times X^T)/m) \tag{8.12}$$

其中，H、Y、X 为矩阵，X^T 为 X 的转置矩阵。

可以看出，简化后的式子更容易理解，也更容易使用 Python 实现。与上面公式对应的更新 θ 的伪代码如下。

```
g = np.dot((H -Y), X.T) / y.rows   #计算梯度
theta=theta- alpha * g             #使用学习率 alpha 计算步长，梯度下降
```

3. 梯度下降

神经网络训练的关键是权重的值，通过调整使得误差向量尽可能小，即找到函数的全局最小值。

对于一个给定的函数，如何从某个点收敛到这个函数的极小值呢？这本质上属于最优化算法中的求极值问题。一个常用的求极值方法是梯度下降法。

使用如图 8.6 所示的函数 Z 的图形，来模拟梯度下降法的求解过程。图中谷底就是误差函数的最小值，假设有一个小球从某个点出发，逐步优化它的位置，最终到达谷底。小球从起点开始，计算误差函数的导数，得到当前位置的斜率，从而获得下一步的走向。

梯度下降的目的，是找到函数 Z 的最小值。图 8.6 是多峰值函数，从不同的位置出发，可以得到多个不同的局部最小值，理想状态下能获得全局最小值。

误差函数相对简便一些，通常使用的是凸函数，只有一个全局最优解。但需要注意的

是下降的速率，如果速率过快，容易产生结果的反复。鉴于此，我们在调整很多模型的学习率的时候，需要谨慎。不妨采用图 8.7 中示意的“先粗后细”的方法，一开始先使用大的学习率进行粗调，当误差降到一定程度后，再使用小的学习率进行细调。

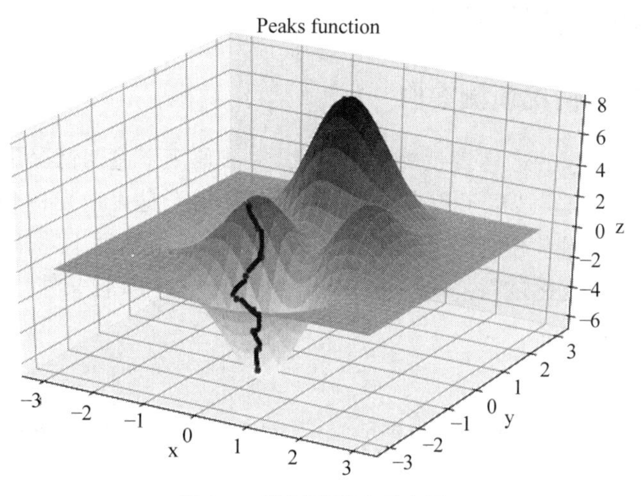

图 8.6 梯度下降法示意图

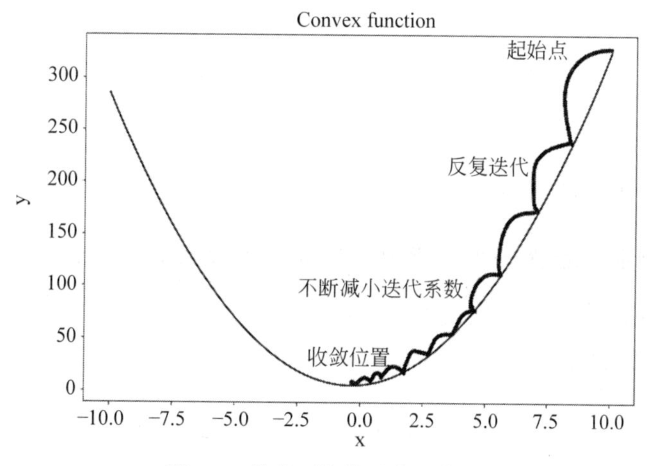

图 8.7 梯度下降学习率示意图

下面的代码就是梯度下降的简单实现，当循环次数达到一定数量后，x 会非常接近 f(x) 函数的最小值。

```
while grade>0:
    delta=a*grade
    x=x-delta
```

梯度下降基于导数，当梯度下降到一定数值后，每次迭代的变化将很小。可以设定一个阈值，只要变化小于该值就停止迭代。此时得到的结果近似于最优解。

不过，如果在计算过程中发现损失函数的值不断变大，那么算法就不会收敛。原因有可能是步长速率 a 太大,可适当调整 a 值。具体计算方法可参考凸优化相关资料,例如 Stephen Boyd 的《凸优化》(*Convex Optimization*)。

8.3 回归分析综合案例

8.3.1 信用卡逾期情况预测案例

视频讲解

【例 8.4】 使用 Python 实现逻辑回归算法,完成信用卡逾期情况预测。

问题描述:前进银行搜集了用户贷款、收入和信用卡是否逾期的信息。使用这些数据建立一个能预测信用卡逾期情况的逻辑回归模型。使用梯度下降法确定模型参数,并绘图显示损失函数的变化过程。使用由 credit-overdue.csv 素材文件提供的数据集。

步骤 1:加载数据集。

```
import pandas as pd
df = pd.read_csv("credit-overdue.csv", header=0)      #加载数据集
df.head()                                              #查看前 5 行数据
```

	debt	income	overdue
0	1.86	4.39	0
1	0.42	4.91	0
2	2.07	1.06	1
3	0.64	1.55	0
4	1.24	2.48	0

步骤 2:绘制数据的散点图,查看数据分布情况,结果如图 8.8 所示。

```
from matplotlib import pyplot as plt
plt.figure(figsize=(10, 6))
map_size = {0: 20, 1: 100}
size = list(map(lambda x: map_size[x], df['overdue']))
plt.scatter(df['debt'],df['income'], s=size,c=df['overdue'],marker='v')
```

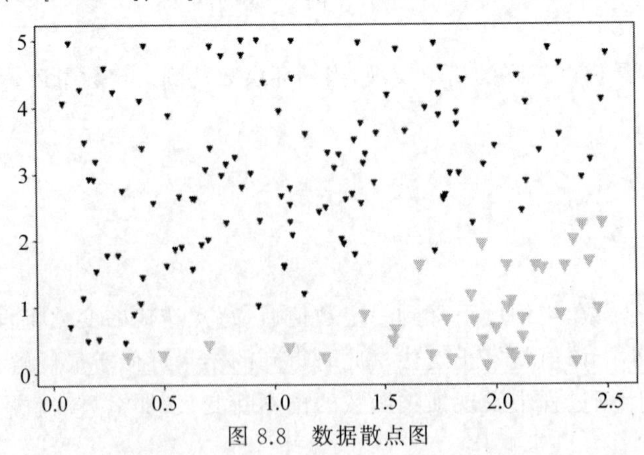

图 8.8 数据散点图

步骤 3：定义 Sigmoid 函数、损失函数，使用梯度下降确定模型参数。

```
#定义 Sigmoid 函数
def sigmoid(z):
    sigmoid = 1 / (1 + np.exp(-z))
    return sigmoid
#定义对数损失函数
def loss(h, y):
    loss = (-y * np.log(h) - (1 - y) * np.log(1 - h)).mean()
    return loss
#定义梯度下降函数
def gradient(X, h, y):
    gradient = np.dot(X.T, (h - y)) / y.shape[0]
    return gradient

#逻辑回归过程
def Logistic_Regression(x, y, lr, num_iter):
    intercept = np.ones((x.shape[0], 1))  #初始化截距为 1
    x = np.concatenate((intercept, x), axis=1)
    w = np.zeros(x.shape[1])              #初始化参数为 0

    for i in range(num_iter):             #梯度下降迭代
        z = np.dot(x, w)                  #线性函数
        h = sigmoid(z)                    #Sigmoid 函数
        g = gradient(x, h, y)             #计算梯度
        w -= lr * g                       #通过学习率 lr 计算步长并执行梯度下降
        z = np.dot(x, w)                  #更新参数到原线性函数中
        h = sigmoid(z)                    #计算 Sigmoid 函数值
        l = loss(h, y)                    #计算损失函数值
    return l, w                           #返回迭代后的梯度和参数
```

步骤 4：初始化模型，并对模型进行训练。

```
#初始化参数
import numpy as np
x = df[['debt','income']].values
y = df['overdue'].values
lr = 0.001                                #学习率
num_iter = 10000                          #迭代次数
#模型训练
L = Logistic_Regression(x, y, lr, num_iter)
L
```

运行结果如下。

```
(0.1938336837185912, array([ 0.05603937,  0.9925221 , -1.3325938 ]))
```

通过步骤 4 的运行，逻辑回归模型的参数已经确定，模型建立完成。下一步显示模型分类线，并测试模型的性能。

步骤 5：根据得到的参数，绘制模型分类线，结果见图 8.9。

```
plt.figure(figsize=(10, 6))
map_size = {0: 20, 1: 100}
size = list(map(lambda x: map_size[x], df['overdue']))
plt.scatter(df['debt'],df['income'], s=size,c=df['overdue'],marker='v')

x1_min, x1_max = df['debt'].min(), df['debt'].max(),
x2_min, x2_max = df['income'].min(), df['income'].max(),

xx1, xx2 = np.meshgrid(np.linspace(x1_min, x1_max), np.linspace(x2_min, x2_
max))
grid = np.c_[xx1.ravel(), xx2.ravel()]

probs = (np.dot(grid, np.array([L[1][1:3]]).T) + L[1][0]).reshape(xx1.shape)
plt.contour(xx1, xx2, probs, levels=[0], linewidths=1, colors='red');
```

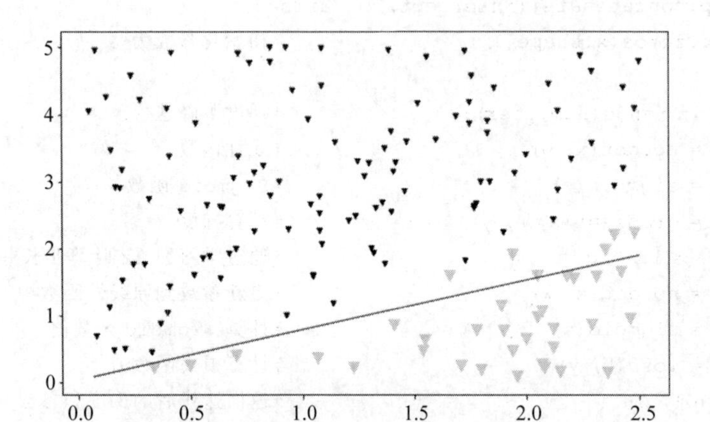

图 8.9 分类线结果图

步骤 6：绘制损失函数变化曲线，结果见图 8.10。

```
def Logistic_Regression(x, y, lr, num_iter):
    intercept = np.ones((x.shape[0], 1))        #初始化截距为 1
    x = np.concatenate((intercept, x), axis=1)
    w = np.zeros(x.shape[1])                    #初始化参数为 1

    l_list = []                                 #保存损失函数值
    for i in range(num_iter):                   #梯度下降迭代
        z = np.dot(x, w)                        #线性函数
        h = sigmoid(z)                          #Sigmoid 函数
```

```
        g = gradient(x, h, y)                    #计算梯度
        w -= lr * g                              #通过学习率 lr 计算步长并执行梯度下降

        z = np.dot(x, w)                         #更新参数到原线性函数中
        h = sigmoid(z)                           #计算 Sigmoid 函数值

        l = loss(h, y)                           #计算损失函数值
        l_list.append(l)
    return l_list

lr = 0.01                                        #学习率
num_iter = 30000                                 #迭代次数
l_y = Logistic_Regression(x, y, lr, num_iter)   #训练

#绘图
plt.figure(figsize=(10, 6))
plt.plot([i for i in range(len(l_y))], l_y)
plt.xlabel("Number of iterations")
plt.ylabel("Loss function")
```

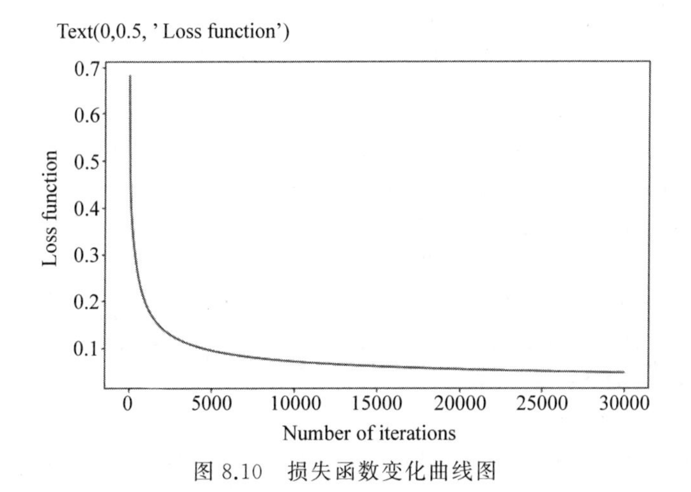

图 8.10 损失函数变化曲线图

可以看到，损失函数的值随着迭代次数的增加而逐渐降低。前面降低得非常快速，达到一定程度后趋于稳定。上面的程序步骤迭代到 20 000 次左右，之后的数据变化比较缓慢，此时就接近于损失函数的极小值。

8.3.2 使用逻辑回归实现鸢尾花分类预测案例

在 SKlearn 中，有三个逻辑回归相关的模块，分别是 LogisticRegression、LogisticRegressionCV 和 LogisticRegression_path。三者的区别在于：LogisticRegression 需要手动指定正则化系数；LogisticRegressionCV 使用了交叉验证选择正则化系数；LogisticRegression_path 只能用来拟合数据，不能用于预测。所以通常使用的是前两个模块 LogisticRegression、

LogisticRegressionCV,同时,这两个模块的重要参数的意义也是相同的。

LogisticRegression 类的格式如下。

```
class sklearn.linear_model.LogisticRegression(penalty='l2', dual=False, tol
=0.0001, C=1.0, fit_intercept=True, intercept_scaling=1, class_weight=None,
random_state=None, solver='warn', max_iter=100, multi_class='warn', verbose
=0, warm_start=False, n_jobs=None, l1_ratio=None)
```

主要参数如下。

random_state：整型,伪随机数生成器的种子,用于在混淆数据时使用。

solver：优化算法。取值“liblinear”代表坐标轴下降优化法;“lbfgs”和“newton-cg”分别表示两种拟牛顿优化方法;“sag”是随机梯度下降优化法。

max_iter：int,可选,默认值为100,是求解器收敛的最大迭代次数。

主要属性如下。

classes_：数组型,表示类别,是分类器已知的类的列表。

coef_：数组型,表示特征系数,是决策函数中的特征系数。

intercept_：数组型,表示决策用的截距。

下面使用SKlearn提供的逻辑回归,对iris数据集进行分类预测。

【例 8.5】 用逻辑回归预测鸢尾花。

对于前面的鸢尾花分类问题,可以使用逻辑回归处理。

```
from sklearn.datasets import load_iris
from sklearn.linear_model import LogisticRegression
from sklearn.model_selection import train_test_split
from sklearn import metrics

X, y = load_iris(return_X_y=True)
X_train, X_test, y_train, y_test = train_test_split(X, y, test_size=0.3, random
_state=42, stratify=y)

clf=LogisticRegression(random_state=0,solver='lbfgs',multi_class=
'multinomial').fit(X_train, y_train)

print('coef:\n',clf.coef_)
print('intercept:\n',clf.intercept_ )

print('predict first two:\n',clf.predict(X_train[:2, :]))
print('classification score:\n',clf.score(X_train, y_train))

predict_y = clf.predict(X_test)
print('classfication report:\n ', metrics.classification_report (y_test,
predict_y))
```

运行结果如下。

```
coef:
 [[-0.53307831  0.76023615 -2.22716872 -0.98175429]
  [ 0.41908367 -0.42402044 -0.09598081 -0.8335063 ]
  [ 0.11399463 -0.33621571  2.32314953  1.81526059]]
intercept:
 [  9.87177093   2.39409336 -12.26586429]
predict first two:
 [1 1]
classification score:
 0.9714285714285714
classfication report:
              precision    recall  f1-score   support

          0       1.00      1.00      1.00        15
          1       0.88      0.93      0.90        15
          2       0.93      0.87      0.90        15

avg / total       0.93      0.93      0.93        45
```

其中,coef 参数为最终确定的模型系数,intercept 参数为模型的截距参数。可以看出,分类器性能为 0.97,精确度、召回率和 f_1 指数都为 0.93,具有较好的分类表现。

实验

实验 对信用卡逾期进行预判

现在解决例 8.3 提到的信用卡逾期问题。数据集包括用户年龄、贷款额(百元)、收入(元)和逾期信息,如表 8.4 所示。要求使用 SKlearn 模块提供的逻辑回归模型进行新用户的逾期预测。

表 8.4 银行贷款用户信息表

age	debt	income	overdue
20	7000	800	1
35	2000	2500	0
27	5000	3000	1
32	4000	4000	0
45	2000	3800	0
30	3500	3500	?

(1) 读取数据。

```
import numpy as np
data=np.array([[20,7000,800,1],[35,2000,2500,0],[27,5000,3000,1],[32,4000,
4000,0],[45,2000,3800,0],[30,3500,3500,0]])
data[:,:3]
```

以上代码可查看到 data 的前三列数据，为：

```
array([[  20, 7000,  800],
       [  35, 2000, 2500],
       [  27, 5000, 3000],
       [  32, 4000, 4000],
       [  45, 2000, 3800],
       [  30, 3500, 3500]])
```

(2) 绘图显示数据，如图 8.11 所示。

```
import matplotlib.pyplot as plt
from mpl_toolkits.mplot3d import Axes3D, axes3d
X1=data[:,0]                                    #age
X2=data[:,1]                                    #debt
X3=data[:,2]                                    #income
Y=data[:,3]                                     #overdue
figure = plt.figure()
ax = Axes3D(figure, elev=-152, azim=-26)    #elev、azim 设置 y 轴、z 轴旋转角度
mask = 0
ax.scatter(X1[Y==0], X2[Y==0], X3[Y==0], c='b', s=120, edgecolor='k')
ax.scatter(X1[Y==1], X2[Y==1], X3[Y==1], c='r', marker='^',s=120, edgecolor
='k')
ax.set_title('Credit data visualization')  #设置图表标题
ax.set_xlabel("Age")
ax.set_ylabel("Debt")
ax.set_zlabel("Income")
```

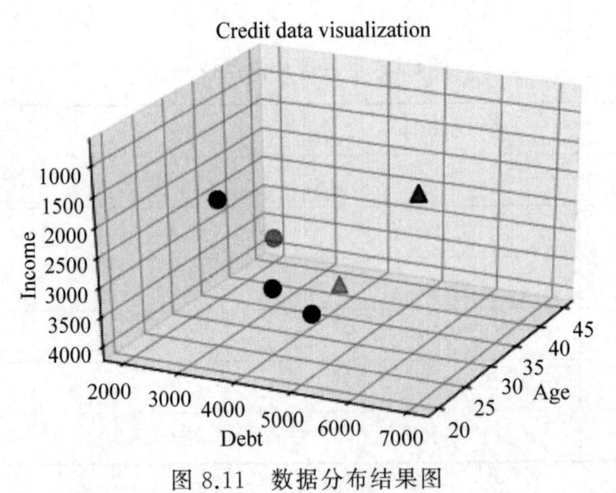

图 8.11 数据分布结果图

(3) 建立逻辑回归模型。

```
from sklearn import linear_model
lr=linear_model.LogisticRegression()
lr.fit(data,data[:,3])
```

逻辑回归模型初始化结果如下。

```
LogisticRegression(C=1.0, class_weight=None, dual=False, fit_intercept=True,
          intercept_scaling=1, max_iter=100, multi_class='ovr', n_jobs=1,
          penalty='l2', random_state=None, solver='liblinear', tol=0.0001,
          verbose=0, warm_start=False)
```

（4）返回预测结果。

```
lr.coef_
```

```
array([[-0.00012173,  0.00907798, -0.01187387]])
```

```
lr.intercept_
```

```
array([-2.33365123e-06])
```

（5）使用参数绘制如图 8.12 所示分类结果图。

```
coef=lr.coef_[0]
intercept=lr.intercept_[0]
figure = plt.figure()
ax = Axes3D(figure, elev=152, azim=-26)          #elev、azim 设置 y 轴、z 轴旋转角度
xx = np.linspace(X1.min() - 0.02, X1.max() +0.02, 50)          #生成分类面 x 样本点
yy = np.linspace(X2.min() - 0.02, X2.max() +0.02, 50)          #生成分类面 y 样本点
XX, YY = np.meshgrid(xx, yy)
ZZ = (coef[0] * XX + coef[1] * YY + intercept) / -coef[2]      #生成分类面 z 样本点
ax.plot_surface(XX, YY, ZZ, rstride=8, cstride=8, alpha=0.3)   #生成分类平面
ax.scatter(X1[Y==0], X2[Y==0], X3[Y==0], c='b',s=60, edgecolor='k')
ax.scatter(X1[Y==1], X2[Y==1], X3[Y==1], c='r', marker='^',s=60, edgecolor='k')
ax.set_xlabel("Age")
ax.set_ylabel("Debt")
ax.set_zlabel("Income")
```

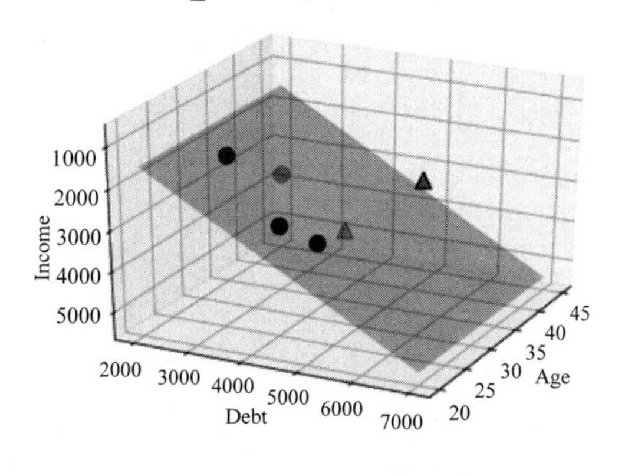

(a) y轴为-152°

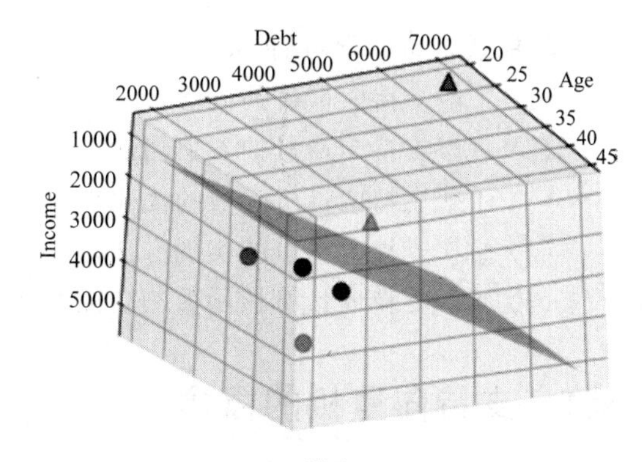

(b) y轴为152°

图 8.12　不同旋转视角下的分类平面

程序最后绘制出如图 8.12 所示的分类平面。其中，样本以数据点的方式显示，由于信用数据具有 3 个特征，所以使用逻辑回归结果拟合的是三维的分类平面。

第 9 章

支持向量机

本章概要

支持向量机是由感知机发展而来的机器学习算法,属于监督学习算法。支持向量机具有完备的理论基础,算法通过对样本进行求解,得到最大边距的超平面,并将其作为分类决策边界。

本章介绍支持向量机的基本理论,以及支持向量机优化求解的方法。核函数对于支持向量机来说也是非常重要的参数。不同的核函数能够使支持向量机具有不同的功能,甚至变成不同的模型。

学习目标

当完成本章的学习后,要求:

(1) 了解支持向量机的概念。

(2) 理解支持向量机的参数功能。

(3) 了解支持向量机参数的优化求解。

(4) 掌握支持向量机的实现方法。

(5) 了解支持向量机核函数的功能及使用。

9.1 支持向量机的概念

支持向量机(Support Vector Machines, SVM)是 Cortes 和 Vapnik 于 1995 年首先提出的,在解决小样本、线性/非线性及高维模式识别领域表现出特有的优势。支持向量机的优点是原理简单,但是具有坚实的数学理论基础,广泛应用于分类、回归和模式识别等机器学习算法的应用中。

SVM 是一种研究小样本机器学习模型的统计学习方法,其目标是在有限的数据信息情况下,渐进求解得到最优结果。其核心思想是假设一个函数集合,其中每个函数都能取得小的误差,然后从中选择误差小的函数作为最优函数。

SVM 的原理是寻找一个保证分类要求的最优分类超平面,策略是使超平面两侧的间隔最大化。模型建立过程可转换为一个凸二次规划问题的求解。SVM 很容易处理线性可分的问题。对于非线性问题,SVM 的处理方法是选择一个核函数,然后通过核函数将数据映射到高维特征空间,最终在高维空间中构造出最优分类超平面,从而把原始平面上不好分的非线性数据分开。

支持向量机的优点如下。

- 小样本:并不是需要很少的样本,而是与问题的复杂程度比起来,需要的样本数量相对少。
- 在高维空间中有效:样本的维度很高的情况下也可以处理。
- 非线性:SVM 擅长处理非线性问题,主要通过核函数和惩罚变量完成。
- 理论基础简单,分类效果较好。
- 通用性好,可以自定义核函数。

支持向量机也具有一些缺点,例如:

- 计算复杂度高,对大规模数据的训练困难。
- 不支持多分类,多分类问题需要间接实现。
- 对不同的核函数敏感。

9.1.1 线性判别分析

线性判别是一种经典的线性学习方法,最早由 Fisher 在 1936 年提出,也称为 Fisher 线性判别。线性判别分析(LDA)是对 Fisher 线性判别方法的归纳。

线性判别分析中,首先寻找到划分两类对象的一个线性特征组合。之后,使用这个组合作为线性分类器,为输入样本进行特征化或区分,或者为后续的分类做降维处理。

线性判别的思想非常简单,对于给定的训练样本集,设法将样本投影到一条直线上,使得同类样本的投影点尽可能接近,异类样本的投影点尽可能远离。在对新样本进行分类时,将其投影到该直线上,根据投影位置来确定其类别。

线性判别函数(Discriminant Function)是指由 x 的各个分量线性组合而成的函数。

$$g(x) = w^{T}x + w_0 \tag{9.1}$$

其中,w 是权重向量,w^T 是 w 的转置。w、x 都为 n 维向量;实数 w_0 为偏移量。

线性判别问题的决策规则为:如果 $g(x)>0$,则判定 x 属于 C1 类;如果 $g(x)<0$,则判定 x 属于 C2 类;如果 $g(x)=0$,x 可以属于任何一类或者拒绝判断。

例如,对鸢尾花数据集,使用花瓣长度和花萼长度进行分类。拟合出线性判别函数。根据数据的分布,可以得到一个直线方程。山鸢尾花落在直线左下区域,方程 $g(x)<0$,分类标签为-1;其他鸢尾花分布在直线右上区域,方程 $g(x)\geqslant 0$,分类标签为$+1$。分类器可以用如下分段函数表示。

$$g(x_1, x_2) = \begin{cases} 1, & x_1 + 0.7x_2 - 6 \geqslant 0 \\ -1, & x_1 + 0.7x_2 - 6 < 0 \end{cases} \tag{9.2}$$

分类示意图如图 9.1 所示。

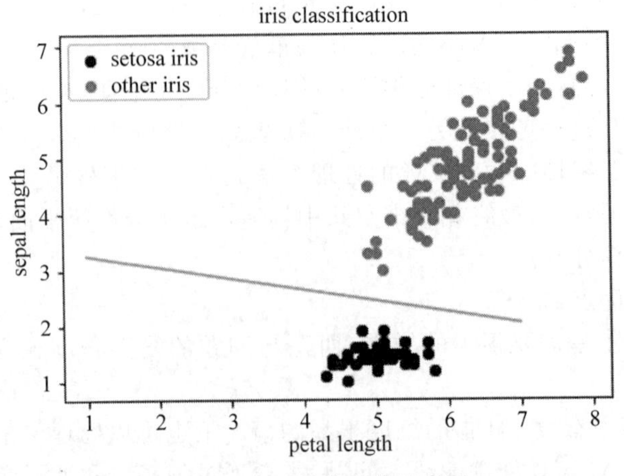

图 9.1 鸢尾花分类线示意图

整理后，可以记作 $f(x)=f(x_1,x_2)=x_1+x_2-3$，这个判别式就是鸢尾花分类函数的核心。在实际应用当中，$f(x)$的形式有很多种。可以假设特征向量为 $X=(x_1,x_2,\cdots,x_n)$，则线性分类器的一般形式可以写成：

$$f(x_1,x_2,\cdots,x_n)=a_1x_1+a_1x_2+\cdots+a_nx_n+b \tag{9.3}$$

分类器中最关键的是待计算的参数 $a_1,a_2,\cdots,a_n,b$。理想的参数可以得到好的分类直线，这需要不断训练分类器。算法需要不断根据误差来评估分类器、调整参数，从而提高准确率。这也可以看成分类器的学习过程。

9.1.2 间隔与支持向量

将训练样本分开的线性分类器有时有很多，如图 9.2 所示，三条分隔线都可以做到将两种鸢尾花分类，那么究竟选哪条线作为分类器呢？

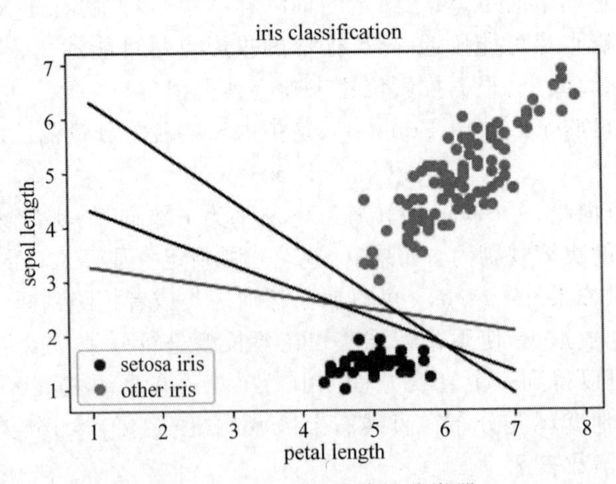

图 9.2 多个不同的线性分类器

很显然，最佳直线是位于中间的直线分类器，它具有更好的泛化能力。我们可以直观地观察到这个现象：一个样本点距离分类线越远，分类正确的可能性就越大。因此，我们希望训练得到的分类直线既能正确分类，也离每个样本点都尽量远。同样，最优的分类超平面也应该是距离每个样本点都尽量远。

事实上，只需要留意离分类线最近的那些点。如图 9.3 所示，让这些点离分类线尽量远。最邻近分类线（或分类超平面）的那些向量称为支持向量，这也是支持向量机概念的来源。

也就是说，支持向量是最接近超平面的那些向量。所以支持向量是定义最优分割超平面的样本，是对求解分类问题最具有重要性的数据点，当然也是最难分类的训练数据。

支持向量到分隔线（分类面）的距离称为间隔。间隔最大的分类器为最优的分类器，具有最强的抗干扰性，对于新的样本出错率更少。

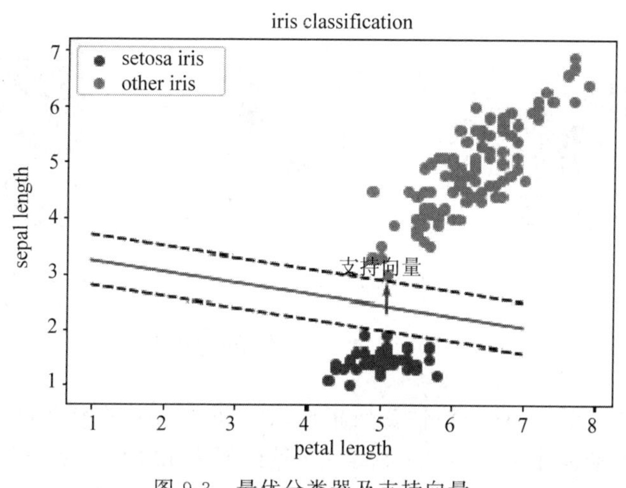

图 9.3　最优分类器及支持向量

支持向量机（SVM）是在特征空间上达到最大分类间隔的分类器，它使用感知器的原理对类别进行划分。上面例子中使用的是线性分类器，使用线性分类器的支持向量机为线性支持向量机。

9.1.3　超平面

在二维空间中，分类函数为一条直线。然而当线性函数投射到一维空间中，就是一个判别点。而如果将线性判别函数扩大到三维空间，则相当于一个判别平面；如果是更高维空间，则称为超平面（Hyper Plane）。

在高维空间下，线性判别超平面的公式仍然不变。为方便表达，可以设参数 $W^T = a_1, a_2, \cdots, a_n$，参数 $w_0 = b$。通过给定的训练样本，确定 W^T 和 w^0 两个参数。根据得到的参数就确定了分类面，从而对输入样本进行分类。

下面使用图 9.4 所示的一组图来展示不同维度下查看到的分类平面效果。使用的数据集是 SKlearn 提供的 make_blobs 数据集。

分类器在二维空间中呈现出一条直线，称为分类线。在高维空间中，将分类样本进行划分的平面称为分类超平面，可以用来处理高维度的类别划分问题。形成超平面的函数往往不是常规的线性函数，而是要用非线性的复杂的函数实现。例如，如图9.4所示的数据集，将高维空间的超平面映射到二维空间，实际上是非线性问题。这涉及SVM的核函数的使用。

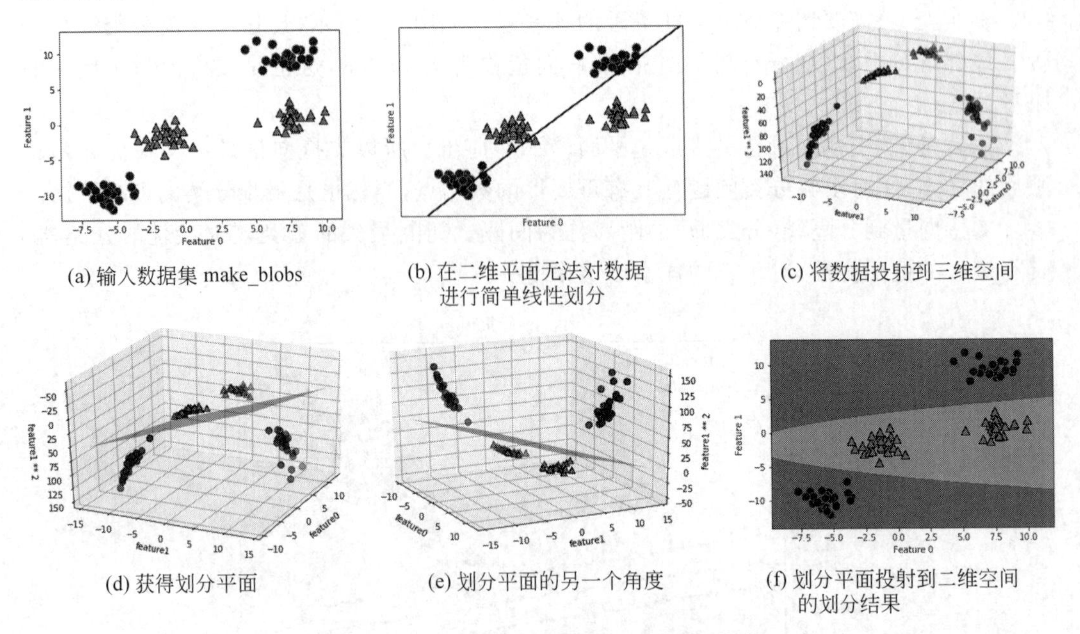

(a) 输入数据集 make_blobs　(b) 在二维平面无法对数据进行简单线性划分　(c) 将数据投射到三维空间

(d) 获得划分平面　(e) 划分平面的另一个角度　(f) 划分平面投射到二维空间的划分结果

图 9.4　make_blobs 数据集的三维空间分类

支持向量机中，通过某些非线性变换将输入空间映射到高维空间。如果使用某个函数就能够实现高维空间中的变换，那么支持向量机就不用计算复杂的非线性变换，而是由这个函数直接得到非线性变换的结果，从而大大简化了计算。这样的函数称为核函数。

核函数用于SVM内部，使SVM对数据进行高维变换，以期望在高维空间中能对数据点进行分类。核函数的作用主要是从低维空间到高维空间的映射，把低维空间中线性不可分的两类变成可以用超平面划分。

常用的核函数包括多项式核函数、RBF径向基核函数（也叫高斯核函数）、Sigmoid核函数等，还可以根据实际需要自定义核函数。

与线性分类器类似，多维空间中的超平面也通过函数值的正负来判别。用g(x)代表生成分类函数，当g(x)>0时判为正类，g(x)<0时判为负类，g(x)=0时任意。因此，g(x)=0就是分类超平面，也称为分类决策面。

9.1.4 感知器

1. 如何选择较好的决策面

对于前面的二分类问题，如图9.5(a)所示，可以有多个不同的决策面。经过对比，显然中间的分类线能更好地分类，所以这个决策面优于另外两个。

图9.5(b)中，虚线是由决策面的方向和离决策面最近的样本位置决定的。两条平行

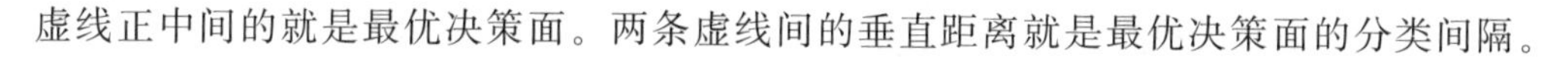
虚线正中间的就是最优决策面。两条虚线间的垂直距离就是最优决策面的分类间隔。

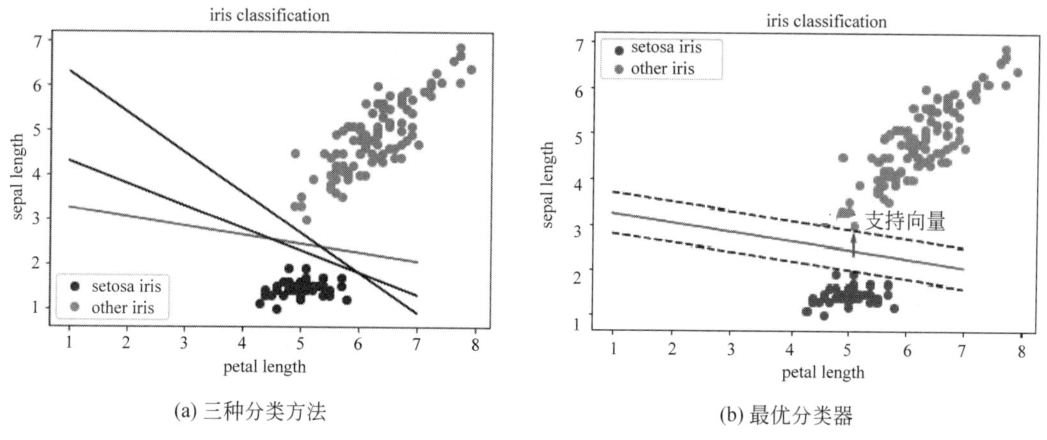

(a) 三种分类方法　　(b) 最优分类器

图 9.5　最优决策面

能把数据正确分类的方向可能有多个,这些方向上都会有最优决策面,而且各个最优决策面的分类间隔也不同。这种情况下,具有“最大间隔”的那个最优决策面就是 SVM 要寻找的最优解。而这个最优解对应的两侧虚线所穿过的样本点,就是 SVM 中的支持向量。

2. 感知器

一种训练支持向量机的简单方法是感知器训练法,即每次对模型进行一些简单的小修改,逐渐达到最优。

感知器(Perceptron)是一种二元线性分类模型,1957 年由 Frank Rosenblatt 基于神经元模型提出,是一种能够自我迭代、试错,类似于人类学习过程的算法。感知器算法的初衷是为了“教”感知器识别图像。

感知器从样本中直接学习判别函数,所有类别的样本放在一起学习。感知器通过调整权重的学习达到正确分类的效果,是神经网络和 SVM 的基础。可以把感知器看作一个处理二分类问题的算法,线性分类或线性回归问题等也都可以用感知器来解决。

感知器的训练过程如图 9.6 所示。

输入训练样本 $X=(x_0,x_1,x_2,\cdots,x_m)^T$ 和初始权重向量 $W=(w_0,w_1,w_2,\cdots,w_m)^T$,进行向量的点乘混合,然后将混合结果作用于激活函数,得到预测输出。再计算输出和目标值的差 error,调整权重向量 W。反复处理,直到取得合适的 W 为止。

可以看出,感知器算法是错误驱动的:被正确分类的样本不产生误差,对模型优化没有贡献。模型优化的目标就是最小化误差函数——是一种称为准则函数的误差衡量指标。

在数学表达中,一般为样本向量 X 增加一维常数,形成增广样本向量,记为 $Y=(1,x_0,x_1,x_2,\cdots,x_m)^T$,同样权重向量 W 也增广为向量 $a=(w_{00},w_0,w_1,w_2,\cdots,w_m)^T$。在两类问题中,假设错分样本集合为 Y^k,则感知器准则函数被定义为:

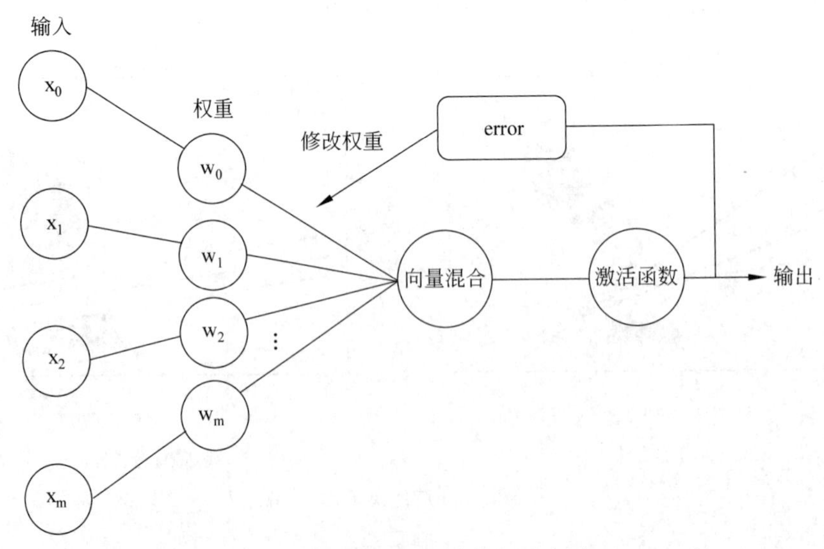

图 9.6　感知器的训练过程示意图

$$J_p(a) = \sum_{y_i \in Y^k} (-a^T y_i) \tag{9.4}$$

正确分类的样本对准则函数没有贡献,不产生误差;如果不存在错分样本,那么准则函数的值就为0。因此,优化目标就是最小化 $J_p(a)$。

如图9.7所示,我们使用简单的例子描述感知器训练过程。

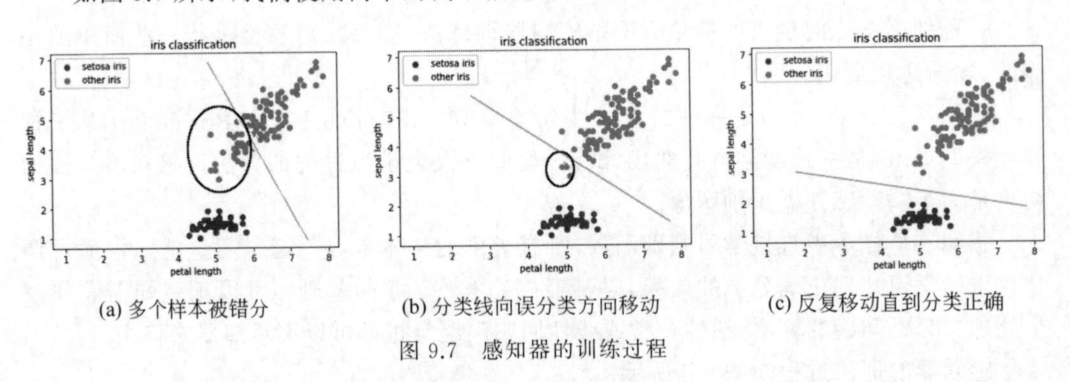

(a) 多个样本被错分　(b) 分类线向误分类方向移动　(c) 反复移动直到分类正确

图 9.7　感知器的训练过程

可以看到,感知器使用被错分的样本来调整分类器参数。假设感知器函数为 $y=a_1x_1+a_2x_2+b$,则有下列判断。

(1) 假设样本标注类别为+1,而样本 $a_1x_1+a_2x_2+b<0$,则是被误分类。

(2) 假设样本标注类别为−1,而样本 $a_1x_1+a_2x_2+b\geqslant 0$,则是被误分类。

(3) 假设样本真实类别为y,若 $y(a_1x_1+a_2x_2+b)\leqslant 0$,则样本被错分。

将感知器学习算法的运算过程生成流程图,结果如图9.8所示。

其中,λ是学习率,指每次更新参数的程度大小。感知器算法对于线性不可分的数据是不收敛的。对于线性可分的数据,可以在有限步内找到解向量。收敛速度取决于权向量的初始值和学习率。

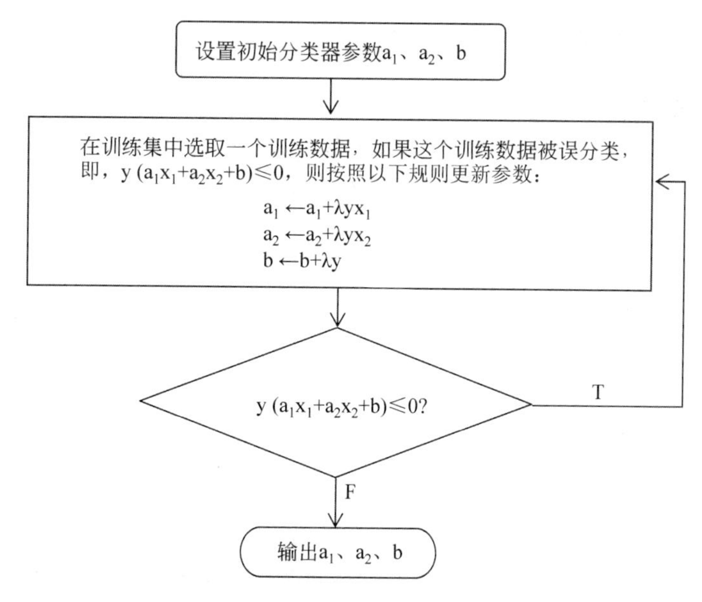

图 9.8　感知器参数调整流程图

学习率是非常关键的，太大会导致震荡，太小则会使收敛过程很慢。现在有不少策略使学习率自适应调整，还有一种方法是在当前迭代中加入上一次的梯度进行加速。学习率究竟设置多大数值，如何进行调整，这都需要视具体任务决定。

可以使用 SKlearn 中 linear_model 模块的 Perceptron 类来实现线性感知器，格式如下。

```
Perceptron(penalty=None,alpha=0.0001,fit_intercept=True, max_iter=1000,tol
=0.001, shuffle =True,verbose=0,eta0=1.0,n_jobs=None,random_state=0,early_
stopping=False,validation_fraction=0.1,n_iter_no_change=5,class_weight=
None, warm_start=False)
```

主要参数如下。

penalty：惩罚项，可以帮助产生最大间隔。可能的取值为 None、'l2'(L2 正则)、'l1'(L1 正则)或'elasticnet'(混合正则)，默认值为 None。

max_iter：最大迭代次数，默认为 1000。

eta0：学习率，默认为 1.0。

属性如下。

coef_：权值，即参数 w。

intercept_：偏置，即参数 b。

n_iter_：迭代次数。

classes_：类别标签集合。

t_：训练过程中，权重 w 参数更新的次数。

【例 9.1】 使用感知器(Perceptron)进行信用分类。

问题描述：使用 SKlearn 中的 Perceptron 对信用卡数据集进行分类，并对原始样本和分类结果进行绘图显示。数据集为 credit-overdue.csv。

主要步骤如下。

(1) 读取数据集。

(2) 使用线性感知器进行训练,得到分类器参数。

(3) 绘制样本的散点图,绘制分类线(或分类平面)。

具体程序实现如下。

```
#-*- encoding:utf-8 -*-
from sklearn.linear_model import Perceptron
from sklearn.cross_validation import train_test_split
from matplotlib import pyplot as plt
import numpy as np
import pandas as pd

def loaddata():
    people = pd.read_csv("credit-overdue.csv", header=0)      #加载数据集
    X = people[['debt','income']].values
    y = people['overdue'].values
    return X,y

print("Step1:read data...")
x,y=loaddata()

#拆分为训练数据和测试数据
print("Step2:fit by Perceptron...")
x_train,x_test,y_train,y_test=train_test_split(x,y,test_size=0.2,random_
state=0)

#将两类值分别存放,以便显示
positive_x1=[x[i,0]for i in range(len(y)) if y[i]==1]
positive_x2=[x[i,1]for i in range(len(y)) if y[i]==1]
negetive_x1=[x[i,0]for i in range(len(y)) if y[i]==0]
negetive_x2=[x[i,1]for i in range(len(y)) if y[i]==0]

#定义感知机
clf=Perceptron(n_iter=100)
clf.fit(x_train,y_train)
print("Step3:get the weights and bias...")

#得到结果参数
weights=clf.coef_
bias=clf.intercept_
print(' 权重为:',weights,'\n 截距为:',bias)
print("Step4:compute the accuracy...")
```

```
#使用测试集对模型进行验证
acc=clf.score(x_test,y_test)
print('  精确度:%.2f'%(acc*100.0))

#绘制两类样本散点图
print("Step5:draw with the weights and bias...")
plt.scatter(positive_x1,positive_x2, marker='^',c='red')
plt.scatter(negetive_x1,negetive_x2,c='blue')

#显示感知器生成的分类线
line_x=np.arange(0,4)
line_y=line_x*(-weights[0][0]/weights[0][1])-bias
plt.plot(line_x,line_y)
plt.show()
```

运行结果如下。

```
Step1:read data...
Step2:fit by Perceptron...
Step3:get the weights and bias...
  权重为:  [[ 8.52 -8.45]]
  截距为:  [0.]
Step4:compute the accuracy...
  精确度: 100.00
Step5:draw with the weights and bias...
```

得到的感知器分类结果图如图 9.9 所示。

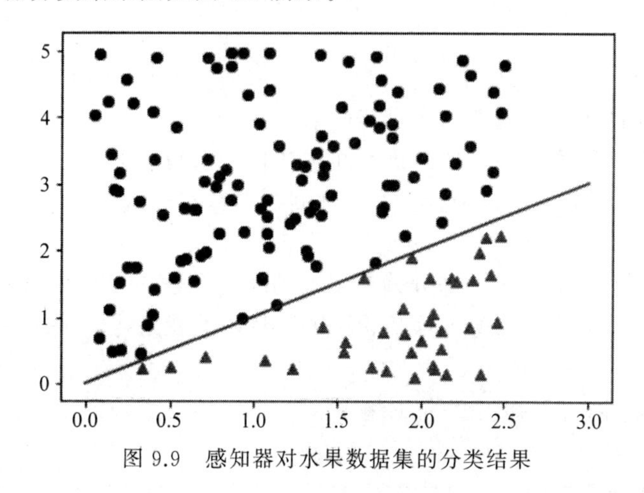

图 9.9 感知器对水果数据集的分类结果

从运行结果看，对于给定的信用卡数据集的二维特征，线性感知器能对样本进行正确划分。

视频讲解

9.2 支持向量机的参数

9.2.1 优化求解

假设支持向量机的分类函数为 $f(x)=wx+b$,则对于二分类问题,$wx+b=0$ 为分类超平面。两个支持向量到超平面的距离为分类间隔。假设分类间隔为 d,则有:

$$d=\frac{2}{\sqrt{w\times w}} \tag{9.5}$$

最大化间隔即为 d 最大化问题,可以转换为:

$$\max\frac{2}{\sqrt{w\times w}}\rightarrow\min\frac{1}{2}\sqrt{w\times w} \tag{9.6}$$

用二范数的形式,可以简写为:

$$\min\frac{1}{2}\|w\| \tag{9.7}$$

这时可以把求支持向量机参数的问题转换为求最小值的最优化问题。在训练过程中,支持向量机需要针对具体问题对参数进行迭代求解。可以用优化方法来调整分类器的参数,以降低误分类,提高分类准确率。

调整参数以提高算法性能的方法称为优化求解方法。具体处理起来,可以每次随机选取一个样本,如果是误分类样本,则用它来更新参数,这样不断迭代一直到训练数据中没有误分类数据为止。

对于 SVM 来说,常用优化算法有梯度下降法、牛顿法和共轭梯度法等。梯度下降法在前文有介绍,它通过逐步逼近,能够对凸函数找到最优解。

9.2.2 核函数

支持向量机中的另一个重要概念是核函数。

前面提到有很多问题在原来的二维空间中线性不可分,但通过将问题映射到高维空间后,可以变成线性可分。这也是解决非线性问题的基本思路——向高维空间转换,使其变得线性可分。

而向高维空间转换最关键的部分就在于找到映射方法。可以发现,高维空间中的参数其实是经过低维空间里的参数变换后得到的。核函数就是将低维的特征映射到高维特征空间的函数,用途非常广泛。

核函数有很多种,有平移不变的、依赖距离的等。理论上来说,满足 Mercer 定理的函数都可以作为核函数。

确定 SVM 参数和核函数的具体内容这里不做介绍,感兴趣的读者可以查看相关资料进一步学习。

9.2.3 SVM 应用案例

基于 SVM 的算法有多种,通常把基于 SVM 的分类算法称为 SVC(Support Vector

Classification),把基于 SVM 的回归算法称为 SVR(Support Vector Regression)。

SKlearn 提供的基于 SVM 的 SVC 分类模块格式如下。

```
sklearn.svm.SVC(C=1.0, kernel='rbf', degree=3, gamma='auto_deprecated',
coef0=0.0, shrinking=True, probability=False, tol=0.001, cache_size=200,
class_weight=None, verbose=False, max_iter=-1, decision_function_shape='ovr',
random_state=None)[source]
```

主要参数如下。

C：C-SVC 的惩罚参数,默认值是 1.0。C 值越大,对误分类的惩罚越大,训练集上准确率高,泛化能力弱;C 值越小,对误分类的惩罚减小,容错能力强,泛化能力强。

kernel：核函数,默认是 rbf,可以是'linear'(线性核)、'poly'(多项式核)、'rbf'(径向基核)、'sigmoid'(s 型函数核)、'precomputed'(提前计算好的核矩阵)等。

degree：只对多项式核函数情况有用,为多项式核函数的维度,默认是 3。

tol：停止训练的误差值大小,默认为 1e-3。

max_iter：最大迭代次数。如果取值为−1,则为不限制次数。

属性如下。

n_support_：各类中的支持向量的个数。

support_：各类支持向量所在的下标位置。

support_vectors_：各类中的支持向量。

coef_：分给各个特征的权重,只在线性核函数的情况下有用。

【例 9.2】 用 SVC 对随机数据集进行训练。

问题描述：随机生成两组数据,每组 30 个样本。第一组的标签为 1,随机数的原点坐标为[−2,2],第二组的标签为 0,随机数的原点坐标为[2,−2]。使用 SKlearn 提供的 SVC 分类器,对两类数据进行划分,并在坐标轴中显示出样本、分类线。

代码如下。

```
#-*- coding: utf-8 -*-
from sklearn import svm
import numpy as np
from matplotlib import pyplot as plt

#随机生成两组数据,并通过(-2,2)距离调整为明显的 0/1 两类
data = np.concatenate(np.random.randn(30,2)-[-2,2],np.random.randn(30,2)+[-2,2])
target = [0] * 30 + [1] * 30

#建立 SVC 模型
clf = svm.SVC(kernel='linear')
clf.fit(data, target)

#显示结果
w = clf.coef_[0]
```

```
a = -w[0] / w[1]
print("参数 w: ", w)
print("参数 a: ", a)
print("支持向量: ", clf.support_vectors_)
print("参数 coef_: ", clf.coef_)

#使用结果参数生成分类线
xx = np.linspace(-5,5)
yy = a * xx - (clf.intercept_[0] / w[1])

#绘制穿过正支持向量的虚线
b = clf.support_vectors_[0]
yy_Neg = a* xx + (b[1] - a*b[0])

#绘制穿过负支持向量的虚线
b = clf.support_vectors_[-1]
yy_Pos = a* xx + (b[1] - a*b[0])

#绘制黑色实线
plt.plot(xx, yy, 'r-')
#绘制黑色虚线
plt.plot(xx, yy_Neg, 'k--')
plt.plot(xx, yy_Pos, 'k--')

#绘制样本散点图
plt.scatter(clf.support_vectors_[:, 0], clf.support_vectors_[:, 1])
plt.scatter(data[:, 0], data[:, 1], c=target, cmap=plt.cm.coolwarm)

plt.xlabel("X")
plt.ylabel("Y")
plt.title("Support Vector Classification")

plt.show()
```

运行结果如下,生成的划分结果如图 9.10 所示。

```
参数w:  [-0.66366687  0.61829074]
参数a:  1.073389622504311
支持向量:  [[-0.30201616 -1.72130495]
 [ 1.19838256 -0.11221858]
 [-1.89012096 -0.19266207]]
参数coef_:  [[-0.66366687  0.61829074]]
```

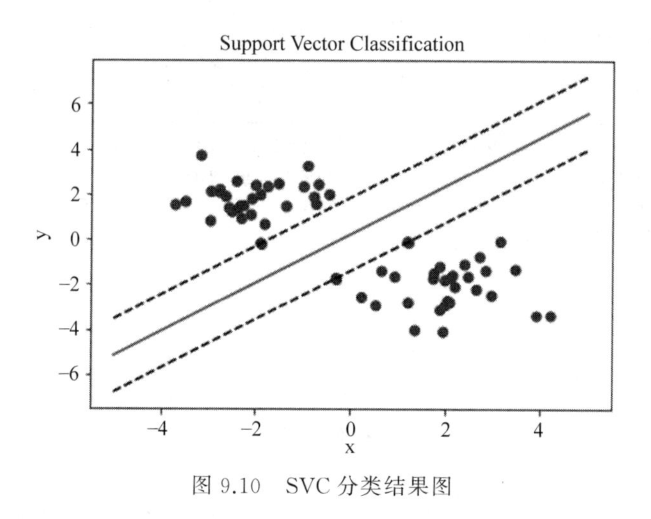

图 9.10　SVC 分类结果图

【例 9.3】 使用 SVC 进行数据分类预测。

问题描述：假设有三个样本，特征坐标分别为(2,0)、(1,1)、(2,3)，标签则依次为 0、0、1。使用 SVC 模型建立分类器，并预测数据点(2,0)的类别。

程序实现如下。

```
#-*- coding: utf-8 -*-
from sklearn import svm

#样本特征
x = [[2, 0], [1, 1], [2, 3]]
#样本的标签
y = [0, 0, 1]

#建立 SVC 分类器
clf = svm.SVC(kernel='linear')
#训练模型
clf.fit(x, y)
print(clf)

#获得支持向量
print(clf.support_vectors_)

#获得支持向量点在原数据中的下标
print(clf.support_)

#获得每个类支持向量的个数
print(clf.n_support_)

#预测(2,0)的类别
```

```
print( clf.predict( [[2, 0]] ) )
```

运行结果如下。

```
SVC(C=1.0, cache_size=200, class_weight=None, coef0=0.0,
  decision_function_shape='ovr', degree=3, gamma='auto', kernel='linear',
  max_iter=-1, probability=False, random_state=None, shrinking=True,
  tol=0.001, verbose=False)
[[1. 1.]
 [2. 3.]]
[1 2]
[1 1]
[0]
```

经过模型预测,数据点(2,0)的类别标签为 0。

【例 9.4】 SVM 能否解决异或问题?

视频讲解

问题描述:对于一个异或问题,假设有 4 个样本,特征坐标分别为(0,0)、(1,1)、(1,0)、(0,1),标签则依次为 0、0、1、1。使用 SVC 模型建立分类器。

我们知道,线性分类器无法解决异或问题,因此需要修改上面的程序,将 SVM 分类器的核函数修改为非线性的,例如,使用高斯核函数。SVC 模型参数 rbf 使用的就是高斯核函数。

将例 9.3 中的程序加以简单修改,完整代码如下。

```
#-*- coding: utf-8 -*-
from sklearn import svm

#样本特征
x = [[0, 0], [0, 1], [1, 0], [1,1]]
#样本的标签
y = [0, 1, 1, 0]

#建立 SVC 分类器
clf = svm.SVC(kernel='rbf')
#训练模型
clf.fit(x, y)

#分别预测 4 个样本点的类别
print('样本[0, 0]的预测结果为:', clf.predict( [[0, 0]] ) )
print('样本[0, 1]的预测结果为:',clf.predict( [[0, 1]] ) )
print('样本[1, 0]的预测结果为:',clf.predict( [[1, 0]]))
print('样本[1, 1]的预测结果为:',clf.predict( [[1, 1]] ) )
```

程序运行结果如下。

```
样本[0, 0]的预测结果为: [0]
样本[0, 1]的预测结果为: [1]
样本[1, 0]的预测结果为: [1]
样本[1, 1]的预测结果为: [0]
```

4个点[0, 0]、[0, 1]、[1, 0]、[1,1]预测的类别分别为0、1、1、0，可见使用非线性核函数后，SVM在处理异或问题时能够获得正确的结果。

实验

实验9-1 使用SVM解决非线性分类问题——moons数据集分类

很多问题使用线性SVM分类器就能有效处理。但实际上也存在很多非线性问题，其数据集无法进行线性划分。处理非线性数据集的方法之一是添加更多特征，比如多项式特征。添加新特征后，数据集维度更高，能够形成一个划分超平面。

下面使用SVC处理K-Means聚类无法解决的半环形moons数据集的分类问题。先使用SKlearn提供的PolynomialFeatures()进行多项式转换，再使用StandardScaler()函数进行数据标准化，最后使用LinearSVC()函数建立SVC模型。

由于这三个处理是前后接续的，并且处理模式相同，所以在这里使用了一个特别的管道函数——Pipeline()函数对三个函数进行装饰。

Pipeline()函数能够对三个模块进行封装，将前一个函数处理的结果传给下一个函数。先依次调用前两个函数PolynomialFeatures()和StandardScaler()的fit()和transform()方法，最后调用LinearSVC模块的fit()方法，完成处理过程。

下面使用SVM解决半环形数据集分类问题，完整的程序实现如下。

```
import numpy as np
import matplotlib.pyplot as plt
from sklearn.datasets import make_moons
from sklearn.preprocessing import PolynomialFeatures
from sklearn.preprocessing import StandardScaler
from sklearn.svm import LinearSVC
from sklearn.pipeline import Pipeline

#生成半环形数据
X, y = make_moons(n_samples=100, noise=0.1, random_state=1)
moonAxe=[-1.5, 2.5, -1, 1.5]                    #moons数据集的区间

#显示数据样本
def dispData(x, y, moonAxe):
    pos_x0=[x[i,0]for i in range(len(y)) if y[i]==1]
    pos_x1=[x[i,1]for i in range(len(y)) if y[i]==1]
    neg_x0=[x[i,0]for i in range(len(y)) if y[i]==0]
    neg_x1=[x[i,1]for i in range(len(y)) if y[i]==0]

    plt.plot(pos_x0, pos_x1, "bo")
    plt.plot(neg_x0, neg_x1, "r^")

    plt.axis(moonAxe)
```

```
    plt.xlabel("x")
    plt.ylabel("y")

#显示决策线
def dispPredict(clf, moonAxe):
    #生成区间内的数据
    d0 = np.linspace(moonAxe[0], moonAxe[1], 200)
    d1 = np.linspace(moonAxe[2], moonAxe[3], 200)
    x0, x1 = np.meshgrid(d0,d1)
    X = np.c_[x0.ravel(), x1.ravel()]
    #进行预测并绘制预测结果
    y_pred = clf.predict(X).reshape(x0.shape)
    plt.contourf(x0, x1, y_pred, alpha=0.8)

#1.显示样本
dispData(X, y, moonAxe)
#2.构建模型组合,整合三个函数
polynomial_svm_clf=Pipeline (
                        (("multiFeature",PolynomialFeatures(degree=3)),
                         ("NumScale",StandardScaler()),
                         ("SVC",LinearSVC(C=100)))
                    )

#3.使用模型组合进行训练
polynomial_svm_clf.fit(X,y)
#4.显示分类线
dispPredict(polynomial_svm_clf, moonAxe)
#5.显示图表标题
plt.title('Linear SVM classifies Moons data')
plt.show()
```

运行结果如图 9.11 所示。

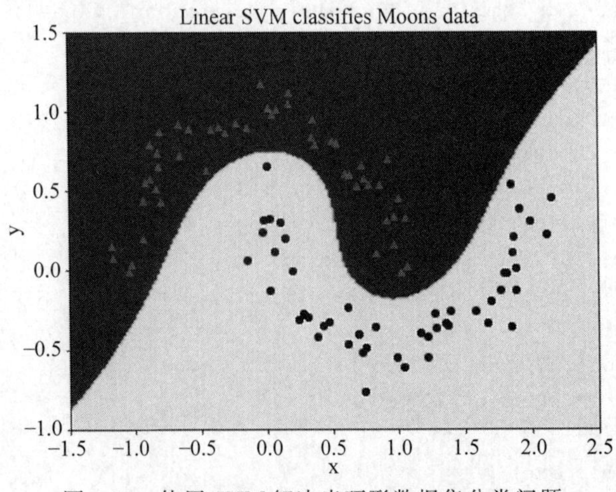

图 9.11　使用 SVM 解决半环形数据集分类问题

可以看出，使用SVC模型可以将半环形数据集进行准确的划分，从而解决了K-Means聚类中，仅依靠距离进行分类的局限性。因此，对于非线性问题来说，SVM提供了崭新的思路和效果良好的解决方案。

实验 9-2　使用 SVM 进行信用卡欺诈检测

问题描述：本项目来自于Kaggle平台的信用卡项目。Kaggle平台是一个著名的数据分析挖掘项目平台，开发者可以参加平台上的项目去发掘数据的潜在价值，或者测试现有算法的性能。

项目背景：金融风险预测评估在现代经济生活中有着至关重要的地位，本实验数据来自基于Kaggle的Give Me Some Credit项目(https://www.kaggle.com/c/GiveMeSomeCredit)。项目收集了消费者的人口特征、信用记录、交易记录等大量数据。通过数据分析建立信用模型，可以用于创建信用卡评分系统，即根据消费者的历史数据，来预测他未来会不会发生信用违约。

素材文件为KaggleCredit2.csv，其中包含15万条样本数据，每个样本有12个特征。各特征的描述可以查看Data Dictionary.xls文件，每个特征的含义大致如下。

SeriousDlqin2yrs：超过90天或更糟的逾期拖欠违法行为，布尔型。

RevolvingUtilization Of UnsecuredLines：无担保放款的循环利用，百分比数值。

Age：借款人年龄，整型。

NumberOfTime30-59DaysPastDueNotWorse：30～59天逾期次数，整型。

DebtRatio：负债比例，百分比。

MonthlyIncome：月收入，浮点型。

NumberOfOpenCreditLinesAndLoans：贷款数量，整型。

NumberOfTimes90DaysLate：借款者有90天或更高逾期的次数，整型。

NumberRealEstateLoansOrLines：不动产贷款或额度数量，整型。

NumberOfTime60-89DaysPastDueNotWorse：借款者有60～89天逾期的次数，整型。

NumberOfDependents：家属数量，整型。

1. 数据分布形式查看

首先可以使用Matplotlib绘制这11个特征数据各自的频次对数直方图，如图9.12所示。

从第一幅子图可以看出，SeriousDlqin2yrs特征统计信息呈现出非常明显的左高右低分布，因此能初步得知SeriousDlqin2yrs特征是一个极不平衡的数据特征。而在第三幅子图中，age特征的分布比较平衡，接近正态分布。

2. 信用数据查看与清洗

在数据处理之前，对数据进行查看非常重要。这样可以预先了解数据的基本情况，而且可以根据情况进行适当的预处理。下面对数据进行查看和预清洗操作。

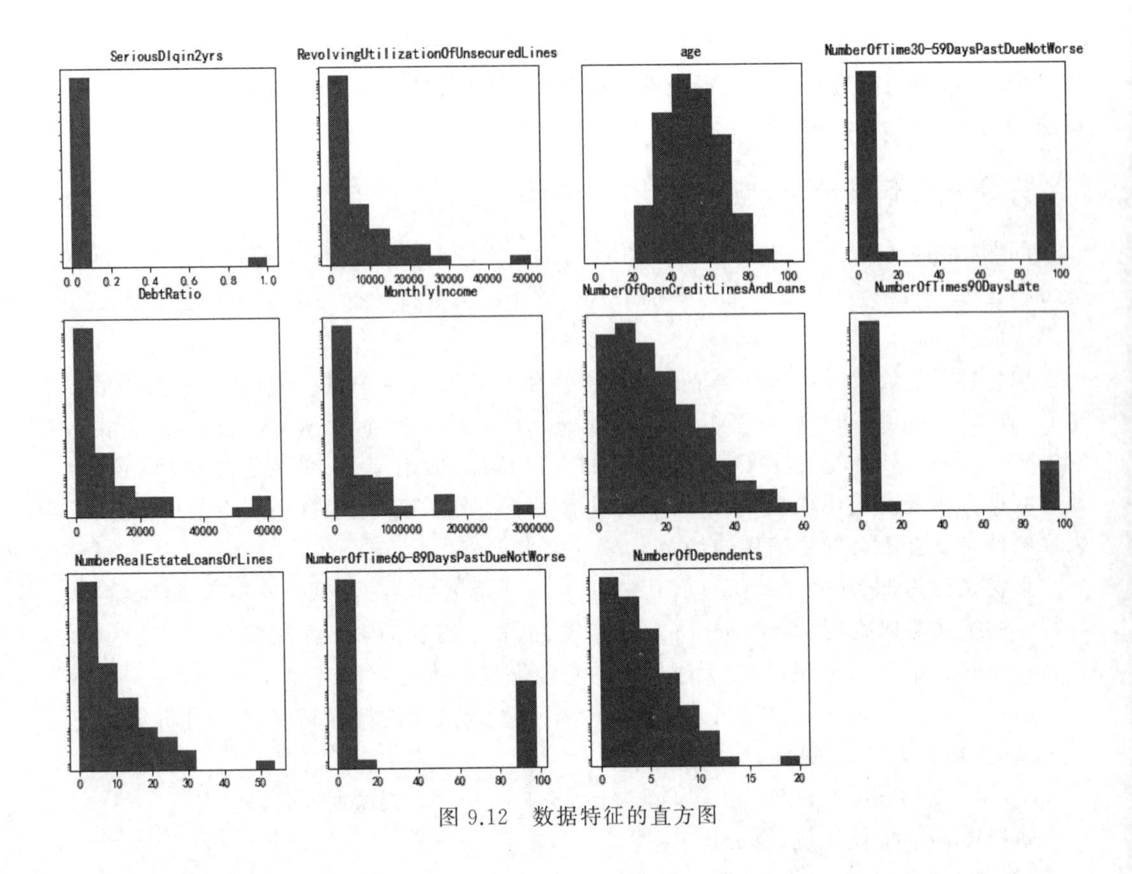

图 9.12　数据特征的直方图

1）查看数据信息

```
import pandas as pd
df = pd.read_csv('data/KaggleCredit2.csv')
df.info
```

有时需要数据清洗，比如根据指定条件，删除某些列或行。

2）删除第一列数据

```
df = df.drop(df.columns[0], axis=1)
```

3）去掉 age＞70 的项

```
df = df[df['age']>70]
df
```

3. 基于 SVM 的信用卡欺诈检测

通过上面的例子可以了解到数据集有 15 万行、12 列，数据量比较大，因此使用全部的特征进行训练时间会特别长。

针对这个情况，我们将问题分成以下两步。

(1) 使用前面学习的逻辑回归，先找到对结果影响(权重)最大的特征。

（2）只对这个最关键的特征进行训练，既能降低运算量，而且对结果影响不大。

使用最关键特征进行预测的完整过程如下。还可以选取多个特征，并对比程序的运行结果。

1）使用逻辑回归寻找关键特征

使用原始数据构建一个逻辑回归模型，得到每个特征的权重值，挑选权重最大的特征进行 SVM 训练。

核心语句如下。

```
lr = LogisticRegression(penalty='l2',C = 1000,random_state = 0)
lr.fit(X_train,y_train)
#查看模型的系数(权重值)为 lr.coef_
pd.DataFrame({'columns':list(X_train.columns),"coef":list(lr.coef_.T)})
```

运行结果如下。

	columns	coef
0	RevolvingUtilizationOfUnsecuredLines	[-0.012788245192723422]
1	age	[-0.3730730014136754]
2	NumberOfTime30-59DaysPastDueNotWorse	[1.7437498166797938]
3	DebtRatio	[-0.06477439359588337]
4	MonthlyIncome	[-0.5796691857084835]
5	NumberOfOpenCreditLinesAndLoans	[-0.028119924337529932]
6	NumberOfTimes90DaysLate	[1.4512032353157611]
7	NumberRealEstateLoansOrLines	[0.10118453117619382]
8	NumberOfTime60-89DaysPastDueNotWorse	[-3.034582272222197]
9	NumberOfDependents	[0.10550892982711164]

很明显，特征 NumberOfTime30-59DaysPastDueNotWorse、NumberOfTimes90DaysLate 和 NumberOfTime60-89DaysPastDueNotWorse 的系数相对比较大，说明这三个特征对结果的影响是比较大的。其中，特征 NumberOfTime60-89DaysPastDueNotWorse 的系数最大，说明其对结果的影响最为关键，因此下面就使用这个特征进行 SVM 分类。

2）使用最显著数据特征，对信用数据进行 SVM 分类

```
import pandas as pd
from sklearn.preprocessing import StandardScaler
from sklearn.model_selection import train_test_split

#(1)载入数据
data = pd.read_csv("data/KaggleCredit2.csv",index_col= 0)
data.dropna(inplace=True)

#(2)对特征列进行标准化
cols = data.columns[1:]
ss = StandardScaler()
data[cols] = ss.fit_transform(data[cols])
```

```
#(3)构造数据和标签
X = data.drop('SeriousDlqin2yrs', axis=1)                    #数据特征
y = data['SeriousDlqin2yrs']                                  #标签列

#(4)进行数据切分,测试集占比 30%,生成随机数的种子是 0
X_train,X_test,y_train,y_test = train_test_split(X,y,test_size =0.3 ,random_
state = 0)

#(5)构建 SVM 模型
#只使用特征 NumberOfTime60-89DaysPastDueNotWorse 进行 SVM 分类
from sklearn.svm import SVC
svm = SVC()
svm.fit(X_train[['NumberOfTime60-89DaysPastDueNotWorse']], y_train)
#svm.fit(X_train, y_train)此句使用的是全部特征,时间耗费长

#(6)进行预测
y_pred_svm = svm.predict(X_test[['NumberOfTime60-89DaysPastDueNotWorse']])
print('预测结果:\n',y_pred_svm)

#在测试集上使用的准确度 93%
svm.score(X_test[['NumberOfTime60-89DaysPastDueNotWorse']], y_test)
```

预测结果如下。

```
预测结果:
 [0 0 0 ... 0 0 0]

0.9303788697652504
```

第10章

神经网络

本章概要

广义上来说，神经网络泛指生物神经网络和人工神经网络两个方面。在计算机领域，神经网络指的就是人工神经网络，是涉及计算机算法、脑神经学、心理学等多个领域知识的交叉学科，是近年来的一个研究热点。

神经网络的研究始于20世纪40年代，经过多年的研究发展，已经成为目前实现人工智能的核心部分。它的研究目标是通过探索人脑的思维方式、结构机理、工作方式，使计算机具有类似的智能。信息的处理是由神经元之间的相互作用来实现的，借助知识和学习进行动态演化。

总的来说，神经网络是一个通过使用计算机模拟人脑神经系统的结构和功能，运行大量的处理单元，人为建立起来的算法系统，目前广泛应用于图像识别、人脸识别、语音识别、自然语言处理等领域，在实际生产生活应用中，取得了显著的成绩。

学习目标

当完成本章的学习后，要求：

(1) 了解神经网络的基本原理。

(2) 理解多层神经网络的结构。

(3) 熟悉激活函数及功能。

(4) 理解使用Python搭建神经网络的方法。

10.1 神经网络的基本原理

10.1.1 人工神经网络

人工神经网络(Artificial Neural Network，ANN)的起源可以追溯到20世纪40年

代，但主要是从20世纪80年代开始逐步兴起的研究方向，其基本思想是模拟人脑的神经网络进行机器学习。

人工神经网络的基本构成是神经元模型，是对实际生活中的生物神经元的模拟抽象。在人的大脑中，一个神经元可以通过轴突作用于成千上万的神经元，也可以通过树突从成千上万的神经元接收信息。

基本的人工神经元模型能实现简单的加权运算，在应用于复杂神经网络时，可以通过调整权重和偏差，来学习*解决问题。

学习*：根据误差，反复重复修改权重和偏差，以产生越来越好的输出。这就是神经网络的学习。

在机器学习领域中，人工神经网络一般简称为神经网络或者神经计算，具有学习能力，而且经常是大量的神经元模型并行工作。

神经网络主要包括神经元、拓扑结构、训练规则三个要素，可以看作是按照一定规则连接起来的多个神经元构成的系统。各神经元能够根据经验自适应学习，同时还能并行化处理。神经网络算法也是深度学习的基础。

神经网络的主要优点如下。

(1) 非线性。神经网络是多个神经元组成的从输入到输出的通道，可以实现线性方法，也可以解决非线性问题。可以说，神经网络对解决非线性问题具有独特的功能，其内部已经包含非线性的处理机制。

(2) 自学习。神经网络具有自动调整权重以适应解的变化的自适应能力，即具有自学习性。通过对经验的学习，动态调整系统参数，最终得到较为精确的解。例如，对于图像识别神经网络，只要输入图像素材和对应的结果，网络就会进行自学习，慢慢能识别出类似的图像。自学习功能对神经网络具有重要意义。

(3) 联想记忆功能。有些神经网络具有记忆功能，例如循环神经网络系统，能够根据时间线，将相关的上下文知识作为输入。由于加入了上下文信息，神经网络系统能够综合运用历史和当前的知识对未来进行预测，即具有时间线记忆和联想能力。

(4) 容错性。也称为鲁棒性。神经网络的知识是分布在多个神经元上的，结构上是并行操作，因此能够减少内部神经元的相互影响。同时，神经网络对数据特征的提取是并行的，可以将每个特征单独作为一个输入值，降低了不完整、不准确数据对整个系统的影响，使得系统整体更为健壮。

相应地，神经网络也有一些缺点。

(1) “黑匣子”问题。神经网络最著名的缺点，应该是其“黑匣子”属性。用户不知道神经网络的内部运行机制，不确定系统将产生的结果和产生此结果的过程。

(2) 耗费时间和算力。神经网络能够解决难以解决的非线性问题，尤其是复杂问题。相应地，所使用的运算也更复杂，训练和运行时间更长，需要耗费更多的硬件算力。

(3) 需要大量的数据。相比其他传统机器学习算法，神经网络不仅结构复杂，通常也需要更多数据。比较来说，支持向量机、朴素贝叶斯等简单算法，处理小数据更为适合。

10.1.2 神经网络结构

人类大脑有大约八百亿个神经元。这些神经元通过突触与其他神经元连接，交换电信号和化学信号。大脑通过神经元之间的协作完成各种功能，上级神经元的轴突在有电信号传导时释放出化学递质，作用于下一级神经元的树突，树突受到递质作用后产生出电信号，从而实现了神经元间的信息传递。

在人工智能领域，有一个有趣的派别是“仿生学派”，也被称为“飞鸟派”。他们的基本想法就是，如果我们想要学习飞翔就要向飞鸟学习。神经网络就属于仿生派的思想。它模拟的是人脑神经的工作机理。

第一个神经网络模型 M-P 模型出现于 1943 年，是由图 10.1 中的神经生理学家 Warren McCulloch 和数学家 Walter Pitts 共同提出的，并由他们名字的首字母共同命名。

(a) Warren McCulloch

(b) Walter Pitts

图 10.1 M-P 神经模型的提出者

McCulloch 猜想，神经元的工作机制很可能类似于逻辑门电路，它接收多个输入，产生单一输出。与 Pitts 讨论后，将结果发表在论文 *A Logical Calculus of Ideas Immanent in Nervous Activity* 中，正式提出“M-P 神经元模型”，对生物大脑进行了抽象简化。

M-P 神经网络模型首次使用简单感知器模拟大脑神经元行为，是按照生物神经元的结构和工作原理构造的。简单来说，它是对一个生物神经元的建模。M-P 模型的抽象示意图如图 10.2 所示。

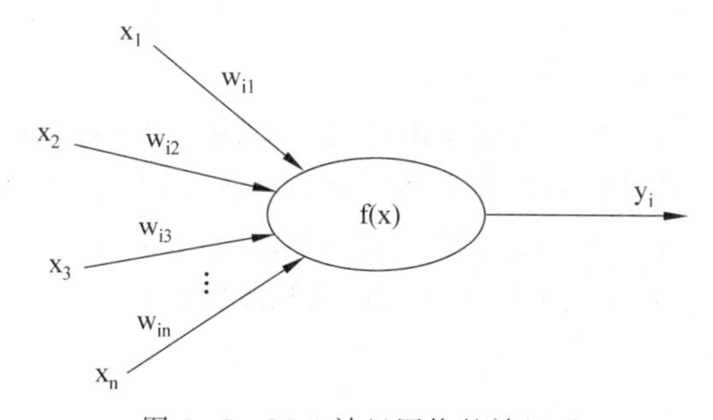

图 10.2 M-P 神经网络的神经元

由图10.2可以看出，神经元是一个多输入单输出的模型。对于某个神经元i，它可能同时接收多个输入，用($x_1,x_2,x_3,\cdots,x_n$)表示。由于生物神经元的性质差异，对神经元的影响也不同，用权值($w_{i1},w_{i2},w_{i3},\cdots,w_{in}$)表示，其大小代表了不同连接的强度。最后对全部输入信号进行有权重的累加，得到第i个神经元的输出。

若用X表示输入向量，用W表示权重向量，即：

$$X=(x_1,x_2,x_3,\cdots,x_n) \tag{10.1}$$

$$W=\begin{bmatrix} w_{i1} \\ w_{i2} \\ w_{i3} \\ \vdots \\ w_{in} \end{bmatrix} \tag{10.2}$$

则神经元i的输出可以表示成向量相乘，形式如下。

$$y_i=f(XW) \tag{10.3}$$

可以发现，神经网络模型具有以下特点。

(1) 神经元是一个信息处理单元，可以多输入单输出。

(2) 不同的输入对神经元的作用权重不同，可能增强也可能削弱。

(3) 神经元具有整合的特性。

(4) 神经元的处理具有方向性。

人工神经网络是受生物神经系统的启发而产生的，是一种仿生的方法，是感知器模型的进一步发展，是一种可以适应复杂模型的灵活的启发式的学习技术。

神经网络中的大量神经元可以并行工作，同时也可以按照先后顺序进行分步处理，这可以通过增加神经网络的层数来实现。当层数增加到一定程度后，可以从最初级的M-P神经元模型演变为深度学习模型。

10.2 多层神经网络

20世纪60年代由Frank Rosenblatt基于M-P模型提出了感知器结构。随后，Rosenblatt给出了两层感知器的收敛定理，提出了具有自学习能力的神经网络模型——感知器模型，神经网络从纯理论走向了实际的工程应用。

多层感知器克服了单层感知器的缺点，原来一些单层感知器无法解决的问题，例如异或问题，都可以在多层感知器中得以解决。

神经网络默认的方向是从输入到输出，信息可以看成是向前传递的，因此从输入到输出进行信息传递的多层神经网络也称为多层前馈型神经网络。根据运算方向，神经网络模型常被分成三类：从输入层到输出层的前馈型神经网络、有输出层到输入层的反馈的反向传播神经网络，以及各层间可以相互作用的互连神经网络。

10.2.1 多隐藏层

单层感知器能够解决线性问题，但无法解决非线性问题。处理非线性问题需要多层神经网络,即多层感知器模型(Multi-Layer Perceptron,MLP)。

在多层神经网络中,神经元分层排列,有输入层、中间层(又称隐藏层,可有多层)和输出层。每层神经元只接受来自前一层神经元的输入。

如图10.3所示的神经网络就是一个简单的神经网络。最左边的称为输入层,其中的神经元就是输入神经元,负责接收数据。最右边的为输出层,由输出神经元组成,我们可以从这层获取神经网络输出的数据。在输入层和输出层之间的层称为隐藏层,它们对于外部来说是不可见的。

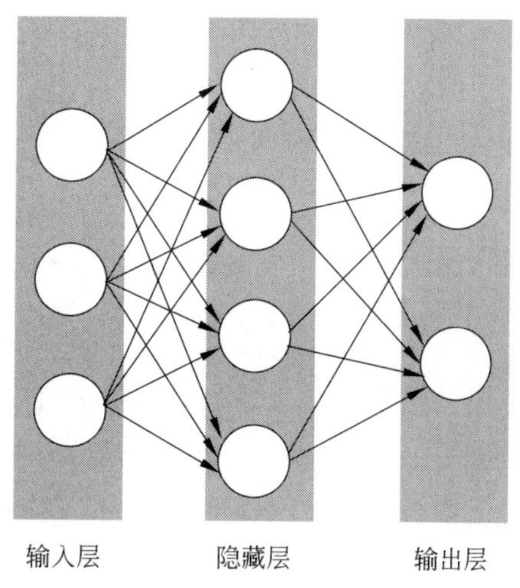

图10.3　只有一个隐藏层的简单神经网络

神经网络需要遵循以下原则。

(1) 同一层的神经元之间没有连接。

(2) 上一层神经元的输出是下一层神经元的输入。

(3) 每个连接都有一个权值。

如果一个神经网络中,每层中每个神经元都和下一层的所有神经元相连,则这个神经网络是全连接的,称为全连接神经网络。

下面讨论神经网络在每层完成的转换。首先将图10.3中的神经网络扩充,增加一层隐藏层。设f为变换函数,w_i为权重矩阵,a_i为每个隐含层的输出向量,如图10.4所示。

神经网络的输入为X,神经网络的最终输出为Y。其中每层的输出向量的计算可以表示为:

$$a_1 = f(w_1 \cdot X) \tag{10.4}$$

$$a_2 = f(w_2 \cdot a_1) \tag{10.5}$$

$$Y = a_3 = f(w_3 \cdot a_2) \tag{10.6}$$

神经网络可以用于解决分类问题,也可以用于回归问题。分类结果或回归结果为输出层神经元的值。

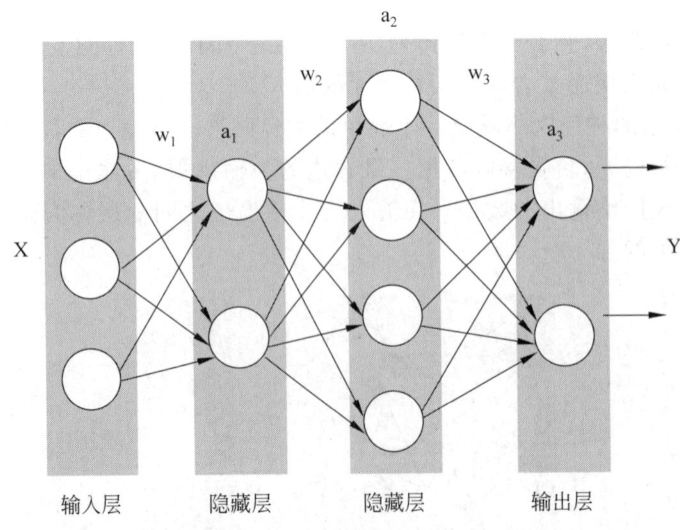

图 10.4 有两个隐藏层的神经网络

在多层神经网络中，每层输出的都是上一层输入的线性函数，所以无论网络结构怎么搭，输出都是输入的线性组合。为了避免单纯的线性组合，一般在每层的输出后面都增加一个函数变换（常见的如 Sigmoid、Tanh、ReLU 函数等），这个函数称为激活函数。

10.2.2 激活函数

在神经网络达到多层后，会面临一些新的问题。如果神经网络每个层使用的函数是线性的，这样的多个线性函数经过变换叠加后，其最终表现仍然是线性的，即很多层与单层相比没有太大变化。

而且，在调整神经网络的权重参数时，通常的预想是逐步进行微调，慢慢提高准确率。然而感知器在调整权重和偏差时，一个微小的修改会使结果发生巨大翻覆。

此外，在很多情况下希望函数是连续光滑的，方便求导来得到极值。在分类问题中，希望函数是饱和的。饱和的含义是函数的输出应该有一定的局限范围，有最大值和最小值。如果神经网络用于回归，可以忽略饱和问题。

S 形函数能解决上面的问题，是一个非常理想的选择。S 形函数除了 Sigmoid 函数，还有 Tanh（双曲正切）、ReLU 函数等，形态如图 10.5 所示。由于 Sigmoid 函数能把较大变化范围的输入值调整后得到(0,1)的输出，因此有时也称为挤压函数。

我们已经知道，Sigmoid 函数的形式为：

$$f(x)=\frac{1}{1+e^{-x}} \tag{10.7}$$

其中，x 的取值范围是$(-\infty,+\infty)$，而值域为(0, 1)。

神经网络的激活层在隐藏层之后，如图 10.6 所示为最简单的带有激活函数的神经网络结构。

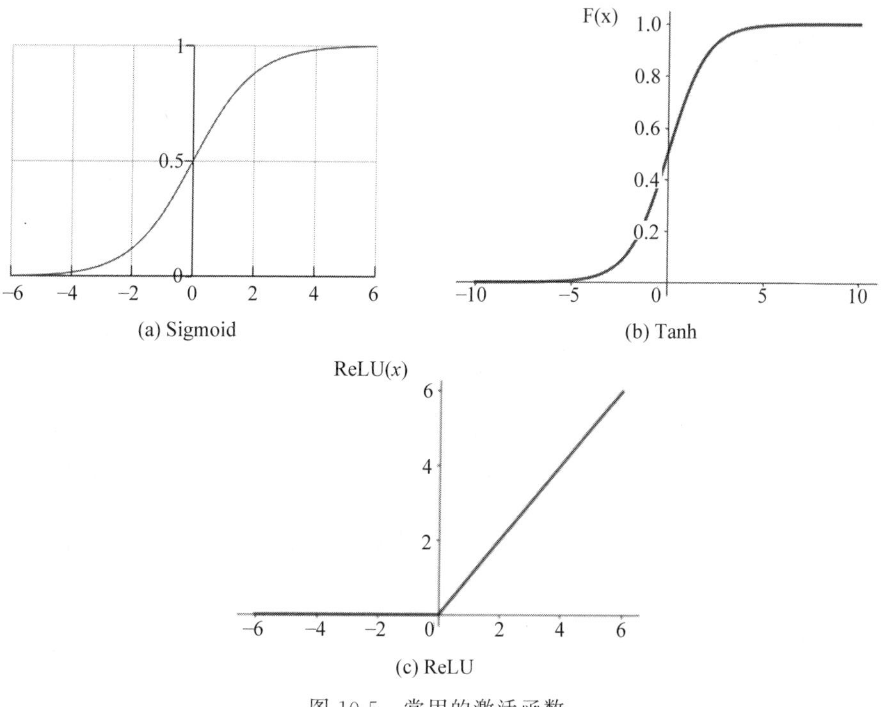

图 10.5　常用的激活函数

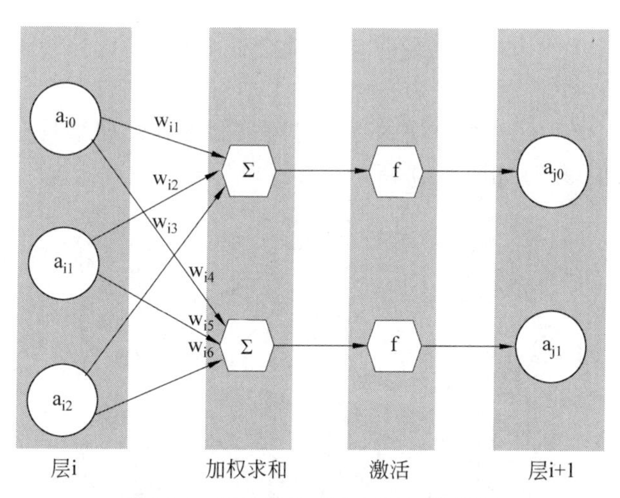

图 10.6　带有激活层的神经网络模型

图 10.6 的神经网络中，假设层 j 为与层 i 邻接的层。在层 i 和层 j 之间增加了一个激活层。从左边开始，输入数据为 a_{i0}，a_{i1}，a_{i2}，经过权重计算得到 j 层的输入。由于激活层的存在，输入数据在加权求和后，没有直接向前传送，而是先经过激活运算，然后再传递到 j 层。激活函数能起到“激活”神经网络的作用。

视频讲解

10.3 BP神经网络

反向传播(Back Propagation,BP)算法也称BP神经网络,是一种带有反馈的神经网络反向学习方法。它可以对神经网络的各层上的各个神经元之间的连接权重进行不断迭代修改,使神经网络将输入数据转换成期望的输出数据。

BP神经网络的学习过程由正向传播和反向传播两部分组成。正向传播完成通常的前向计算,由输入数据运算得到输出结果。反向传播的方向则相反,是将计算得到的误差回送,逐层传递误差调整神经网络的各个权值。然后神经网络再次进行前向运算,直到神经网络的输出达到期望的误差要求。

BP神经网络在修改连接各神经元之间的权重时,依据的是神经网络当前的输出值与期望值之间的差。神经网络将这个差值一层一层向回传送,并根据这个差值修改各连接的权重。BP神经网络的学习过程可以如下描述。

(1) 神经网络模型初始化。包括为各个连接权重赋予初始值、设定内部函数、设定误差函数、给定预期精度,以及设置最大迭代次数等。

(2) 将数据集输入神经网络,计算输出结果。

(3) 求输出结果与期望值的差,作为误差。

(4) 将误差回传到与输出层相邻的隐藏层,同时依照误差减小的目标,依次调整各个连接权重,然后依次回传,直到第一个隐藏层。

(5) 使用新的权重作为神经网络的参数,重复步骤(2)~(4),使误差逐渐降低,达到预期精度。

下面详细介绍BP神经网络算法的运算过程。假设神经网络具有一个输入层、一个隐藏层和一个输出层,模型如图10.7所示。

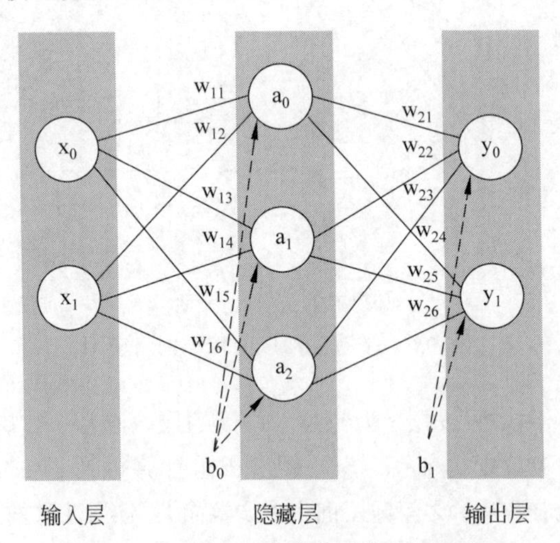

图10.7 带有一个隐藏层的神经网络

我们以监督学习为例来解释反向传播算法。在图10.7的神经网络中,首先根据特征向量 X 计算出神经网络中每个隐藏层节点的输出 a_i，以及输出层每个节点的输出 y_i。

模型的运算分成前向运算和反向传播两部分。首先看前向运算过程，数据从输入层开始，向前传递，直到输出层。输入层的两个输入神经元分别为 x_0，x_1；隐藏层有三个神经元，分别为 a_0，a_1，a_2；输出层有两个输出，分别是 y_0，y_1，对应的真值为 y'_0，y'_1。假设输入层到隐藏层之间的权重分别为 w_{11}，w_{12}，…，w_{16}，偏移量为 b_0；隐藏层到输出层之间的权重为 w_{21}，w_{22}，…，w_{26}，偏移量为 b_1。

1. BP 神经网络的前向运算过程

假设使用的激活函数为 Sigmoid 函数，则隐藏层第一个神经元的结果为：

$$a_0 = \text{Sigmoid}(w_{11} \times x_0 + w_{12} \times x_1 + b_0) \tag{10.8}$$

输出层第一个神经元的计算结果为：

$$y_0 = \text{Sigmoid}(w_{21} \times a_0 + w_{22} \times a_1 + w_{23} \times a_2 + b_1) \tag{10.9}$$

2. BP 神经网络的反向传播过程

反向传播的信息的主要成分是网络的误差。用 err 表示神经网络模型的误差，y'_i 代表输出层中第 i 个神经元的真值，y_i 代表输出层中第 i 个神经元的实际值。可以定义误差函数为二者差值的平方和，如下。

$$\text{err} = \frac{1}{2}\sum_{i=1}^{n}(y'_i - y_i)^2 \tag{10.10}$$

根据式(10.10)，图 10.7 模型的总误差为：

$$\text{err} = E_{o1} + E_{o2} = \frac{1}{2}((y'_0 - y_0)^2 + (y'_1 - y_1)^2) \tag{10.11}$$

接下来使用 err 来更新权重参数。这里选择只更新权重，如果要更新其他参数，操作方式类似。

我们要求的是神经网络中相邻两层的每个神经元的权重变化量，从而对原权重进行调整。为了使误差快速降低，可以采用梯度下降的方法，求误差对权重的偏导，使误差沿逆梯度方向逐步减小。

3. 更新 w_{21} 参数的过程

误差的传递从输出层开始，先传递给最后一个隐藏层，所以首先调整与输出层相连的最后一个隐藏层。

先来看 w_{21} 参数的调整过程。如图 10.8 所示，可以将最后一层的运算进行详细拆分，误差先传递给 y_0 神经元，然后再传递到加权和Sum_{y_0}，再传递到权重 w_{21}。

w_{21} 参数的变化量依赖 err 对 w_{21} 的偏导数，共由三部分组成，依次为总误差对输出值 y_0 的偏导、y_0 对最后一层的加权和Sum_{y_0} 的偏导、Sum_{y_0} 对 w_{21} 的偏导数。根据链式法则展开：

$$\frac{\partial \text{err}}{\partial w_{21}} = \frac{\partial \text{err}}{\partial y_0} \times \frac{\partial y_0}{\partial \text{Sum}_{y_0}} \times \frac{\partial \text{Sum}_{y_0}}{\partial w_{21}} = \frac{\partial (E_{o1} + E_{o2})}{\partial y_0} \times \frac{\partial y_0}{\partial \text{Sum}_{y_0}} \times \frac{\partial \text{Sum}_{y_0}}{\partial w_{21}} \tag{10.12}$$

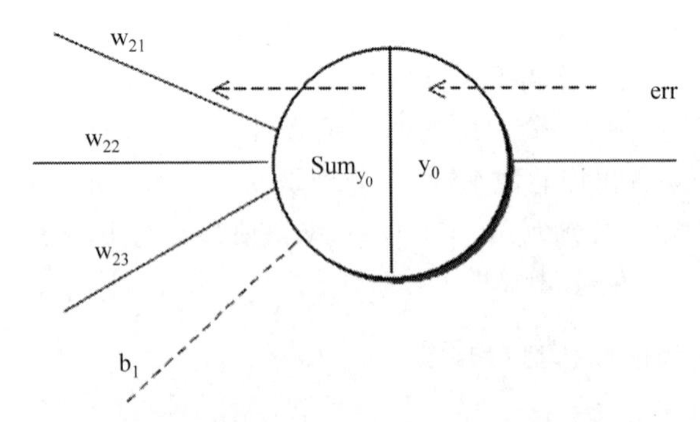

图 10.8 参数调整过程

将公式分为三部分，先计算第一个乘式。从结构上看，w_{21} 参数只和 E_{o1} 有关，将 E_{o1} 展开：

$$\frac{\partial(E_{o1}+E_{o2})}{\partial y_0}=\frac{\partial E_{o1}}{\partial y_0}+\frac{\partial E_{o2}}{\partial y_0}=\frac{\partial E_{o1}}{\partial y_0}+0=\frac{\partial\left(\frac{1}{2}(y'_0-y_0)^2\right)}{\partial y_0}=y'_0-y_0 \tag{10.13}$$

再算第二个乘式，即对 Sigmoid 函数求偏导，具体过程见下面的 Sigmoid 函数求导过程，结果为：

$$\frac{\partial y_0}{\partial\, \mathrm{Sum}_{y_0}}=y_0(1-y_0) \tag{10.14}$$

最后算第三个乘式：

$$\frac{\partial\, \mathrm{Sum}_{y_0}}{\partial w_{21}}=\frac{\partial(w_{21}\times a_0+w_{22}\times a_1+w_{23}\times a_2+b_1)}{\partial w_{21}}=a_0 \tag{10.15}$$

所以，三个式子相乘后，所得到的 err 对 w_{21} 的偏导数为：

$$\frac{\partial \mathrm{err}}{\partial w_{21}}=(y'_0-y_0)\times y_0(1-y_0)\times a_0 \tag{10.16}$$

设 lrate 为学习率，按偏导数的逆方向来更新 w_{21}：

$$w_{21}=w_{21}-\Delta w_{21}=w_{21}-\mathrm{lrate}\times\frac{\partial \mathrm{err}}{\partial w_{21}} \tag{10.17}$$

Sigmoid 函数求导过程

下面详细介绍 Sigmoid 函数的求导过程。Sigmoid 函数的形式为：

$$f(x)=\frac{1}{1+e^{-x}}$$

$$\begin{aligned}f'(x)&=\left(\frac{1}{1+e^{-x}}\right)'\\&=\frac{e^{-x}}{(1+e^{-x})^2}\\&=\frac{1+e^{-x}-1}{(1+e^{-x})^2}\\&=\frac{1}{1+e^{-x}}\left(1-\frac{1}{1+e^{-x}}\right)\\&=f(x)(1-f(x))\end{aligned}$$

4. 更新 w_{11} 参数的过程

上面计算的 w_{21} 参数代表的是最后一个隐藏层到输出层的权重，此外还有其他层到隐藏层的权重参数也需要进行调整更新。下面以 w_{11} 参数为例进行详细展开。

w_{11} 权重左侧的输入为 x_0，右侧的输出为 a_0，与上面的 y_0 不同，a_0 与 E_{o1} 和 E_{o2} 都有关联，将隐藏层位置的细节展开，如图 10.9 所示。

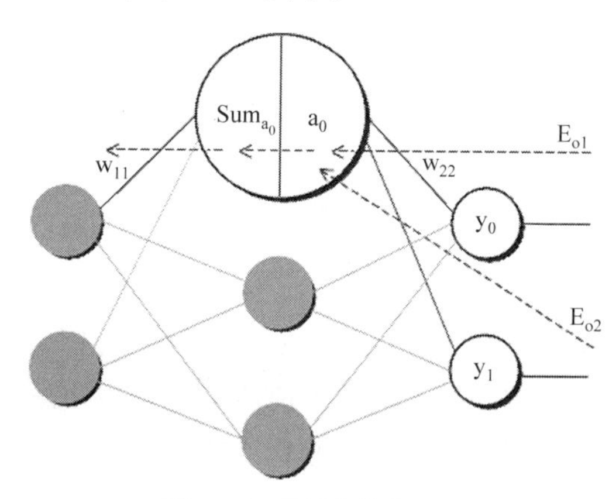

图 10.9 更新参数的过程

与 w_{21} 参数类似，w_{11} 参数也与 E_{o1} 和 E_{o2} 有关。

err 对 w_{11} 的偏导数也是由三部分组成的，分别为总误差 err 对输出值 a_0 的偏导、a_0 对加权和Sum_{a_0} 的偏导、Sum_{a_0} 对 w_{11} 的偏导数，与 w_{21} 的更新公式略有不同。

根据链式法则展开：

$$\frac{\partial err}{\partial w_{11}}=\frac{\partial err}{\partial a_0}\times\frac{\partial a_0}{\partial Sum_{a_0}}\times\frac{\partial Sum_{a_0}}{\partial w_{11}}=\left(\frac{\partial E_{o1}}{\partial a_0}+\frac{\partial E_{o2}}{\partial a_0}\right)\times\frac{\partial a_0}{\partial Sum_{a_0}}\times\frac{\partial Sum_{a_0}}{\partial w_{11}} \tag{10.18}$$

(1) 先计算第一个乘式。

其中第一个加数为：

$$\frac{\partial E_{o1}}{\partial a_0}=\frac{\partial E_{o1}}{\partial Sum_{y_0}}\times\frac{\partial Sum_{y_0}}{\partial a_0}=\frac{\partial E_{o1}}{\partial y_0}\times\frac{\partial y_0}{\partial sum_{y_0}}\times\frac{\partial Sum_{y_0}}{\partial a_0} \tag{10.19}$$

由前文可知，$\frac{\partial E_{o1}}{\partial y_0}=y'_0-y_0$，$\frac{\partial y_0}{\partial Sum_{y_0}}=y_0(1-y_0)$，同时

$$\frac{\partial Sum_{y_0}}{\partial a_0}=\frac{\partial(w_{21}\times a_0+w_{22}\times a_1+w_{23}\times a_2)}{\partial a_0}=w_{21} \tag{10.20}$$

整理可得第一个加数结果：

$$\frac{\partial E_{o1}}{\partial a_0}=(y'_0-y_0)\times y_0(1-y_0)\times w_{21} \tag{10.21}$$

同理，第二个加数结果为：

$$\frac{\partial E_{o2}}{\partial a_0}=(y'_1-y_1)\times y_1(1-y_1)\times w_{22} \tag{10.22}$$

所以，第一个乘式的最终结果为：

$$\frac{\partial E_{o1}}{\partial a_0}+\frac{\partial E_{o2}}{\partial a_0}=(y'_0-y_0)\times y_0(1-y_0)\times w_{21}+(y'_1-y_1)\times y_1(1-y_1)\times w_{22} \tag{10.23}$$

(2) 再计算第二个乘式。

为激活函数的偏导数,此处为:

$$\frac{\partial a_0}{\partial\ Sum_{a_0}}=a_0(1-a_0) \tag{10.24}$$

(3) 最后,计算第三个乘式。

$$\frac{\partial\ Sum_{a_0}}{\partial w_{11}}=\frac{\partial(w_{11}\times x_1+w_{12}\times x_2+b_0)}{\partial w_{11}}=x_1 \tag{10.25}$$

(4) 将上面三个步骤的结果相乘,就得到完整的公式结果,如下。

$$\frac{\partial err}{\partial w_{11}}=((y'_0-y_0)\times y_0(1-y_0)\times w_{21}+(y'_1-y_1)\times y_1(1-y_1)\times w_{22})\times a_0(1-a_0)\times x_1 \tag{10.26}$$

然后,预设一个学习速率系数。根据上面的偏导,计算并更新每个连接上的权值。

总之,神经网络每个节点误差项的计算和权重更新时需要计算节点的误差项,这就要求误差项的计算顺序必须是从输出层开始,然后反向依次计算每个隐藏层的误差项,直到与输入层相连的那个隐藏层。这就是反向传播算法的含义。

有了误差 E,通过求偏导就可以求得最优的权重(不要忘记学习率)。下面使用代码来实现 BP 神经网络的计算过程。

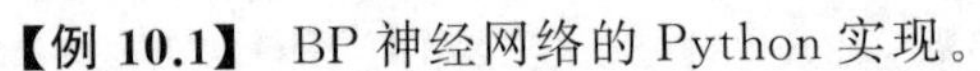

【例 10.1】 BP 神经网络的 Python 实现。

视频讲解

问题描述:神经网络的输入为 3 和 6,期待的输出分别为 0 和 1。输入层到隐藏层的初始权重依次为:$w_{11}=0.11$,$w_{12}=0.12$,$w_{13}=0.13$,$w_{14}=0.14$,$w_{15}=0.15$,$w_{16}=0.16$,截距为 0.3;隐藏层到输出层的初始权重依次为:$w_{21}=0.17$,$w_{22}=0.18$,$w_{23}=0.19$,$w_{24}=0.20$,$w_{25}=0.21$,$w_{26}=0.22$,截距为 0.6。

使用 BP 神经网络算法,迭代调整得到合适的权重,并查看不同迭代次数下的误差结果。神经网络的学习率设置为 0.3。

```
import numpy as np
import matplotlib.pyplot as plt

#定义 Sigmoid 变换函数
def sigmoid(x):
    return 1/(1+np.exp(-x))

#BP 算法中的前向计算过程
def forward_NN(x,w,b):
    #隐藏层输出
    h1 = sigmoid(w[0] * x[0] + w[1] * x[1] + b[0])
    h2 = sigmoid(w[2] * x[0] + w[3] * x[1] + b[0])
    h3 = sigmoid(w[4] * x[0] + w[5] * x[1] + b[0])
```

```
    #print(h1,h2,h3) 查看中间值
    #最终输出
    o1 = sigmoid(w[6] * h1 + w[8] * h2+ w[10] * h3 + b[1])
    o2 = sigmoid(w[7] * h1 + w[9] * h2+ w[11] * h3 + b[1])
    return h1,h2,h3,o1,o2

#反向传递,调整参数
def fit(o1,o2,y,x,w,lrate,epochs):
    #循环迭代,调整参数 w
    for i in range(epochs):
        p1=lrate * (o1-y[0]) * o1 * (1-o1)
        p2=lrate * (o2-y[1]) * o2 * (1-o2)
        #w11 到 w16
        w[0] = w[0] - (p1 * w[6] + p2 * w[7]) * h1 * (1 - h1) * x[0]
        w[1] = w[1] - (p1 * w[6] + p2 * w[7]) * h1 * (1 - h1) * x[1]
        w[2] = w[2] - (p1 * w[8] + p2 * w[9]) * h2 * (1 - h2) * x[0]
        w[3] = w[3] - (p1 * w[8] + p2 * w[9]) * h2 * (1 - h2) * x[1]
        w[4] = w[4] - (p1 * w[10]+ p2 * w[11]) * h3 * (1 - h3) * x[0]
        w[5] = w[5] - (p1 * w[10]+ p2 * w[11]) * h3 * (1 - h3) * x[1]

        #w21 到 w26
        w[6] = w[6]-p1 * h1
        w[7] = w[7]-p2 * h1
        w[8] = w[8]-p1 * h2
        w[9] = w[9]-p2 * h2
        w[10]=w[10]-p1 * h3
        w[11]=w[11]-p2 * h3
    return w

print('Step1: 初始化参数...')
x = [3,6]
y = [0,1]
w = [0.11, 0.12, 0.13, 0.14, 0.15, 0.16, 0.17, 0.18, 0.19, 0.2, 0.21, 0.22]
b = [0.3, 0.6]
lrate=0.3

print('Step2: fit...')
print('Step3: predict...')
print('  真值为:',y)
sumDS = []
for epochs in range(0,51,5):
    h1,h2,h3,o1,o2=forward_NN(x,w,b)
    #step2:fit
    w=fit(o1,o2,y,x,w,lrate,epochs)
```

```
    #step3:predict
    h1,h2,h3,o1,o2=forward_NN(x,w,b)
    print('  迭代',epochs,'次后的输出为:',o1,o2)
    sumDS.append((o1-y[0])+(o2-y[1]))
print('Step4:Plot...')
plt.plot(range(0, 51,5),sumDS)
plt.title('The Epoch-Error plot ')
plt.xlabel('Epochs')
plt.ylabel('Total error')
plt.show()
```

运行结果如下,绘制的结果图如图 10.10 所示。

```
Step1: 初始化参数...
Step2: fit...
Step3: predict...
  真值为:  [0, 1]
  迭代 0 次后的输出为:  0.7444102846297973 0.7490681498889493
  迭代 5 次后的输出为:  0.6544573198198211 0.7737427975602681
  迭代 10 次后的输出为:  0.4189355083200056 0.8254607166474437
  迭代 15 次后的输出为:  0.16887284155339957 0.8724507802691454
  迭代 20 次后的输出为:  0.1181405554466929 0.8977334952467485
  迭代 25 次后的输出为:  0.09253692424317118 0.915206811708323
  迭代 30 次后的输出为:  0.07651328891392468 0.9277876704729726
  迭代 35 次后的输出为:  0.06539599639256599 0.9372033821399455
  迭代 40 次后的输出为:  0.05718067913698188 0.9444865186877683
  迭代 45 次后的输出为:  0.050841218189917006 0.9502758549409513
  迭代 50 次后的输出为:  0.045790949215356945 0.9549826076463102
Step4:Plot...
```

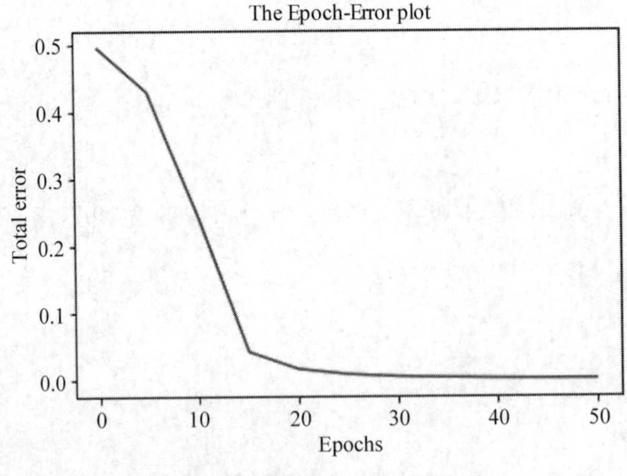

图 10.10　迭代 50 次的误差曲线

由图 10.10 可以看出,随着迭代次数(Epochs)的增加,总输出误差(Total error)在逐步下降。迭代 20 次左右,误差即下降到了一个平台,此后的下降比较缓慢。值得注意的是，在有些问题中误差会降低之后又忽然升高，出现反复。针对这种情况，可以考虑调整学习率。

由于具有自适应调节功能，BP 神经网络已成为应用最广泛的神经网络学习算法。

实验

我们已经知道，多层神经网络中有多个隐藏层。通常，输入层和输出层的设计最为简单。例如手写数字识别，输入为手写的数字图像，输出为判断结果。相对来说，隐藏层的设计难度最大。

实验 10-1　用 Python 实现双层感知器

问题描述：实现一个简单的只有输入层和输出层的前馈神经网络，输入数据与输出数据具有下面的对应关系。

```
[[0,0,1], ——0
 [0,1,1], ——1
 [1,0,1], ——0
 [1,1,1]] ——1
```

从数据可以看出，输入层有三个神经元，输出层只有一个神经元，结构如图 10.11 所示。

设 $X=[x_0, x_1, x_2]$，真值为 y'，学习率为 lrate，激活函数 sigmoid 函数为 $f(y)$，求偏导，可得到权重参数的调整量为：

$$\Delta w = lrate \times 2 \times (y' - y) \times f'(y) \times X$$

计算过程使用 NumPy 提供的 exp()、array()、dot()、random()等数学方法，代码如下所示。

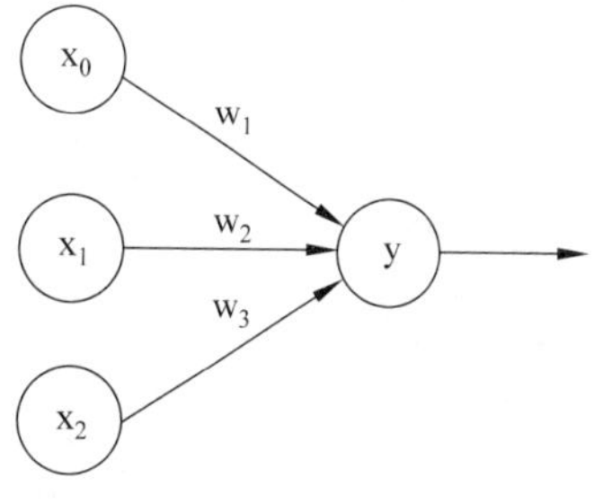

图 10.11　三个输入一个输出的感知器示意图

```
import numpy as np
#定义 sigmoid 函数
def sigmoid(x):
    return (1/(1+np.exp(-x)))

#定义 sigmoid 导数
def dSigmoid(y):
    return y*(1-y)

#输入数据
X = np.array([  [0,0,1],
                [0,1,1],
                [1,0,1],
                [1,1,1] ])
```

```
#标记
y = np.array([[0,1,0,1]]).T

#初始化权重和学习率
w0 = np.random.random((3,1))                                    # with 3 rows and
1 column
#print(w0)
b0=0.5
lrate=0.3

#迭代次数 epoches=20
for Epochs in range(20):

    #前向
    inX = X
    outY = sigmoid(np.dot(inX,w0)+b0)

    #BP 更新
    w0 += lrate * np.dot(inX.T,2 * (y-outY) * dSigmoid(outY))
    b0 += lrate * 2 * (y-outY) * dSigmoid(outY)

    Err=(y-outY) * (y-outY)
    print('Epochs=',Epochs+1,'Error is:',Err.T)
```

运行结果如下。

```
Epochs= 1 Error is: [[0.6492143  0.01993205 0.83324391 0.00373774]]
Epochs= 2 Error is: [[0.60150068 0.02301463 0.80333262 0.00480085]]
Epochs= 3 Error is: [[0.54658701 0.02680447 0.76502079 0.00630061]]
Epochs= 4 Error is: [[0.48515255 0.03141799 0.71604711 0.00843863]]
Epochs= 5 Error is: [[0.41928817 0.03690428 0.65439988 0.01148449]]
Epochs= 6 Error is: [[0.35264426 0.04315095 0.57953881 0.01574023]]
Epochs= 7 Error is: [[0.28983133 0.04976663 0.49424306 0.02140762]]
Epochs= 8 Error is: [[0.23505523 0.0560179  0.40577597 0.02832795]]
Epochs= 9 Error is: [[0.19069585 0.06096384 0.3239729  0.03574515]]
Epochs= 10 Error is: [[0.15678435 0.06384453 0.25633438 0.04246159]]
Epochs= 11 Error is: [[0.13165445 0.06445938 0.20480511 0.04745382]]
Epochs= 12 Error is: [[0.11309319 0.06317108 0.16708215 0.05035414]]
Epochs= 13 Error is: [[0.09915083 0.06059713 0.13959217 0.05138597]]
Epochs= 14 Error is: [[0.08839579 0.057322   0.11923122 0.05102914]]
Epochs= 15 Error is: [[0.079859   0.05377588 0.10376972 0.04976444]]
Epochs= 16 Error is: [[0.07290158 0.05023104 0.09171365 0.04797005]]
Epochs= 17 Error is: [[0.06710109 0.04684043 0.08207821 0.04590952]]
Epochs= 18 Error is: [[0.06217315 0.04367872 0.07420876 0.04375345]]
Epochs= 19 Error is: [[0.05792149 0.04077344 0.06766154 0.04160633]]
Epochs= 20 Error is: [[0.05420689 0.03812565 0.06212842 0.03952863]]
```

从运行结果可以看出，随着迭代次数的增加，误差在持续减小。请自己动手修改程序，看看迭代 200 次后，误差为多少。再把每次误差结果绘制成图表，查看误差变化规律。

实验 10-2　使用神经网络感知器算法进行鸢尾花分类

问题描述：定义一个神经网络算法，对鸢尾花进行分类。使用 iris 数据集中的花瓣长度、花萼长度两个特征，数据样本包括山鸢尾花、其他鸢尾花两个大类。

要求：构造名为 ANNnet 的神经网络类，类中包括训练函数 fit()和预测函数 predict()。误差采用输出值与真值的差；学习率为 0.2；初始权重和截距均为 0。使用误差反向传播算法，对权重和截距进行更新，迭代 10 次并查看调整后的结果。

```
import numpy as np
import pandas as pd
import matplotlib.pyplot as plt

#神经网络类
class ANNnet(object):
    def __init__(self, lrate=0.2, epochs=10):          #初始化函数
        self.lrate = lrate
        self.epochs = epochs
    def fit(self, X, Y):                               #训练函数
        self.weight = np.zeros(X.shape[1])
        print('  initial weight:',self.weight)
        self.b=0
        for i in range(self.epochs):
            for x, y in zip(X, Y):
                delta = self.lrate * (y - self.predict(x))
                self.weight[:] += delta * x
                self.b += delta
            print('  weight after ',i+1,' epochs:',self.weight)

    def net_input(self, X):
        return
    def predict(self, X):                              #预测函数
        y=np.dot(X, self.weight[:]) + self.b
        return np.where(y >= 0, 1, -1)

#加载数据
print('Step1:data loading...')
datafile = 'iris.csv'
df = pd.read_csv(datafile, header=None)
```

```
#绘制样本分布图
print('Step2:data ploting...')
Y = df.loc[0:, 4].values
Y = np.where(Y == "setosa", 1, -1)
X = df.iloc[0:, [0, 2]].values
plt.scatter(X[:50, 0], X[:50, 1], color="red", marker='o', label='Setosa')
plt.scatter(X[50:, 0], X[50:, 1], color="blue", marker='o', label='Versicolor
or Virginica')
plt.xlabel("petal length")
plt.ylabel("sepal lengthh")
plt.legend(loc='upper left')
plt.show()
#构建神经网络模型
print('Step3:Network Building...')
pr = ANNnet()
#进行训练
print('Step4:fitting ...')
pr.fit(X, Y)

#使用三个测试样本进行预测
print('Step5:predicting...')
print('  iris1 result:',pr.predict([5.1,1.4]))
print('  iris2 result:',pr.predict([7,4.7]))
print('  iris3 result:',pr.predict([5.9,5.1]))
```

输出的样本分布图如图 10.12 所示。

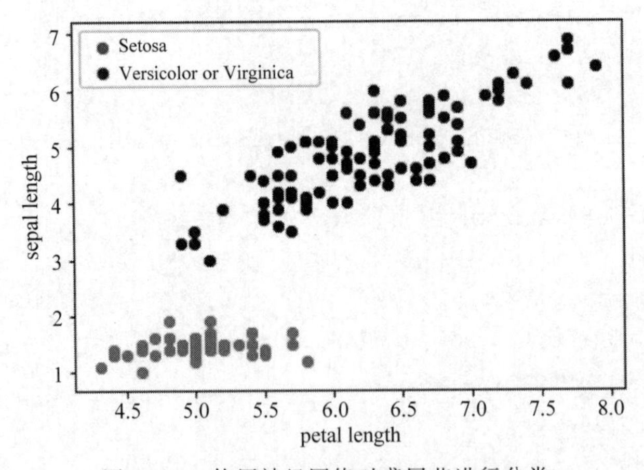

图 10.12 使用神经网络对鸢尾花进行分类

输出的数据结果如下。

```
Step1:data loading...
Step2:data ploting...
Step3:Network Building...
Step4:fitting ...
  initial weight: [0. 0.]
  weight after  1  epochs: [-2.8  -1.88]
  weight after  2  epochs: [-1.6  -2.64]
  weight after  3  epochs: [-0.4 -3.4]
  weight after  4  epochs: [-0.64 -4.24]
  weight after  5  epochs: [ 1.4  -3.68]
  weight after  6  epochs: [ 1.4  -3.68]
  weight after  7  epochs: [ 1.4  -3.68]
  weight after  8  epochs: [ 1.4  -3.68]
  weight after  9  epochs: [ 1.4  -3.68]
  weight after  10  epochs: [ 1.4  -3.68]
Step5:predicting...
  iris1 result: 1
  iris2 result: -1
  iris3 result: -1
```

输出结果显示,初始权重为[0,0]。在学习率为0.2的情况下,算法迭代4次后,得到了一个比较稳定的权重参数[1.4,－3.68]。这个权重参数保持不变,一直到第10次迭代。

请尝试修改程序,调整学习率lrate和迭代次数epochs,来获得不同的分析结果。可以发现在不同的初始参数下,得到了不同的结果。请对照数据样本的分布图,思考并找到原因。

第11章

深度学习

本章概要

在人工智能的三次发展浪潮中，神经网络一直是重要的研究领域。20世纪80年代，神经网络只能搭建单独的或小规模的神经元集合。之后几十年的发展，神经网络中的神经元数量呈级数增长。某些模型中神经元的数量已经接近生物大脑中生物神经元的数量级。由于硬件条件和基础理论的发展限制，神经网络的计算代价过高，难以训练，所以在21世纪之前，神经网络一直没有达到人们的预期。即便如此，也取得了很多令人瞩目的成果。

随着更快的CPU以及GPU的出现，复杂神经网络的计算问题得到了解决，模型层次得以不断增加，产生了深度学习。深度学习在图像识别、语音识别等领域成绩显著。深度学习中，神经网络的规模和精度都在不断提高，也越来越能够解决复杂的任务。

根据所解决的目标任务性质，还发展出卷积神经网络、循环神经网络等多种网络模型。深度学习的另一个巨大成就是促进了强化学习的进步，使得模型成为一个智能个体，通过不断试错获得最优策略。深度学习的未来充满了机遇和挑战。

学习目标

当完成本章的学习后，要求：

(1) 了解深度学习概念。

(2) 理解卷积神经网络的原理。

(3) 了解循环神经网络的结构。

(4) 熟悉 TensorFlow 学习框架的基本应用。

(5) 了解 Keras 学习框架的简单使用。

11.1　深度学习概述

在多层神经网络中，从输入层到输出层涉及多层计算，计算包含的最长路径的长度称为**深度**。深度学习是机器学习的子领域，是通过多层表示来对数据之间的复杂关系进行建模的算法。

第 10 章所介绍的神经网络模型仍然属于浅层模型，即输出特征是经过简单变换得到的。引入深度模型后，可以计算更多更复杂的特征。深度模型比浅层模型具有更好的表达能力，能学习到更复杂的关系。

深度神经网络的计算量非常大，在过去的一段时间里，受硬件设施所限制导致发展非常缓慢。近年来，计算机的计算能力极大提升，促进了深度学习的蓬勃发展，如 CNN、RNN 和 LSTM 算法等，已经是目前图像识别、自然语言处理等方面广受欢迎的深度学习模型。

11.1.1　深度学习的产生

深度学习的核心是特征的分层处理，想法来自于神经生物学科。1981 年的诺贝尔医学奖提出视觉系统的可视皮层是分级处理信息的。例如，一个人在看一个物体时，首先眼睛捕获到原始信号；然后大脑皮层的某些细胞对信号先做初步处理；接下来另一些大脑皮层细胞进行信息抽象，例如判定物体形状；而后进一步抽象，判定该物体是什么。

由此可见，人类视觉系统的信息处理是分级的。从低级的区域提取边缘特征，再到高一层提取形状或目标，再到更高层，辨识整个目标。从低层到高层，特征越来越抽象，越来越能表现语义或者意图。而抽象层面越高，存在的可能猜测就越少，就越利于分类。例如，单词集合和句子的对应是多对一的，句子和语义的对应又是多对一的，语义和意图的对应还是多对一的，这是个层级体系。

深度学习将这种设计方法应用到图像处理中，首先将图像分解，得到图像各部分与整体的关系，然后分层次进行学习，如图 11.1 所示。

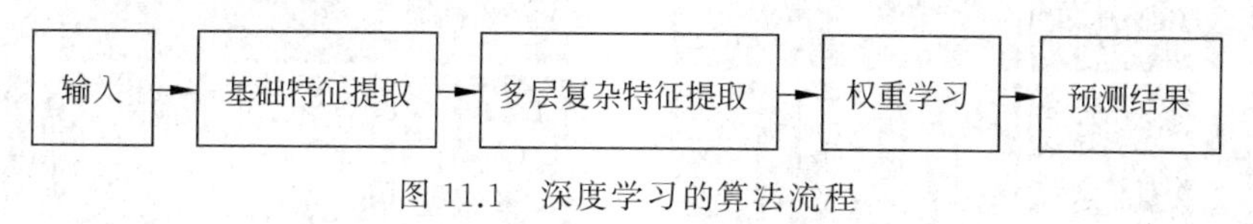

图 11.1　深度学习的算法流程

例如，使用深度学习模型来检测图 11.2(a)。模型在第一层检测图像的像素和边缘，第二层检测轮廓和简单线条，在后面的层上，将轮廓、形状加以组合以检测复杂特征，如图 11.2(b)～(e)所示。

深度学习是机器学习研究中的一个新领域，可以学习特征之间的关系，以及特征与目标任务的联系。此外，深度学习还可以从简单的数据特征中提取出复杂特征。深度学习解决的核心问题就是自动将简单特征组合成更加复杂的特征，然后使用这些相对复杂的组合特征解决问题。

(a) 原图

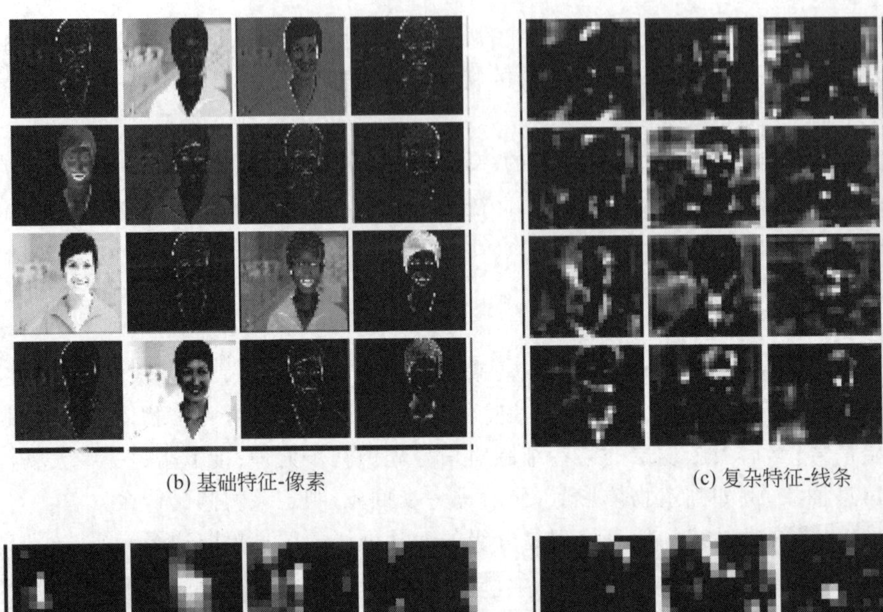

(b) 基础特征-像素　　(c) 复杂特征-线条

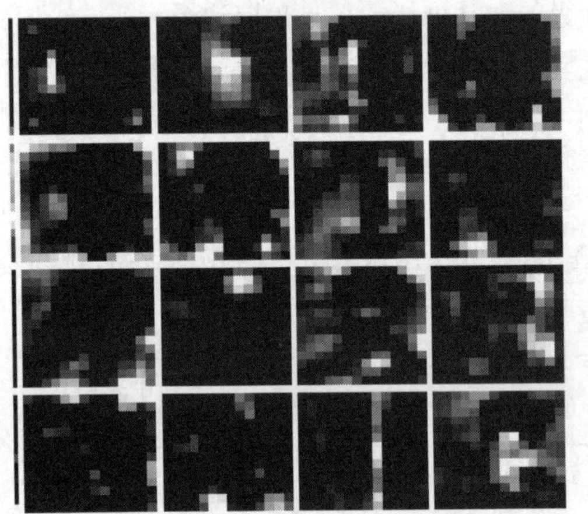

(d) 复杂特征-简单形状

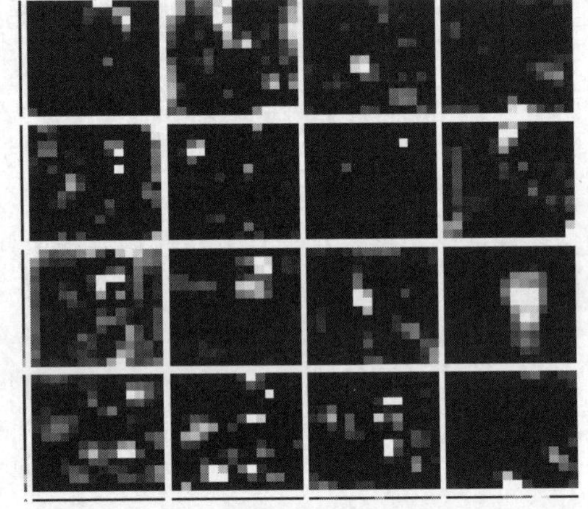

(e) 复杂特征-复杂形状

图 11.2　深度学习在图像分类问题上的流程示例

(图片来源：www.veer.com，授权编号：202005041726340704)

最后要提的一点是，大脑皮层同样是分多层进行计算的。例如，视觉图像在人脑中是分多个阶段进行处理的，首先是进入大脑皮层的“V1”区，然后紧跟着进入大脑皮层的“V2”区，以此类推。

11.1.2 深度学习的发展

深度学习(Deep Learning)的概念由 Hinton 等于 2006 年提出，并发表于一篇名为《一种深度置信网络的快速学习算法》的论文中。Lecun 等随后提出的卷积神经网络是第一个真正的多层结构学习算法，它利用空间相对关系减少参数数目以提高训练性能。

深度学习的兴起则源于 2012 年，Hinton 的学生 Alex Kirzhevsky 提出了深度卷积神经网络模型 AlexNet，该模型一举赢得 ILSVRC 算法竞赛的冠军，效果大大超过传统方法。在百万级的 ImageNet 数据集合上，模型识别率从传统的 70%多提升到 80%多，展现出巨大的优势，也开启了深度学习的研究热潮。

ILSVRC 竞赛，全称是 ImageNet Large-Scale Visual Recognition Challenge，即通常所说的 ImageNet 比赛。所使用的 ImageNet 数据集是由李飞飞团队收集制作而成的大型图像数据集。

ILSVRC 竞赛主要包括图像分类与目标定位、图像目标检测、视频目标检测、场景分类等子项目。ILSVRC 各年度各项目上的竞赛冠军算法几乎都是计算机视觉领域的经典算法。举例如下。

- 2012 年冠军算法：AlexNet，使用的是 8 层神经网络模型，错误率为 15.32%。
- 2013 年冠军算法：ZFNet，Clarifai 公司出品，使用 8 层神经网络模型，错误率为 11.20%。
- 2014 年冠军算法：VGG 算法、GoogleNet，使用 19～22 层神经网络模型，错误率为 6.67%。
- 2015 年冠军算法：ResNet，增至 152 层，提出残差网络。
- 2016 年亚军算法：ResNeXt，基于 ResNet 和 Inception。
- 2017 年冠军模型：SENet，错误率减小并且复杂度低，新增参数和计算量都较小。

可以说，正是 2012 年 AlexNet 的突出表现，让学术界看到了深度学习的巨大潜力。现如今，深度学习已经在多种应用上具有了突破性进展，广泛应用于计算机视觉、语音识别、自然语言处理等其他领域。

不过值得一提的是，深度学习也有值得探讨的地方，例如：

- 深度学习本质上还是模拟生物神经网络的工作机理。目前人类对大脑的认识还非常粗浅，因此大部分研究是基于推断和简单的思考，很可能存在疏漏甚至偏差。
- 学习的来源是数据，不是知识，很难在已有的人类经验知识基础上继续深造学习。
- 深度学习模型比较复杂，构造困难，训练耗时，需要处理的数据量也比较大。
- 数据的特征维度对算法来说比较重要。当深度学习中的数据维数过高时，模型的运行会变得困难，有时会导致维数灾难。
- 在进行深层迭代求解时，还必须处理局部极小值、梯度爆炸和梯度消失等问题。

深度学习研究了人脑的学习机制，进行分析学习和解释数据，是机器学习领域的一个巨大进展和突破。未来，深度学习是最有希望处理现实世界复杂问题的机器学习方法。

11.2 卷积神经网络

卷积神经网络(Convolutional Neural Networks, CNN)是一类包含卷积计算且具有深度结构的前馈神经网络(Feedforward Neural Networks),是深度学习的代表算法之一。

11.2.1 卷积神经网络的神经科学基础

在仿生算法类别中,卷积神经网络应该是最成功的案例之一。卷积网络的关键设计原则来自于生物神经科学。

卷积神经网络起源于哺乳动物视觉系统的神经科学实验。神经生理学家 David Hubel 和 Torsten Wiesel 经过多年合作,研究了猫的脑内神经元如何处理图像的过程。他们的发现成果获得了诺贝尔奖。其结论是处于视觉系统前端的神经元对特定光模式(例如固定方向的条纹)反应最强烈,对其他模式几乎没有反应。

图像首先经过视网膜中的神经元,基本保持原表示方式。然后图像通过视神经,从眼睛传递到位于头后部的被称作 V1 的区域。V1 区域是大脑对视觉输入执行高级处理的第一个区域,是初级视觉皮层的大脑区域。

深度学习从中得到了启发,设计了卷积网络层来描述 V1 的如下性质。

(1) V1 能实现空间映射。V1 具有二维结构来反映图像结构。卷积网络用二维映射的方式来描述该特性。

(2) V1 包含许多简单细胞。简单细胞的功能可以概括为图像的一个小空间区域内的线性函数。卷积网络的检测器单元就模拟了简单细胞的功能。

(3) V1 还包括许多复杂细胞。复杂细胞响应既包含简单细胞的功能,同时能够容忍特征位置的微小偏移。卷积网络的池化单元就是从中得到启发而设计的。

V1 的类似原理也适用于整个视觉系统的其他区域,因此,卷积网络中的基本策略可以被反复执行、分级处理。即图像经过低级的 V1 区提取边缘特征,到 V2 区的基本形状或目标的局部,再到高层的提取整个目标。

卷积神经网络在设计中,要把握四个核心关键——网络局部互联(Local Connectivity)、网络核权值共享(Parameter Sharing)、下采样(Downsampled)和使用多个卷积层。

在深度学习如卷积神经网络中,使用网络局部互联、共享权值,这意味着更少的参数,能够大幅降低计算复杂度。深度学习中的下采样主要通过池化来实现,下采样保证了局部不变性。卷积层的任务是检查前一层的局部连接特征,而下采样层是将语义相似的特征融合为一个。

视频讲解

11.2.2 卷积操作

卷积(Convolution),也称为摺积,是信号处理与数字图像处理领域中常用的方法。通过对图像进行卷积处理,能够实现图像的基本模糊、锐化、降低噪声、提取边缘特征等功能,是一种常见的线性滤波方法。

图像处理中使用的是离散的卷积过程，有时可以看作是一种“滑动平均”，主要的结构是一个卷积核矩阵。

假设函数 f(x)、g(x)是两个可积函数，其离散卷积公式为：

$$f(n)\times g(n)=\sum_{i=-\infty}^{+\infty} f(i)g(n-i) \tag{11.1}$$

数字图像通常为二维矩阵数据，假设要处理的图像矩阵区域为：

$$f=img=\begin{bmatrix} x_{-1,-1} & x_{-1,0} & x_{-1,1} \\ x_{0,-1} & x_{0,0} & x_{0,1} \\ x_{1,-1} & x_{1,0} & x_{1,1} \end{bmatrix} \tag{11.2}$$

卷积矩阵为：

$$g=\begin{bmatrix} a_{-1,-1} & a_{-1,0} & a_{-1,1} \\ a_{0,-1} & a_{0,0} & a_{0,1} \\ a_{1,-1} & a_{1,0} & a_{1,1} \end{bmatrix} \tag{11.3}$$

根据卷积公式，f(u,v)处的卷积结果为：

$$f(u,v)\times g(n)=\sum_{i}\sum_{j} f(i,j)g(u-i,v-j)=\sum_{i}\sum_{j} f_{i,j}g_{u-i,v-j} \tag{11.4}$$

则对于 $x_{0,0}$ 处的像素，可以使用 f 和 g 的内积，有：

$$x_{0,0}{}'=x_{-1,-1}a_{1,1}+x_{-1,0}a_{1,0}+x_{-1,1}a_{1,-1}+x_{0,-1}a_{0,1}+x_{0,0}a_{0,0}+ \\ x_{0,1}a_{0,-1}+x_{1,-1}a_{-1,1}+x_{1,0}a_{-1,0}+x_{1,1}a_{-1,-1} \tag{11.5}$$

为了简便操作，对于图像中的每个像素，可以直接计算 8 近邻像素与卷积矩阵对应位置元素的乘积，再进行累加，得到的和作为该像素位置的新值。从滑动平均的角度看，可以把卷积核矩阵当作一个“窗口”，这个“窗口”依次滑过图像的每个像素，计算后得到一张与原图大小相等的新图，如图 11.3 所示。

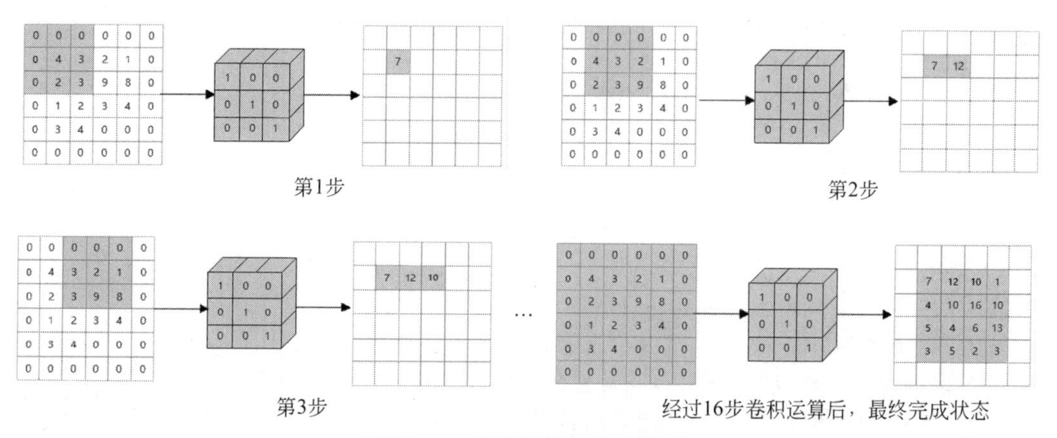

图 11.3　卷积操作的步骤演示

可以看出，所谓的卷积核其实可以看作一个权值矩阵，相当于每个像素都与周围邻近的像素具有关联关系。卷积核中的数值决定了像素之间越来越趋近平均(模糊效果)，还是差距更大(锐化)。

卷积核一般为正方形矩阵,矩阵宽度通常取如 3、5、7 等奇数从而保证有矩阵中心。不过也有其他形态的特殊卷积核。

由图 11.3 还可以看出,图像边缘是需要特别注意的地方。例如,对左上角第一个像素来说,其左方和上方没有近邻像素,这时需要进行特殊的边界处理,比如可以对图像进行边缘填充如 padding 等边缘操作。

另外,还需要在网络结构上将卷积神经网络与全连接神经网络进行区分。其主要差别在于连接的权值和感知区域。卷积神经网络由于是局部感知的,所以需要的权值即卷积核数量很少;而全连接的感知区域广,对图像处理来说,需要极大数量的权值参数。

【例 11.1】 对图像进行卷积处理,最终效果如图 11.4 所示。

```
import cv2
import numpy as np
#分别将三个通道进行卷积,然后合并通道
def conv(image, kernel):
    conv_b = convolve(image[:, :, 0], kernel)
    conv_g = convolve(image[:, :, 1], kernel)
    conv_r = convolve(image[:, :, 2], kernel)
    output = np.dstack([conv_b, conv_g, conv_r])
    return output
#卷积处理
def convolve(image, kernel):
    h_kernel, w_kernel = kernel.shape
    h_image, w_image = image.shape
    h_output = h_image - h_kernel + 1
    w_output = w_image - w_kernel + 1
    output = np.zeros((h_output, w_output), np.uint8)
    for i in range(h_output):
        for j in range(w_output):
            output[i, j] = np.multiply(image[i:i + h_kernel, j:j + w_kernel],
kernel).sum()
    return output
if __name__ == '__main__':
    path = 'p67.jpg'
    input_img = cv2.imread(path)
    #1.锐化卷积核
    #kernel = np.array([[-1,-1,-1],[-1,9,-1],[-1,-1,-1]])
    #2.模糊卷积核
    kernel = np.array([[0.1,0.1,0.1],[0.1,0.2,0.1],[0.1,0.1,0.1]])
    output_img = conv(input_img, kernel)
    cv2.imwrite(path.replace('.jpg', '-processed.jpg'), output_img)
    cv2.imshow('Output Image', output_img)
    cv2.waitKey(0)
```

(a) 原图

(b) 边缘锐化

(c) 变暗

图 11.4 图像的卷积运算结果

11.2.3 池化操作

经过卷积层的处理,可以抽取出图像的高级结构和复杂特征。为了提取不同类型的特征,卷积核一般为多个,这样就产生了一个问题,下一层的节点数与原图相同,但多个卷积核使得连接大大增加,从而导致数据维度上升。

因此,在卷积之后通常进行池化操作。池化是将图像按子区域进行压缩的操作,一般有两种方法:最大池化和平均池化。如图 11.5 所示,经过池化,原图压缩为原来的 1/4 大小。对于有细小差别的两幅图像,池化具有平移不变性。即使两幅图有几个像素的偏移,仍然能获得基本一致的特征图,这对图像处理和识别非常重要。

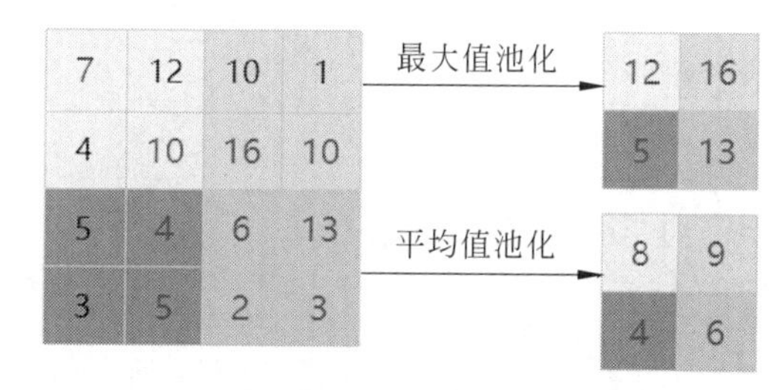

图 11.5 最大池化与平均池化示意图

平均池化和最大池化也有一定的区别。由于平均池化是对区域内的像素取平均值,得到的特征数据对背景信息更敏感;最大池化是对区域内像素取最大值,得到的特征数据对纹理信息更加敏感。所以,在实际应用中,需要根据具体情况进行选择。

【例 11.2】 使用最大池化、平均池化对图像进行池化处理。

对图 11.6(a)中的原图,拆分其绿色通道,进行平均池化和最大池化,并对比图 11.6(b)~图 11.6(d)中的各个结果。

```
import numpy as np
from PIL import Image
import matplotlib.pyplot as plt

#平均池化
def AVGpooling(imgData, strdW, strdH):
    W,H = imgData.shape
```

```
    newImg = []
    for i in range(0,W,strdW):
        line = []
        for j in range(0,H,strdH):
            x = imgData[i:i+strdW,j:j+strdH]          #获取当前待池化区域
            avgValue=np.sum(x)/(strdW * strdH)         #求该区域的均值
            line.append(avgValue)
        newImg.append(line)
    return np.array(newImg)

#最大池化
def MAXpooling(imgData, strdW, strdH):
    W,H = imgData.shape
    newImg = []
    for i in range(0,W,strdW):
        line = []
        for j in range(0,H,strdH):
            x = imgData[i:i+strdW,j:j+strdH]          #获取当前待池化区域
            maxValue=np.max(x)                         #求该区域的最大值
            line.append(maxValue)
        newImg.append(line)
    return np.array(newImg)

img = Image.open('大海.jpg')
r, g, b = img.split()
imgData= np.array(g)                                   #绿色通道
np.array(b).shape

#显示原图
plt.subplot(221)
plt.imshow(img)
plt.axis('off')

#显示原始绿通道图
plt.subplot(222)
plt.imshow(imgData)
plt.axis('off')
#显示平均池化结果图
AVGimg = AVGpooling(imgData, 2, 2)
plt.subplot(223)
plt.imshow(AVGimg)
plt.axis('off')
#显示最大池化结果图
MAXimg = MAXpooling(imgData, 2, 2)
```

```
plt.subplot(224)
plt.imshow(MAXimg)
plt.axis('off')
plt.show()
```

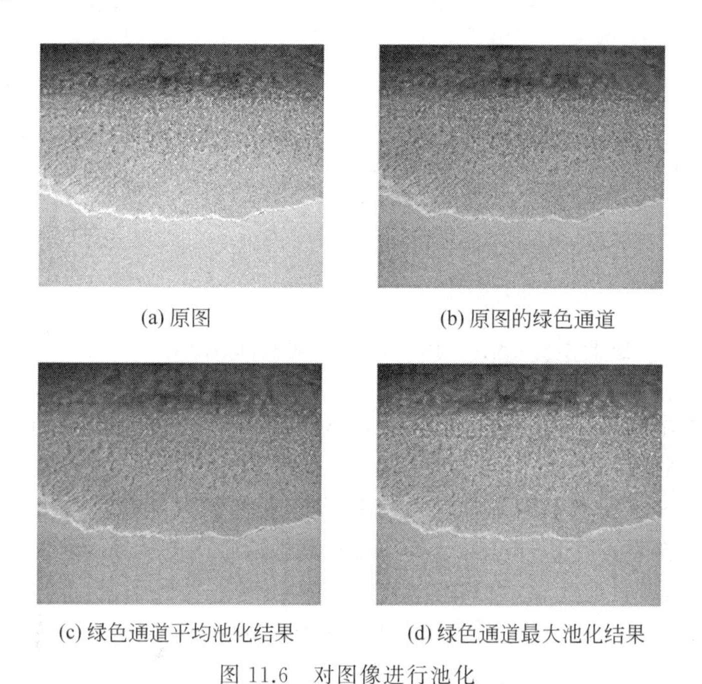

(a) 原图　(b) 原图的绿色通道

(c) 绿色通道平均池化结果　(d) 绿色通道最大池化结果

图 11.6　对图像进行池化

可以看出，平均池化与最大池化在效果上有一定区别。图 11.6(c)中，平均池化得到的特征数据整体背景信息更为明显；而观察图 11.6(d)的结果，可以发现最大池化得到的特征数据中，纹理信息更加明显。

11.2.4　卷积神经网络的激活函数

神经网络中经常使用 Sigmoid 作为激活函数，不过在深度学习中，由于 Sigmoid 在远离中心之后，斜率会快速减小，导致“梯度消失”问题，因此在深度学习中，经常也会使用另一个激活函数，就是 ReLU。ReLU 的取值范围为$[0,+\infty]$，可以将取值映射到整个正数域。

11.2.5　卷积神经网络模型

卷积神经网络适合处理多维数据，能够充分使用自然信号数据的属性。在卷积神经网络的结构中，包含卷积层、池化层和全连接层三类常见结构。其中，卷积核具有权重系数，而池化层不包含权重系数。

以如图 11.7 所示的 LeNet-5 手写体识别模型为例，其隐藏层的结构通常为输入层→卷积层→池化层→卷积层→池化层→全连接层→输出层。网络结构中还包含多个激活函数。卷积层输出的特征数据传递给池化层，通过池化函数将特征图结果进行池化计算。

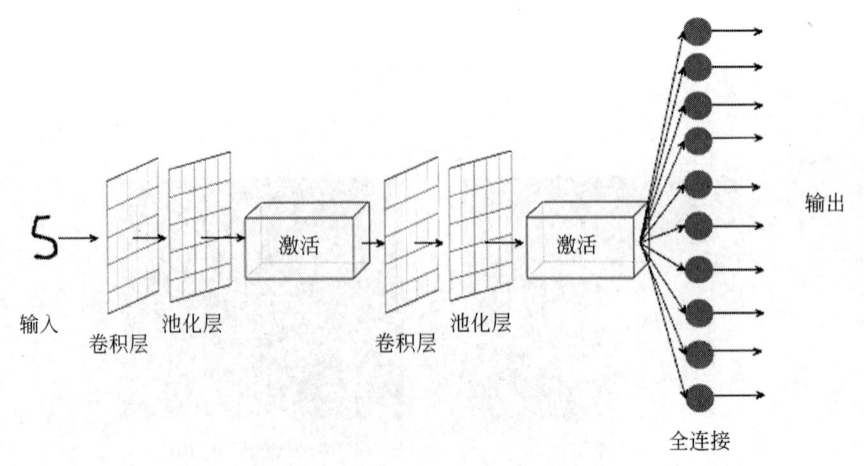

图 11.7 识别手写体的 LeNet-5 神经网络的结构示意图

卷积神经网络发展快速，并被大量应用于计算机视觉、自然语言处理、物理学、大气科学、遥感科学等领域。

VGGNet 也是一个著名的卷积神经网络模型，是牛津大学和 Google 公司的研究人员共同研发的。它探索了卷积神经网络的深度和其性能之间的关系，通过反复堆叠 3×3 的卷积核和 2×2 的最大池化层，突破性地将卷积神经网络发展到了 19 层。VGGNet 作为 ILSVRC 的冠军模型，错误率低至 7.5%，直到目前仍被广泛使用于提取图像特征。

【例 11.3】 初识 VGGNET。

说明：Keras 框架提供了 VGG-16 模块，可以直接进行调用，能方便地完成 VGG 卷积神经网络的搭建。需要注意，TensorFlow2.0 以上版本中也内嵌了 Keras 框架，为避免与独立的 Keras 框架冲突，开发时建议使用 TensorFlow 提供的 Keras 框架。

分析下面的代码，结果如图 11.8(a)～图 11.8(d)。

```
import numpy as np
from tensorflow import keras
from tensorflow.keras import backend as K
import matplotlib.pyplot as plt
from tensorflow.keras.applications import vgg16  #Keras 内置 VGG-16 模块，直接可调用
from tensorflow.keras.preprocessing import image
from tensorflow.keras.applications.vgg16 import preprocess_input
import math
input_size = 224                                  #网络输入图像的大小，长宽相等
kernel_size = 64                                  #可视化卷积核的大小，长宽相等
layer_vis = True                                  #特征图是否可视化
kernel_vis = True                                 #卷积核是否可视化
each_layer = False                                #卷积核可视化是否每层都做
which_layer = 1                                   #如果不是每层都做，那么第几个卷积层
path = 'p67.jpg'
```

```
img = image.load_img(path, target_size=(input_size, input_size))
img = image.img_to_array(img)
img = np.expand_dims(img, axis=0)
img = preprocess_input(img)                    #标准化预处理
model = vgg16.VGG16(include_top=True, weights='imagenet')
def network_configuration():
    all_channels = [64, 64, 64, 128, 128, 128, 256, 256, 256, 256, 512, 512, 512,
512, 512, 512, 512, 512]
    down_sampling = [1, 1, 1 / 2, 1 / 2, 1 / 2, 1 / 4, 1 / 4, 1 / 4, 1 / 4, 1 / 8, 1 / 8,
1 / 8, 1 / 8, 1 / 16, 1 / 16, 1 / 16, 1 / 16, 1 / 32]
    conv_layers = [1, 2, 4, 5, 7, 8, 9, 11, 12, 13, 15, 16, 17]
    conv_channels = [64, 64, 128, 128, 256, 256, 256, 512, 512, 512, 512, 512, 512]
    return all_channels, down_sampling, conv_layers, conv_channels

def layer_visualization(model, img, layer_num, channel, ds):
    #设置可视化的层
    layer = K.function([model.layers[0].input], [model.layers[layer_num].
output])
    f = layer([img])[0]
    feature_aspect = math.ceil(math.sqrt(channel))
    single_size = int(input_size * ds)
    plt.figure(figsize=(8, 8.5))
    plt.suptitle('Layer-' + str(layer_num), fontsize=22)
    plt.subplots_adjust(left=0.02, bottom=0.02, right=0.98, top=0.94, wspace
=0.05, hspace=0.05)
    for i_channel in range(channel):
        print('Channel-{} in Layer-{} is running.'.format(i_channel + 1, layer_
num))
        show_img = f[:, :, :, i_channel]
        show_img = np.reshape(show_img, (single_size, single_size))
        plt.subplot(feature_aspect, feature_aspect, i_channel + 1)
        plt.imshow(show_img)
        plt.axis('off')
    fig = plt.gcf()
    fig.savefig('c:/feature_kernel_images/layer_' + str(layer_num).zfill(2)
+ '.png', format='png', dpi=300)
    plt.show()
all _ channels, down _ sampling, conv _ layers, conv _ channels = network _
configuration()
if layer_vis:
    for i in range(len(all_channels)):
        layer_visualization(model, img, i + 1, all_channels[i], down_sampling[i])
```

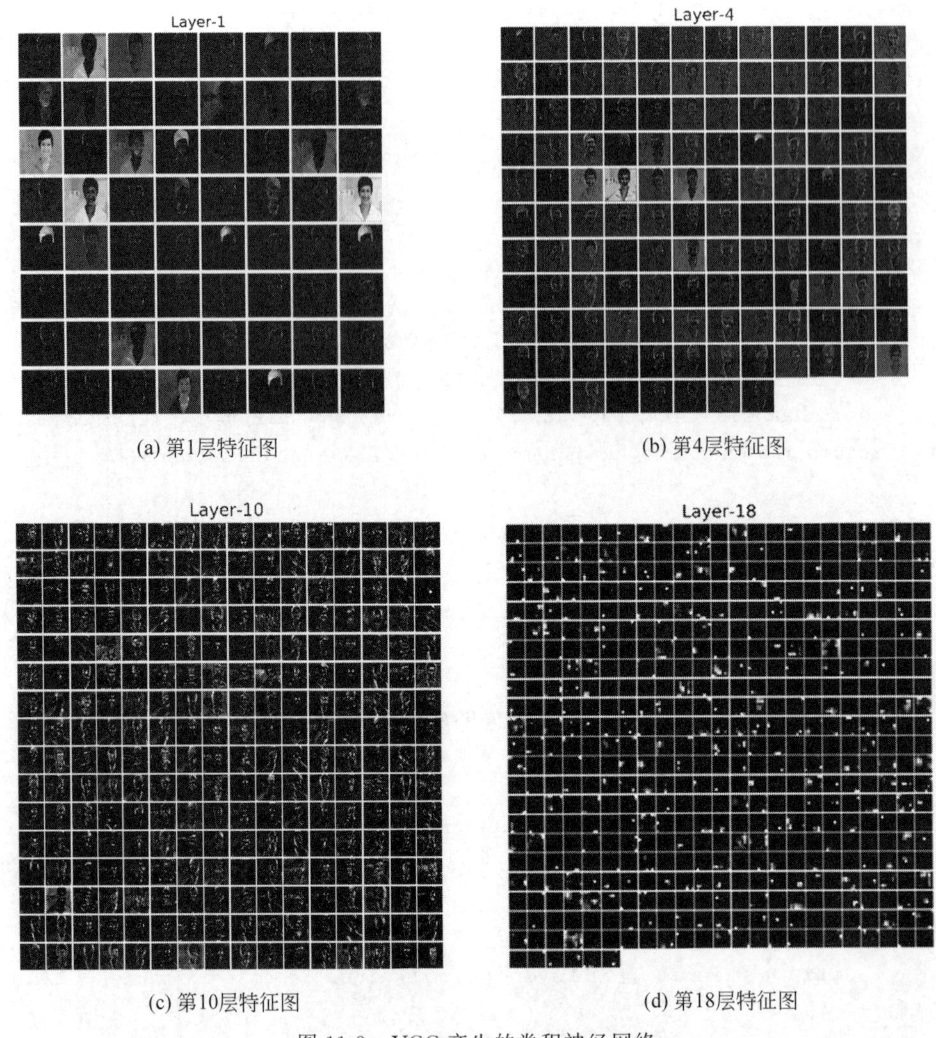

(a) 第1层特征图　(b) 第4层特征图

(c) 第10层特征图　(d) 第18层特征图

图 11.8　VGG 产生的卷积神经网络

例 11.3 中，我们已经体会了 VGG 可以非常方便地导入已有的神经网络模型，而且模型参数 weights='imagenet'可以帮用户自动下载并加载训练好的权重参数。这些模型的权重参数是社区科研人员经过大量实验训练得到的，对于常见物图像已经具备相当的识别能力。

下面就来体验如何用已训练好的模型去识别未知世界。我们将使用在 ImageNet 数据集上训练完成的 ResNet-50 模型去识别现实生活的实物，如动物等。

【例 11.4】 用 VGGNET 识别猫狗。

本例以图 11.9 中的三张图片作为演示，分别使用 dog.jpg、cat.jpg 和 deer.jpg 这三张动物图片，运行结果为最接近的前 5 个动物。

```
#1.导入本实例所用模块。
from tensorflow.keras.applications.resnet50 import ResNet50
```

```
from tensorflow.keras.preprocessing import image
from tensorflow.keras.applications.resnet50 import preprocess_input, decode
_predictions
import numpy as np
from PIL import ImageFont, ImageDraw, Image
import cv2
#2.参数设置。注意,已经将训练好的权重文件下载到本地因此指定路径
#待识别的图片
img_path = 'dog.jpg'                        #进行狗的判断
#img_path = 'cat.jpg'                       #进行猫的判断
#img_path = 'deer.jpg'                      #进行鹿的判断
#权重文件路径
weights_path = 'C:/feature_kernel_images/model/resnet50_weights_tf_dim_
ordering_tf_kernels.h5'
#3.读取需要进行识别的图片并预处理
img = image.load_img(img_path, target_size=(224, 224))
x = image.img_to_array(img)
x = np.expand_dims(x, axis=0)
x = preprocess_input(x)
#4.获取模型
def get_model():
    model = ResNet50(weights=weights_path)
    #导入模型以及预训练权重
    print(model.summary())                  #打印模型概况
    return model
model = get_model()
#5.预测图片
preds = model.predict(x)
#6.打印出 Top-5 的结果
print('Predicted:', decode_predictions(preds, top=5)[0])
```

使用 dog.jpg 预测的结果：

```
Predicted: [('n02108422', 'bull_mastiff', 0.3666562), ('n02110958', 'pug',
0.3122419), ('n02093754', 'Border_terrier', 0.16009717), ('n02108915', 'French_
bulldog', 0.049768772), ('n02099712', 'Labrador_retriever', 0.04569989)]
```

使用 cat.jpg 预测的结果：

```
Predicted: [('n02123045', 'tabby', 0.92873186), ('n02124075', 'Egyptian_cat',
0.02793644), ('n02123159', 'tiger_cat', 0.021263707), ('n04493381', 'tub',
0.0037994932), ('n04040759', 'radiator', 0.0017052109)]
```

使用 deer.jpg 预测的结果：

```
Predicted: [('n02422699', 'impala', 0.30113414), ('n02417914', 'ibex',
0.28613034), ('n02423022', 'gazelle', 0.26537818), ('n02422106', 'hartebeest',
```

```
0.031009475), ('n02412080', 'ram', 0.030351665)]
```

从最接近的5个中可以看出判断结果，其中，狗和猫的类别判断是正确的，鹿被判断为羚羊类。

(a) 正确

(b) 正确

(c) 错误

图 11.9　待判定的动物及判断结果

（图片来源：www.veer.com，授权编号：202008200852312817/202008200852372818 /202008200852242816）

11.3　循环神经网络

无论是卷积神经网络，还是普通的人工神经网络，算法的前提都是元素之间是相互独立的，输入与输出也是独立的，比如猫和狗。但现实世界中，很多元素都是相互连接的。

全连接神经网络(DNN)还存在着另一个问题——无法对时间序列上的变化进行建模。然而，样本出现的时间顺序对于自然语言处理、语音识别、手写体识别等应用非常重要。

循环神经网络(Recurrent Neural Network，RNN)是一类用于处理序列数据的神经网络。前面介绍的卷积神经网络专门用于处理矩阵数据(如图像)，而循环神经网络则用于处理时间序列数据，其网络可以扩展到更长的序列。而且，大多数循环神经网络能处理变长度序列。

循环神经网络模拟人的记忆能力，输出依赖于当前的输入和记忆，引入了时间线因素。

在普通的全连接网络或CNN中，每层神经元的信号只能向上一层传播，样本的处理在各个时刻独立。在RNN中，神经元的输出可以在下一个时间线作用回自身，即第i层神经元在m时刻的输入，包括了(i－1)层神经元在该时刻的输出，以及自身在(m－1)时刻的输出，即拥有记忆功能。

一个标准的简单RNN单元包含三层：输入层、隐藏层和输出层，按如图11.10所示有两种表述方式：折叠式与展开式，两者是相同的。

图11.10中RNN结构的两种呈现方式，圆形区域代表向量，箭头表示对向量做一次变换。其中的$X=(x_0, x_1, \cdots, x_t)$为输入向量。为了创建建模序列，RNN引入了隐状态h，h可以对序列形的数据提取特征，接着再转换为输出。RNN的重要特点是每个步骤的参数都是共享的。

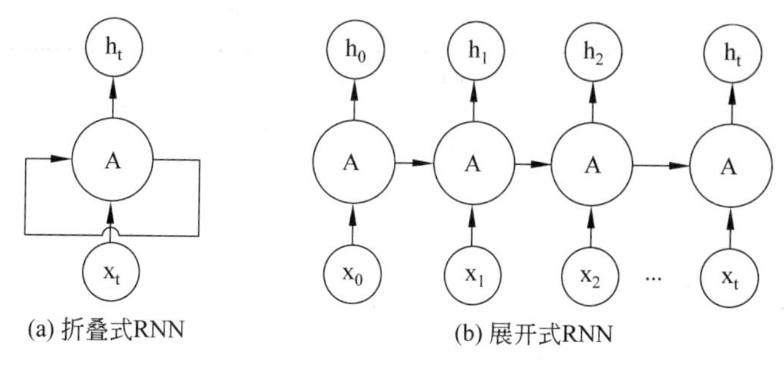

图 11.10 循环神经网络的结构示意图

例如，常见的长短期记忆网络(Long Short-Term Memory，LSTM)，就是一种时间循环神经网络。LSTM 是为了解决一般的 RNN 中存在的长期依赖问题而专门设计出来的。

所有的 RNN 都具有一种重复神经网络模块的链式形式。在标准 RNN 中，这个重复的结构模块只有一个非常简单的结构，例如一个 tanh 层。

11.4 常见的深度学习开源框架和平台

常见的深度学习平台有很多，概要介绍如表 11.1 所示。

表 11.1 常见深度学习框架

框架名称	介绍说明	链 接	公司来源
TensorFlow	谷歌 Machine Intelligence Research Organization 的研究人员和工程师开发，旨在方便研究人员对机器学习的研究，并简化从研究模型到实际生产的迁移过程。 建立日期：2015 年 11 月 1 日	https://tensorflow.google.cn/	Google Brain Team
Keras	用 Python 编写的高级神经网络的 API，能够和 TensorFlow、CNTK 或 Theano 配合使用。 建立日期：2015 年 3 月 22 日	https://keras.io/	
Caffe	重在表达性、速度和模块化的深度学习框架，它由 Berkeley Vision and Learning Center 和社区贡献者共同开发。 建立日期：2015 年 9 月 8 日	https://github.com/BVLC/caffe	伯克利视觉和学习中心
Microsoft Cognitive Toolkit	也称为 CNTK，是一个统一的深度学习工具集，将神经网络描述为一系列通过有向图表示的计算步骤。 建立日期：2014 年 7 月 27 日	https://github.com/Microsoft/CNTK	Microsoft
PyTorch	是与 Python 相融合的具有强大的 GPU 支持的张量计算和动态神经网络的框架。 建立日期：2012 年 1 月 22 日	https://github.com/pytorch/pytorch	

续表

框架名称	介绍说明	链接	公司来源
Apache MXnet	Apache MXnet 是为了提高效率和灵活性而设计的深度学习框架。它允许使用者将符号编程和命令式编程混合使用，从而最大限度地提高效率和生产力。 建立日期：2015 年 4 月 26 日	https://github.com/apache/incubator-mxnet	分布式（深度）机器学习社区
DeepLearning4J	与 ND4J，DataVec，Arbiter 以及 RL4J 一起，都是 Skymind Intelligence Layer 的一部分，是用 Java 和 Scala 编写的开源的分布式神经网络库，并获得了 Apache 2.0 的认证。 建立日期：2013 年 11 月 24 日	https://github.com/deeplearning4j/deeplearning4j	
Theano	Theano 可以高效地处理用户定义、优化以及计算有关多维数组的数学表达式。2017 年 9 月，Theano 宣布在 1.0 版发布后不会再有进展。不过 Theano 是一个非常强大的库。 建立日期：2008 年 1 月 6 日	https://github.com/Theano/Theano	Université de Montréal
TFLearn	TFLearn 是一种模块化且透明的深度学习库，它建立在 TensorFlow 之上，旨在为 TensorFlow 提供更高级别的 API，以方便和加快实验研究，并保持完全的透明性和兼容性。 建立日期：2016 年 3 月 27 日	https://github.com/tflearn/tflearn	
Torch	Torch 是 Torch7 中的主要软件包，其中定义了用于多维张量的数据结构和数学运算，也提供访问文件、序列化任意类型的对象等的实用软件。 建立日期：2012 年 1 月 22 日	https://github.com/torch/torch7	
DLib	DLib 是包含机器学习算法和工具的现代化 C++ 工具包，用来基于 C++ 开发复杂的软件从而解决实际问题。 建立日期：2008 年 4 月 27 日	https://github.com/davisking/dlib	

11.5 TensorFlow 学习框架

1. TensorFlow 简介

谷歌最早开发的大规模深度学习工具是谷歌大脑（Google Brain）团队研发的 DistBelief。在 DistBelief 基础上，谷歌进一步开发出了 TensorFlow，并于 2015 年 11 月正式面向公众开源。在很短时间内，TensorFlow 就迅速成长为一个广受欢迎的机器学习库。

在 TensorFlow 的官网上，针对来访者的第一句致辞就是下列声明：

TensorFlow is an Open Source Software Library for Machine Intelligence.

这句话的下方，还有这样一句“About TensorFlow”的描述：

TensorFlow™ is an open source software library for numerical computation using data flow graphs.

谷歌对 TensorFlow 的描述是：①用于编写程序的计算机软件；②计算机软件开发工具；③可应用于人工智能、深度学习、高性能计算、分布式计算、虚拟化和机器学习等领域；④软件库可应用于通用目的的计算、数据收集、数据变换、输入输出、通信、图像显示、人工智能等领域的建模和测试；⑤软件可应用于人工智能等领域的应用程序接口(API)。

据此可以简单地了解 TensorFlow 的特点。

1）开源

TensorFlow 作为开源软件，任何人都可以自由下载、修改和使用其代码。从技术角度讲，TensorFlow 是一个用于数值计算的内部接口，其内部软件的连接仍然由谷歌维护。

2）数值计算库

TensorFlow 的主要目标并非是提供现成的机器学习解决方案，相反，TensorFlow 提供了一个套件，可使用户使用数学方法，从头开始定义模型函数和类。这使得具有一定基础的用户可以灵活地创建自定义模型。同时，TensorFlow 也非常适合做复杂的数学计算，为机器学习提供了广泛支持。

3）数据流图

TensorFlow 的计算模型是有向图，其中每个节点代表了一些函数或计算，而边代表了数值、矩阵等。许多常见的机器学习模型，如神经网络，就是以有向图的形式表示的。因此 TensorFlow 对机器学习的实现非常顺畅。同时，节点化处理可以分解算法，方便计算导数或梯度，对算法的并行化也非常重要。

TensorFlow 是一个完整的编程框架，有自己所定义的常量、变量和数据操作等要素。与其他编程框架的区别是，TensorFlow 使用图(Graph)来表示计算任务，使用会话(Session)来执行图。可以访问中文 TensorFlow 网站 https://tensorflow.google.cn/tutorials 进行学习。

2. TensorFlow 2.2 基本应用

相比 TensorFlow 1.x，TensorFlow 2.x 发生了较大的变化，对 Keras 的应用极大加强，从而整体使用更加便捷，对初学者来说更容易掌握。本教程使用的是 TensorFlow 2.2.0 版本。

首先来熟悉一下 TensorFlow 的基本使用。TensorFlow 是一个编程系统，使用图来表示计算任务，主要包括以下术语。

tensor：TensorFlow 程序使用 tensor 数据结构来代表所有的数据。操作间传递的数据都是 tensor。每个 tensor 是一个类型化的多维数组。例如，可以将图像数据集表示成多维数组。

variables：变量，可以在程序中被改变，维护图执行过程中的状态信息。

session：会话。在TensorFlow 1.x中，图必须在会话里被启动，会话提供执行方法，并在执行后返回所产生的tensor。在TensorFlow 2.x以上的版本中，逐步取消了会话步骤。

constant：常量数组，不可变。

placeholder：占位符，表示其将在后面的程序中被赋值。

【例11.5】 张量的基本使用。

说明：使用TensorFlow的tensor方式实现乘法。

```
import tensorflow as tf
x=tf.random.normal([2,16])
w1=tf.Variable(tf.random.truncated_normal([16,8],stddev=0.1))
b1=tf.Variable(tf.zeros([8]))
o1=tf.matmul(x,w1)+b1
o1=tf.nn.relu(o1)
o1
```

随机运行结果示例：

```
<tf.Tensor: id=64, shape=(2, 8), dtype=float32, numpy=
array([[0.        , 0.        , 0.75864655, 0.        , 0.        ,
        0.6126394 , 0.1888307 , 0.        ],
       [0.4834786 , 0.16852434, 0.2241147 , 0.0813303 , 0.5910557 ,
        0.05371675, 0.        , 0.        ]], dtype=float32)>
```

【例11.6】 使用TensorFlow. Keras子模块实现全连接。

```
from tensorflow.keras import layers
x=tf.random.normal([4,16*16])
fc=layers.Dense(5,activation=tf.nn.relu)
h1=fc(x)
h1
```

运行结果如下。

```
<tf.Tensor: id=97, shape=(4, 5), dtype=float32, numpy=
array([[0.61715466, 0.81181103, 0.02671293, 0.        , 1.8288542 ],
       [0.        , 0.20125215, 0.        , 0.        , 0.        ],
       [0.7147385 , 0.        , 1.2972716 , 0.        , 0.        ],
       [0.        , 1.9696666 , 0.2097647 , 0.        , 0.        ]],
      dtype=float32)>
```

【例11.7】 查看神经网络的参数。

```
#获取权值矩阵 w
fc.kernel
```

结果为：

```
<tf.Variable 'dense/kernel:0' shape=(256, 5) dtype=float32, numpy=
array([[ 0.12420484,  0.05800313,  0.01492113,  0.0706533 ,  0.02933453],
       [ 0.11300468, -0.13702138, -0.03139423,  0.14155585,  0.13706216],
       [ 0.00510423,  0.00025134,  0.07222629,  0.134902  ,  0.08611594],
       ...,
       [ 0.14700711,  0.12842304, -0.05181758,  0.00177987, -0.00659074],
       [ 0.03076397,  0.08261816,  0.07969968,  0.06789666, -0.01190358],
       [-0.08542123, -0.00684693,  0.10135034, -0.00605668, -0.0187759 ]],
      dtype=float32)>
```

```
#获取偏置向量b
fc.bias
```

运行结果如下。

```
<tf.Variable 'dense/bias:0' shape=(5,) dtype=float32, numpy=array([0., 0., 0., 0., 0.], dtype=float32)>
```

```
#返回待优化参数列表
fc.trainable_variables
```

运行结果如下。

```
[<tf.Variable 'dense/kernel:0' shape=(256, 5) dtype=float32, numpy=
 array([[ 0.12420484,  0.05800313,  0.01492113,  0.0706533 ,  0.02933453],
        [ 0.11300468, -0.13702138, -0.03139423,  0.14155585,  0.13706216],
        [ 0.00510423,  0.00025134,  0.07222629,  0.134902  ,  0.08611594],
        ...,
        [ 0.14700711,  0.12842304, -0.05181758,  0.00177987, -0.00659074],
        [ 0.03076397,  0.08261816,  0.07969968,  0.06789666, -0.01190358],
        [-0.08542123, -0.00684693,  0.10135034, -0.00605668, -0.0187759 ]],
       dtype=float32)>,
 <tf.Variable 'dense/bias:0' shape=(5,) dtype=float32, numpy=array([0., 0., 0., 0., 0.], dtype=float32)>]
```

```
#返回所有内部张量列表
fc.variables
```

运行结果如下。

```
[<tf.Variable 'dense/kernel:0' shape=(256, 5) dtype=float32, numpy=
array([[ 0.05339006, -0.11718981, -0.07779453,  0.0145743 , -0.13081652],
       [-0.14035101, -0.00054625, -0.08967672, -0.02730937, -0.14790072],
       [-0.11765642,  0.04584618,  0.11325449,  0.08028603,  0.07766096],
       ...,
       [ 0.03975746, -0.07578385,  0.01551385,  0.11496952, -0.08511291],
       [-0.07478499,  0.0946181 ,  0.03194427,  0.14782014,  0.12405553],
       [-0.00940198,  0.08156139, -0.05646026, -0.07295419, -0.07350373]],
      dtype=float32)>,
<tf.Variable 'dense/bias:0' shape=(5,) dtype=float32, numpy=array([0., 0.,
0., 0., 0.], dtype=float32)>]
```

【例 11.8】 使用 TensorFlow 进行梯度下降处理。

```
import tensorflow as tf
x=tf.Variable(initial_value=[[1.,1.,1.],[2.,2.,2.]])
for step in range(3):                              #epochs
```

```
    with tf.GradientTape() as g:
        g.watch(x)
        y = x**3 + 5 * x**2 + 10 * x + 8
        dy_dx = g.gradient(y, x)                    #求一阶导数
    x=x-0.01 * dy_dx
    print('----------------epoch=',step,'-----------------')
    print('y:\n',y)
    print('dy_dx:\n',dy_dx)
```

运行结果如下。

```
----------------epoch= 0 -----------------
y:
 tf.Tensor(
[[24. 24. 24.]
 [56. 56. 56.]], shape=(2, 3), dtype=float32)
dy_dx:
 tf.Tensor(
[[23. 23. 23.]
 [42. 42. 42.]], shape=(2, 3), dtype=float32)
----------------epoch= 1 -----------------
y:
 tf.Tensor(
[[19.121033 19.121033 19.121033]
 [40.226315 40.226315 40.226315]], shape=(2, 3), dtype=float32)
dy_dx:
 tf.Tensor(
[[19.478699 19.478699 19.478699]
 [33.2892   33.2892   33.2892  ]], shape=(2, 3), dtype=float32)
----------------epoch= 2 -----------------
y:
 tf.Tensor(
[[15.596801 15.596801 15.596801]
 [30.187073 30.187073 30.187073]], shape=(2, 3), dtype=float32)
dy_dx:
 tf.Tensor(
[[16.74474  16.74474  16.74474 ]
 [27.136913 27.136913 27.136913]], shape=(2, 3), dtype=float32)
```

视频讲解

【例 11.9】 用 TensorFlow 对半环形数据集分类。

在例 6.5 中看到，半环形数据集对 K-Means 聚类方法来说很难处理。本例中使用 TensorFlow，通过深度学习来解决半环形数据集分类问题。

本例使用五层神经网络，前四层使用 ReLU 作为激活函数，最后一层的激活函数为 Sigmoid。最终结果如图 11.11 所示。

具体代码如下。

```
#encoding: utf-8
import numpy as np
from sklearn.datasets import make_moons
import tensorflow as tf
from sklearn.model_selection import train_test_split
from tensorflow.keras import layers, Sequential, optimizers, losses, metrics
from tensorflow.keras.layers import Dense
import matplotlib.pyplot as plt
```

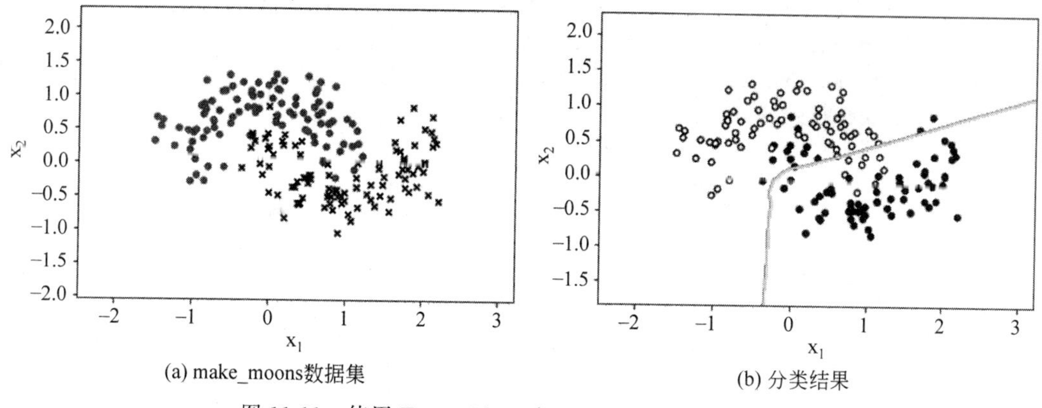

(a) make_moons数据集

(b) 分类结果

图 11.11　使用 TensorFlow 对 make_moons 数据集分类

```
#产生一个半环形数据集
X, y = make_moons(200, noise=0.25, random_state=100)
#划分训练集和测试集
X_train, X_test, y_train, y_test = train_test_split(X, y, test_size=0.25,
random_state=2)
print(X.shape, y.shape)

def make_plot(X, y, plot_name, XX=None, YY=None, preds=None):
    plt.figure()
    axes = plt.gca()
    x_min = X[:, 0].min() - 1
    x_max = X[:, 0].max() + 1
    y_min = X[:, 1].min() - 1
    y_max = X[:, 1].max() + 1
    axes.set_xlim([x_min, x_max])
    axes.set_ylim([y_min, y_max])
    axes.set(xlabel="$x_1$", ylabel="$x_2$")

    if XX is None and YY is None and preds is None:
        yr = y.ravel()
        for step in range(X[:, 0].size):
            if yr[step] == 1:
                plt.scatter(X[step, 0], X[step, 1], c='b', s=20,  edgecolors='
none', marker='x')
            else:
                plt.scatter(X[step, 0], X[step, 1], c='r', s=30, edgecolors='
none', marker='o')
        plt.show()
    else:
        plt.contour(XX, YY, preds, cmap=plt.cm.spring, alpha=0.8)
```

```
        plt.scatter(X[:, 0], X[:, 1], c=y, s=20, cmap=plt.cm.Greens, edgecolors='k')
        plt.rcParams['font.sans-serif'] = ['SimHei']
        plt.rcParams['axes.unicode_minus'] = False
        plt.title(plot_name)
        plt.show()
    make_plot(X, y, None)

#创建容器
model = Sequential()
#创建第一层
model.add(Dense(8, input_dim=2, activation='relu'))
for _ in range(3):
    model.add(Dense(32, activation='relu'))
#创建最后一层,激活
model.add(Dense(1, activation='sigmoid'))
model.compile(loss='binary_crossentropy', optimizer='adam', metrics=['
accuracy'])
history = model.fit(X_train, y_train, epochs=30, verbose=1)
#绘制决策曲线
x_min = X[:, 0].min() - 1
x_max = X[:, 0].max() + 1
y_min = X[:, 1].min() - 1
y_max = X[:, 1].max() + 1

XX, YY = np.meshgrid(np.arange(x_min, x_max, 0.01), np.arange(y_min, y_max, 0.01))
Z = model.predict_classes(np.c_[XX.ravel(), YY.ravel()])
preds = Z.reshape(XX.shape)
title = "分类结果"
make_plot(X_train, y_train, title, XX, YY, preds)
```

运行结果如图 11.11(b)所示,可以看出,经过 30 次迭代后效果比较明显。读者可以尝试更多的迭代次数,查看运行效果。

【例 11.10】 使用深度学习进行手写数字识别。

问题描述:

MNIST 数据集是一个常见的手写数字图片数据集,共包含以下四个数据文件。

train-images-idx3-ubyte.gz: 包含 60 000 张训练集图片。

train-labels-idx1-ubyte.gz: 包含 60 000 个训练图片的标签。

t10k-images-idx3-ubyte.gz: 包含 10 000 张测试集图片。

t10k-labels-idx1-ubyte.gz: 包含 10 000 个测试图片的标签。

每张手写数字图片的大小均为 28×28px,以一维数组形式表示。因此,MNIST 训练数据集中是一个[60 000, 784]的张量。第一维是图片索引,第二维是图片像素数据,像素强度介于 0 和 1 之间。

MNIST 数据集的标签是 0~9 的数字,用来描述当前图片里的真实数字。标签是一个[60 000，10]的矩阵。

在 TensorFlow 2.0 中，Keras 的使用越来越频繁。本例中就通过 Keras 提供的多个便捷的高级处理模块，来构建神经网络，进行 MNIST 手写数字识别。

具体代码如下。

```
#手写文字识别
import tensorflow as tf

#载入 MNIST 数据集
mnist = tf.keras.datasets.mnist
#拆分数据集
(x_train, y_train), (x_test, y_test) = mnist.load_data()
#将样本进行预处理,并从整数转换为浮点数
x_train, x_test = x_train / 255.0, x_test / 255.0

#使用 tf.keras.Sequential 将模型的各层堆叠,并设置参数
model = tf.keras.models.Sequential([
  tf.keras.layers.Flatten(input_shape=(28, 28)),
  tf.keras.layers.Dense(128, activation='relu'),
  tf.keras.layers.Dropout(0.2),
  tf.keras.layers.Dense(10, activation='softmax')
])
#设置模型的优化器和损失函数
model.compile(optimizer='adam',
              loss='sparse_categorical_crossentropy',
              metrics=['accuracy'])
#训练并验证模型
model.fit(x_train, y_train, epochs=5)
model.evaluate(x_test,  y_test, verbose=2)
```

运行结果如下。

```
Train on 60000 samples
Epoch 1/5
60000/60000 [==============================] - 7s 123us/sample - loss: 0.2985 - accuracy: 0.9127
Epoch 2/5
60000/60000 [==============================] - 8s 126us/sample - loss: 0.1411 - accuracy: 0.9575
Epoch 3/5
60000/60000 [==============================] - 6s 100us/sample - loss: 0.1057 - accuracy: 0.9679
Epoch 4/5
60000/60000 [==============================] - 5s 89us/sample - loss: 0.0876 - accuracy: 0.9727s - los
Epoch 5/5
60000/60000 [==============================] - 4s 74us/sample - loss: 0.0749 - accuracy: 0.9766
10000/1 - 1s - loss: 0.0375 - accuracy: 0.9789

[0.07132989492146298, 0.9789]
```

从结果可以看出，在 5 次迭代训练后的准确率就能达到 97.67%，对手写体的识别效果比较理想。

TensorFlow 和 Keras 是两个不同的框架，但 Keras 已经嵌入 TensorFlow 中成为其

中的一个高级应用模块,且已得到越来越多的应用。我们有必要对其进行简单认识。

11.6 Keras 深度学习框架

11.6.1 Keras 基础

Keras 在希腊语中寓意为号角,来自文学作品《奥德赛》,是其中一个文学形象。Keras 最初是作为 ONEIROS 项目(开放式神经电子智能机器人操作系统)研究工作的一部分而开发的。

Keras 的核心数据结构是 model,是一种组织网络层的方式。最简单的模型是 Sequential 顺序模型,它是多个网络层的简单线性堆叠。如果是复杂的结构,一般使用 Keras 的 API 实现,其能构建任意形状的神经网络。

一个 Sequential 模型适用于对简单层进行堆叠,其中每层具有一个输入张量和一个输出张量。

除了层的简单顺序叠加之外,能实现二维卷积的 Convolution2D()函数也是非常重要的。二维卷积层,即对二维输入进行滑动窗卷积,对图像处理尤为关键。

Keras 对二维卷积的具体实现通过 keras.layers.convolutional.Conv2D()和 keras.layers.convolutional.Convolution2D()两个函数完成。二者的参数略有区别,但函数功能基本一致。以常用的 Conv2D()为例,其基本格式如下。

```
keras.layers.convolutional.Conv2D(filters, kernel_size, strides=(1, 1),
padding='valid', data_format=None, dilation_rate=(1, 1), activation=None,
use_bias=True, kernel_initializer='glorot_uniform', bias_initializer='zeros
', kernel_regularizer=None, bias_regularizer=None, activity_regularizer=
None, kernel_constraint=None, bias_constraint=None)
```

主要参数如下。

filters:卷积核的数目,即输出的维度。

kernel_size:单个整数或由两个整数构成的 List 或 Tuple,为卷积核的宽度和长度。如为单个整数,则表示在各个空间维度的相同长度。

strides:单个整数或由两个整数构成的 List 或 Tuple,为卷积的步长。如为单个整数,则表示在各个空间维度的相同步长。

activation:激活函数,为预定义的激活函数名。如果不指定该参数,将不会使用任何激活函数(即使用线性激活函数 h(x)=x)。

use_bias:布尔值,是否使用偏置项。

11.6.2 Keras 综合实例

【例 11.11】 使用 Keras 实现人脸识别。

问题描述:使用 Keras 和 OpenCV 实现对 Olivetti Faces 人脸数据库的人脸识别。

数据集介绍:Olivetti Faces 是纽约大学的一个比较小的人脸图片库,由 40 个人的

400张图片构成,即每个人的人脸图片为10张。每张图片的灰度级为8位,每个像素的灰度大小为0~255,每张图片大小为57×47px。

本例选取这个数据集的部分图片作为训练数据,共选取了60个样本,分别属于6个人,人物编号为0~5,如图11.12所示。

图11.12　例11.11使用的Olivetti Faces部分图片

下面使用Keras搭建CNN,实现对人脸图像的识别。综合实例代码如下。

```
from os import listdir
import numpy as np
from PIL import Image
import cv2
from tensorflow.keras.models import Sequential, load_model
from tensorflow.keras.layers import Dense, Activation, Convolution2D,
MaxPooling2D, Flatten
from sklearn.model_selection import train_test_split
from tensorflow.python.keras.utils import np_utils

#读取人脸图片数据
def img2vector(fileNamestr):
    #创建向量
    returnVect = np.zeros((57,47))
    image = Image.open(fileNamestr).convert('L')
    img = np.asarray(image).reshape(57,47)
    return img

#制作人脸数据集
def GetDataset(imgDataDir):
    print('| Step1 |: Get dataset...')
    imgDataDir='faces_4/'
    FileDir = listdir(imgDataDir)

    m = len(FileDir)
    imgarray=[]
    hwLabels=[]
    hwdata=[]

    #逐个读取图片文件
```

```
        for i in range(m):
            #提取子目录
            className=i
            subdirName='faces_4/'+str(FileDir[i])+'/'
            fileNames = listdir(subdirName)
            lenFiles=len(fileNames)
            #提取文件名
            for j in range(lenFiles):
                fileNamestr = subdirName+fileNames[j]
                hwLabels.append(className)
                imgarray=img2vector(fileNamestr)
                hwdata.append(imgarray)

        hwdata = np.array(hwdata)
        return hwdata,hwLabels,6

#CNN模型类
class MyCNN(object):
    FILE_PATH = "face_recognition.h5"           #模型存储/读取目录
    picHeight = 57                              #模型的人脸图片长47,宽57
    picWidth = 47

    def __init__(self):
        self.model = None

    #获取训练数据集
    def read_trainData(self, dataset):
        self.dataset = dataset

    #建立Sequential模型,并赋予参数
    def build_model(self):
        print('| Step2 |: Init CNN model...')
        self.model = Sequential()
        print('self.dataset.X_train.shape[1:]',self.dataset.X_train.shape[1:])
        self.model.add( Convolution2D( filters=32,
                                       kernel_size=(5, 5),
                                       padding='same',
                                       #dim_ordering='th',
                                       input_shape=self.dataset.X_train.shape[1:]))

        self.model.add(Activation('relu'))
        self.model.add( MaxPooling2D(pool_size=(2, 2),
                                     strides=(2, 2),
                                     padding='same' ) )
        self.model.add(Convolution2D(filters=64,
```

```
                                kernel_size=(5, 5),
                                padding='same') )
        self.model.add(Activation('relu'))
        self.model.add(MaxPooling2D(pool_size=(2, 2),
                                strides=(2, 2),
                                padding='same') )
        self.model.add(Flatten())
        self.model.add(Dense(512))
        self.model.add(Activation('relu'))

        self.model.add(Dense(self.dataset.num_classes))
        self.model.add(Activation('softmax'))
        self.model.summary()

    #模型训练
    def train_model(self):
        print('| Step3 |: Train CNN model...')
        self.model.compile( optimizer='adam', loss='categorical_crossentropy',
metrics=['accuracy'])
        #epochs:训练代次;batch_size:每次训练样本数
        self.model.fit(self.dataset.X_train, self.dataset.Y_train, epochs=10,
batch_size=20)

    def evaluate_model(self):
        loss, accuracy = self.model.evaluate(self.dataset.X_test, self
.dataset.Y_test)
        print('| Step4 |: Evaluate performance...')
        print('===================================')
        print('Loss   Value   is :', loss)
        print('Accuracy Value is :', accuracy)

    def save(self, file_path=FILE_PATH):
        print('| Step5 |: Save model...')
        self.model.save(file_path)
        print('Model ',file_path,'is successfully saved.')

#建立一个用于存储和格式化读取训练数据的类
class DataSet(object):
    def __init__(self, path):
        self.num_classes = None
        self.X_train = None
        self.X_test = None
        self.Y_train = None
        self.Y_test = None
```

```
        self.picWidth = 47
        self.picHeight = 57
        self.makeDataSet(path)        #在这个类初始化的过程中读取 path 下的训练数据

    def makeDataSet(self, path):
        #根据指定路径读取出图片、标签和类别数
        imgs, labels, classNum = GetDataset(path)

        #将数据集打乱随机分组
        X_train, X_test, y_train, y_test = train_test_split(imgs, labels, test_
size=0.2,random_state=1)

        #重新格式化和标准化
        X_train = X_train.reshape(X_train.shape[0], 1, self.picHeight, self.
picWidth) / 255.0
        X_test = X_test.reshape(X_test.shape[0], 1, self.picHeight, self.
picWidth) / 255.0

        X_train = X_train.astype('float32')
        X_test = X_test.astype('float32')

        #将 labels 转成 binary class matrices
        Y_train = np_utils.to_categorical(y_train, num_classes=classNum)
        Y_test = np_utils.to_categorical(y_test, num_classes=classNum)

        #将格式化后的数据赋值给类的属性上
        self.X_train = X_train
        self.X_test = X_test
        self.Y_train = Y_train
        self.Y_test = Y_test
        self.num_classes = classNum
#人脸图片目录
dataset = DataSet('faces_4/')
model = MyCNN()
model.read_trainData(dataset)
model.build_model()
model.train_model()
model.evaluate_model()
model.save()
```

经过 10 次迭代后，得到运行结果如下。

```
| Step4 |: Evaluate performance...
==================================
Loss   Value  is : 0.2437298446893692
Accuracy Value is : 0.9166666865348816
| Step5 |: Save model...
Model  face_recognition.h5 is successfully saved.
```

模型已经保存为.h5 模型文件，接下来用训练好的模型执行人脸识别，代码如下。

```
import os
import cv2
import numpy as np
from tensorflow.keras.models import load_model

hwdata = []
hwLabels = []
classNum = 0                                                        #人物标签(编号 0~5)
picHeight = 57                                                      #图像高度
picWidth = 47                                                       #图像宽度

#根据指定路径读取出图片、标签和类别数
hwdata, hwLabels, classNum = GetDataset('faces_4/')

#加载模型
if os.path.exists('face_recognition.h5'):
    model = load_model('face_recognition.h5')
else:
    print('build model first')

#加载待判断图片
photo = cv2.imread('who.jpg')
#待判断图片调整
resized_photo = cv2.resize(photo, (picHeight, picWidth))  #调整图像大小
recolord_photo = cv2.cvtColor(resized_photo, cv2.COLOR_BGR2GRAY)
                                                            #将图像调整成灰度图
recolord_photo = recolord_photo.reshape((1,1,picHeight,picWidth))
recolord_photo = recolord_photo / 255.0
#人物预测
print('| Step3 |: Predicting......')
result=model.predict_proba(recolord_photo)
max_index=np.argmax(result)
#显示结果
print('The predict result is Person',max_index+1)

cv2.namedWindow("testperson",0);
cv2.resizeWindow("testperson", 300,350);
cv2.imshow('testperson',photo)
cv2.namedWindow("PredictResult",0);
cv2.resizeWindow("PredictResult", 300,350);
```

```
cv2.imshow("PredictResult",hwdata[max_index * 10])
#print(resultFile)
k = cv2.waitKey(0)
if k == 27:                                                    #按 Esc 键直接退出
  cv2.destroyAllWindows()
```

识别结果如下。

```
The predict result is Person 6
```

再将测试图片换成其他图片,依次放入模型进行识别。4 次实验的识别结果如图 11.13 所示。

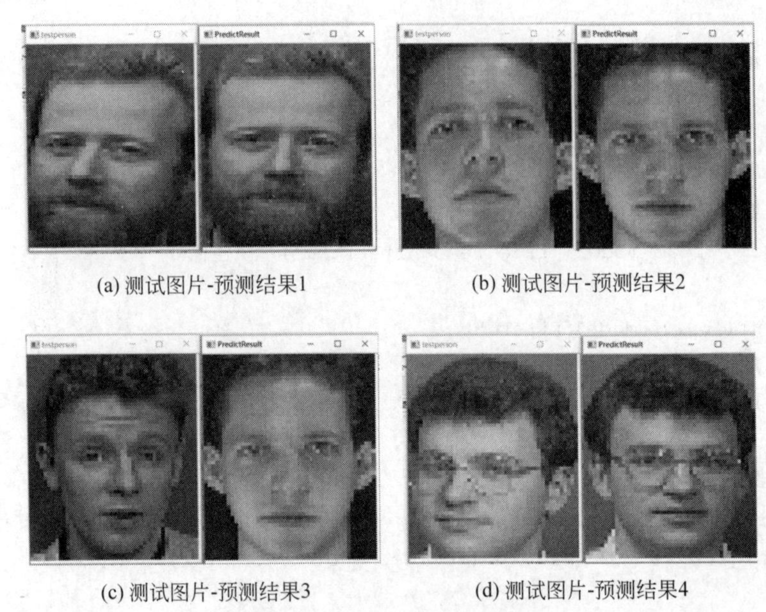

(a) 测试图片-预测结果1　(b) 测试图片-预测结果2　(c) 测试图片-预测结果3　(d) 测试图片-预测结果4

图 11.13　人脸识别结果示例

由图 11.13 可以看出,模型对图库中的人物识别基本准确。不过由于 28×28px 分辨率的图片过于模糊,存在如图 11.18(c)中误识别的情况。所以,在人脸识别过程中,需要注意给定图片的分辨率、光照等因素。

习题

一、选择题

1. 以下描述中,能够使神经网络模型成为深度学习模型的处理是(　　)。

   A. 设置很多层,使神经网络的深度增加

   B. 处理一个图形识别的问题

C. 有维度更高的数据

D. 以上都不正确

2. 在一个神经网络中，确定每个神经元的权重和偏差很重要。用(　　)方法可以确定神经元的权重和偏差，从而对函数进行拟合。

A. 随机赋值，祈祷它们是正确的

B. 搜索所有权重和偏差的组合，直到得到最佳值

C. 赋予一个初始值，通过检查与真值的误差，逐步迭代更新权重

D. 以上都不正确

3. 感知器(Perceptron)执行任务的顺序是(　　)。

① 初始化随机权重

② 得到合理权重值

③ 如果预测值和输出不一致，改变权重

④ 对一个输入样本，计算输出值

A. ④③②①　　B. ①②③④

C. ①③④②　　D. ①④③②

4. 梯度下降算法的正确步骤是(　　)。

① 计算预测值和真实值之间的误差

② 迭代更新，直到找到最佳权重参数

③ 把输入传入网络，得到输出值

④ 初始化权重和偏差

⑤ 对每个产生误差的神经元，改变对应的权重值以减小误差

A. ①②③④⑤　　B. ⑤④③②①

C. ④③①⑤②　　D. ③②①⑤④

5. 下列操作中，能够在神经网络中引入非线性的是(　　)。

A. 随机梯度下降　　B. ReLU 函数

C. 卷积函数　　D. 以上都不正确

6. 下列关于神经元的陈述中，正确的是(　　)。

A. 一个神经元有一个输入，有一个输出

B. 一个神经元有多个输入，有一个或多个输出

C. 一个神经元有一个输入，有多个输出

D. 上述都正确

二、填空题

1. 在多层神经网络中，从输入层到输出层涉及多层计算，计算包含的最长路径的长度称为________。

2. 卷积神经网络，是一类包含卷积计算且具有深度结构的前馈神经网络，其英文简写是________。

3. 下采样保证了局部不变性，深度学习中的下采样主要通过________来实现。

4. 循环神经网络简称________,是一类用于处理序列数据的神经网络。

5. 池化是将图像按子区域进行压缩的操作,一般有两种方法:________和________。

三、思考题

1. 查找资料,调查现有的深度学习算法,并进行简单对比。

2. 调查常用的深度学习框架,对比其特征。

图书资源支持

感谢您一直以来对清华版图书的支持和爱护。为了配合本书的使用，本书提供配套的资源，有需求的读者请扫描下方的“书圈”微信公众号二维码，在图书专区下载，也可以拨打电话或发送电子邮件咨询。

如果您在使用本书的过程中遇到了什么问题，或者有相关图书出版计划，也请您发邮件告诉我们，以便我们更好地为您服务。

我们的联系方式：

地　　址：北京市海淀区双清路学研大厦 A 座 714

邮　　编：100084

电　　话：010-83470236　010-83470237

客服邮箱：2301891038@qq.com

QQ：2301891038（请写明您的单位和姓名）

资源下载：关注公众号“书圈”下载配套资源。

资源下载、样书申请

书圈

获取最新书目

观看课程直播